# 森林資源の環境経済史

## 近代日本の産業化と木材

山口明日香
Asuka YAMAGUCHI

慶應義塾大学出版会

写真：建設中の青森駅（1891年開業）。鉄道敷設には大量の枕木が利用された。
所蔵：鉄道博物館

写真：明治後期の金沢市尾張町通り。各地に電信・電話・電気用の電柱が建設された。
所蔵：七尾古写真アーカイブhttp://www.nanaoarchive.com/

写真：北海道炭礦汽船夕張炭鉱の坑道。坑道維持や落盤防止に坑木が利用された。
所蔵：夕張地域史研究資料調査室

写真：富士製紙知取工場（1927年竣工）。パルプ原料の木材が大量に積まれている。
所蔵：紙の博物館

# 目次

# 図表目次

第３章



第４章



第５章

第6章



終　章

# 序章　課題と分析アプローチ

## 1　環境史研究の現在

本書は、日本の産業化における木材利用の考察を通じて、経済と環境の関係を歴史的に解明することを目的としている。考察対象となる時期は、産業化の進展により木材需要が急速に増加した明治期から戦時統制期までである。

人間の経済活動が自然環境と無関係でないことはいうまでもなく、現在、経済発展にともなって生じる環境問題の解決は、国際社会が避けて通ることのできない重要課題となっている。環境問題や「持続的発展」を議論する環境経済学の発展も著しいが、環境問題は悪化の一途をたどり、経済成長を追求するかぎり環境とのバランスの維持は不可能であるかにさえみえる。こうした現在の環境問題は、過去における人間の経済活動の積み重ねのうえに顕在化したもので、環境史研究が明らかにしてきたように、人間の歴史は自然環境の改変・破壊の歴史でもあった。

しかし、従来の経済史研究においては、産業発展と自然環境との関係や資源の有限性についての問題意識は比較的稀薄であった。二度の石油危機を経験した一九七〇年代以降には、動力化の議論とあわせてエネルギーや資源にも関心があつまったが[1]、経済の「発展」「成長」を追求してきた経済史の分野では、環境との関連で産業発展が議論されることはほとんどなかった。

人間の活動と環境との関係を取り上げてきたのは環境史研究で、「環境史」という学問は一九七〇年代初めにアメリカで誕生した。人間の活動が多かれ少なかれ環境と結びついている以上、必然的にそれを取り扱う研究の多くは環境と接点をもつことになり、環境史研究は考察対象の拡大・分散化をともないながら進展した。環境にかんする新たな学問領域も誕生しているが、何万年~何十億年という単位で地球の歴史を解明する自然史のような分野をのぞけば、こうした研究の目的は、いずれも人間の活動と環境の関係を解明することにある[2]。この両者の関係は、環境史の進展により多面的に解明されてきているが、市場メカニズムにもとづく開発行為が自然や生態系に悪影響をおよぼしていると考えられているにもかかわらず、経済史的分析を通じて両者の関係を解明しようとする研究はすすんでいない。

環境史研究の大きな特徴のひとつは、グローバル・ヒストリーとしての展開である[3]。地球規模に拡大した環境問題や、歴史を国民国家の枠組みでとらえる既存の歴史学に対する批判、あるいは社会構造の基礎にある自然環境を重視したアナール学派の影響を背景に、国民国家の単位をこえたグローバル・レベルの研究が進展した。たとえば、西欧諸国の帝国主義の拡大を疫病という側面からえがいたマクニールの研究や、生態系の変化を議論したクロスビーの研究、古代から現代までの世界各地の森林破壊を明らかにしたポンティングやウィリアムズの研究[4]のほか、自然観の変化や環境に対する思想・技術の普及にかんする研究[5]も発表され、人口・疫病・森林など環境を取り入れたグローバル・ヒストリー[6]は、従来の歴史研究が見落としてきた環境の重要性を認識させるとともに歴史研究を豊かにした。ただし、こうしたマクロレベルの環境史研究は、何世紀にもわたる長期の時間軸で歴史をえがくため、時代性・地域性の重要性を強調しにくく、資源の価格や取引の変化などを考察することもむずかしい。そのため、本書が目的としている経済的側面から人間の活動と自然環境の関係を考察するには、ミクロレベルの実証分析がもとめられることになる。

ミクロレベルの環境史研究は、世界各地を舞台とし、各国の直面する環境問題や学会・研究者の問題関心に規定されながら、多様なアプローチにより展開されてきた[7]。日本の環境史の特徴は、公害史の色彩を色濃くもつことである。公害の原点といわれる足尾銅山鉱毒事件は、すでに明治期に大きな社会問題になっていたが[8]、一九七〇年代以降とくに社会史の領域で公害史研究が進展した。公害史研究は、四大公害病の研究に代表されるように、「高度成長」期に深刻化した公害問題を背景に、主として重化学工業の発展による環境汚染に焦点をあて、工場周辺地域の環境被害にくわえ労働者の健康被害および政府・企業・地域住民の詳細な訴訟問題を取り上げた。こうした公害史研究は、産業発展によってもたらされた自然環境の破壊という結果をミクロ的に分析し、それまでの経済史研究で等閑視されていた産業化の負の側面に光をあてることになった[9]。

以上のような視角から経済活動と自然環境の関係を考察した公害史研究に対し、他の歴史学の分野では、環境破壊のプロセスやそれへの対応に関心がむけられてきた。日本古代史・中世史においては、自然とのつながりの強い生業を主な考察対象とする考古学や民俗学とむすびつき、遺跡調査や古絵図・民俗資料の利用により地形環境や生業技術の変化などを考察することで、人間の自然環境への働きかけと自然との共生のあり方が追求されている[10]。一方、同じく生業や生活に焦点をあてる徳川時代を対象とした歴史研究では、自然資源の管理・保全や山林開発および生態系の変化などが取り上げられ、なかでも「採取林業」から「育成林業」への転換という山林制度の変化を山林保護と関連づけて強調する研究が多い。一七世紀の徳川日本では、城下町建設のための用材需要や薪炭需要の増加、および耕地開発とそれにともなう肥料（刈敷）の採取により森林破壊が生じたが、一八世紀には造林の技術・思想の普及にもささえられて、幕府や藩による保全管理を通じた育成林業が拡大したという[11]。従来の山林・林業史研究[12]にはなかった環境史の視点から徳川林業をとらえ直したタットマンの研究が発表されて以降、こうした視点から徳川林業を見直そうとする事例研究[13]や、日本を森林荒廃を回避できた例外的な国としてあつかう研究書[14]が増加しているが、植林や伐採規制などが日本以外の地域でもみられたこと[15]を考慮すれば、山林制度のみから徳川時代の山林の変化を説明するのはむずかしい。

一方、徳川時代の開発の問題を実証的に明らかにしたのは、水本邦彦の研究である。水本は、肥料・燃料供給地として人為的につくられた草山・柴山の拡大と、それにともなう土砂災害の増加や天井川の形成が徳川時代の特徴であったことを指摘している[16]。こうした開発によりひきおこされた生態系の変化を、動物と人間の関係の変化からえがいたものとして塚本学の研究がある[17]。また、自然資源の管理・運営における地域的ルールの重要性を強調するコモンズ論との関係で、伝統的な村落共同体史[18]が解明してきた共有地の利用に近年ふたたび注目があつまっているが[19]、千葉徳爾が明らかにしているように、実際には人口増加や産業発展による薪炭需要の増加にともなって、共有地への負荷が拡大した地域は多かった[20]。こうした開発や環境の問題が広くみられ、さらに都市問題や鉱害も一般化した[21]徳川時代は、自然環境破壊が着実に進行した時代と位置づけられるであろう。いずれにしても、徳川時代を対象にした研究は、林野の管理・保全、あるいは自然との共生の考察が中心で[22]、経済的な分析はほとんどみられない。

近代日本に視点をうつすと、経済活動と自然環境の関係を議論するための主要なテーマは、非再生資源をふくめた産業によるエネルギー利用にシフトする[23]。ただし、これまで経済史研究に環境という視点がほとんどなかったために、研究は非常にかぎられている。その代表的な研究である杉山伸也・山田泉の研究は、明治期の諏訪製糸業における燃料問題の考察を通じて製糸業の薪炭利用と森林荒廃の関係を実証的に解明するとともに、製糸企業が薪炭から石炭へのエネルギー転換により燃料問題に対応したことを明らかにしている[24]。また谷口忠義の研究は、直接的に産業発展と森林破壊との関係を議論したものではないが、明治・大正期の埼玉県の養蚕・製糸・製茶業における木炭の使用技術とその需給の変化を解明し、木炭の域外移入と生産技術の変化が森林への圧力を緩和したことを指摘している[25]。

これらの研究にみられる資源利用の分析は、資源の需給関係や価格・取引の変化などの経済的分析を通じて経済活動と環境との関係にアプローチすることを可能にしている。しかし、こうしたアプローチによる「環境経済史」研究は、杉山・山田の研究にかぎられており、社会経済史学会において第七〇回全国大会共通論題報告（二〇〇一年）「環境経済史への挑戦――森林・開発・市場」が組織され、[26]さまざまな特集もくまれているものの、[27]それ以降、研究が大きく進展したとはいいがたい。戦前期に急速な産業化を経験した日本において、森林資源、水産資源、鉱物資源などの資源利用の拡大と自然環境の破壊は着実に進行したのであり、その過程が経済的に解明される必要がある。

本書では、こうした問題意識にもとづいて森林資源の利用に焦点をあてる。森林資源は、時代や地域をとわず広汎に利用された重要な自然資源で、現在でも森林破壊は、環境問題の主要なトピックとして、生物多様性の減少、温暖化の進行、土砂災害の増加など、相互に関連性をもつテーマとあわせて議論される。その歴史は世界的に古代にまでさかのぼることができるが、地域差をともないながらも森林破壊のスピードが加速しはじめたと考えられるのは一八世紀半ば以降で、イギリスで「産業革命」が生じた一八世紀後半から一九世紀のヨーロッパ諸国では、木材不足が深刻化したり、あるいはそれに対する強い懸念がいだかれたりするようになった。[28]アジアについてみると、たとえば中国では一六世紀後半から一七世紀にかけて森林資源の確保や農地開発を目的に内陸部へと大規模な人口移動が生じ、一八世紀後半以降に森林破壊が深刻化した。また一九世紀後半のインドや東南アジア諸地域でも、農地開発やプランテーションの建設、輸出林産物の増加で森林破壊は拡大したという。[29]

日本も例外ではなく、幕末から明治初期にすでに森林荒廃がひろくみられた。明治新政府は、一八六九年の版籍奉還以降、旧幕藩有林や社寺有林を官林として統一し、「官林規則」（一八七一年）や「官林調査仮条例」（一八七六年）の公布により官林管理の基本方針をしめすとともに、七六年に地租改正の一環として「山林原野等官民所有区分処分方法」を決定し、区分不明の山林（公有地）の官民所有区別処分事業を実施した。[30]しかし、藩林政の弛緩や官民所有区別による共有地の利用制約などによって森林荒廃は顕著になり、また海外市場での日本産の生糸や茶の需要増加に牽引され、製糸業や製茶業における動力・熱エネルギーとしての薪炭の伐採も拡大した。官林の荒廃もすすんだものの、とくに民有林のなかでも共有林（コモンズ）として利用された部落有林の荒廃は著しく、明治中期にひろがった荒廃地は約七〇〇万町歩（一町歩≒一ヘクタール）におよんだという。[31] 一八八〇年代後半から一八九〇年代前半の森林面積は、後述のように統計上の問題はあるものの一五〇〇万～一九〇〇万町歩であったと推計されるので[32]（図0-1）、荒廃地は森林面積の三分の一以上にのぼったことになる。森林荒廃は土砂災害や洪水被害の増加につながり、明治政府は九七年に「森林法」を制定し、民有林の営林監督（伐採・造林）や保安林の設定などを規定して森林保護に取り組まなければならなかった。こうした明治期の山林政策は国土保全政策の一環として実施され、「森林法」は、全国的な大洪水の発生をうけて制定された「河川法」（九六年）および「砂防法」（九七年）とあわせて、「治水三法」とよばれた。[33]「森林法」の制定により、日本の山林原野は国有林・御料林・部分林・公有林・社寺林・私有林に区分され、このうち全体の約六〇％をしめた国有林については、九九年に「国有林野法」が制定され、国有林事業が開始された。[34]

ここで、図0-1を利用して、森林面積の推移を確認しておこう。明治期の森林面積は、調査が不十分なために信頼性が低く、とくに一八九〇年代半ば頃までは、北海道山林の多くが「原野」に分類されていること、[35]私有林の調査対象が有税地に限定されていたことなどから、過小になっていると推察される。[36] こうした問題がある程度改善されたと考えられる二〇世紀初頭の森林面積は約二二〇〇万町歩（国土面積の約六〇％）で、国有林の測量がほぼ終了した一九一一年には約一九〇〇万町歩であった。その後、森林面積は漸減し、林野面積の調査項目が変更された一五年[37]に一八二〇万町歩を記録してから第一次大戦後までは、一八一〇万～一八三〇万町歩で推移した。森林面積は、二〇年代半ばから三〇年代前半には一九〇〇万～二〇〇〇万町歩に増加したものの、三〇年代後半に減少に転じ、四六年には約一七〇〇万町歩になった。しかし、「成林ノ見込確実ナル」伐採跡地や、択

**図0－1　森林・伐採・造林面積、1886～1946年**

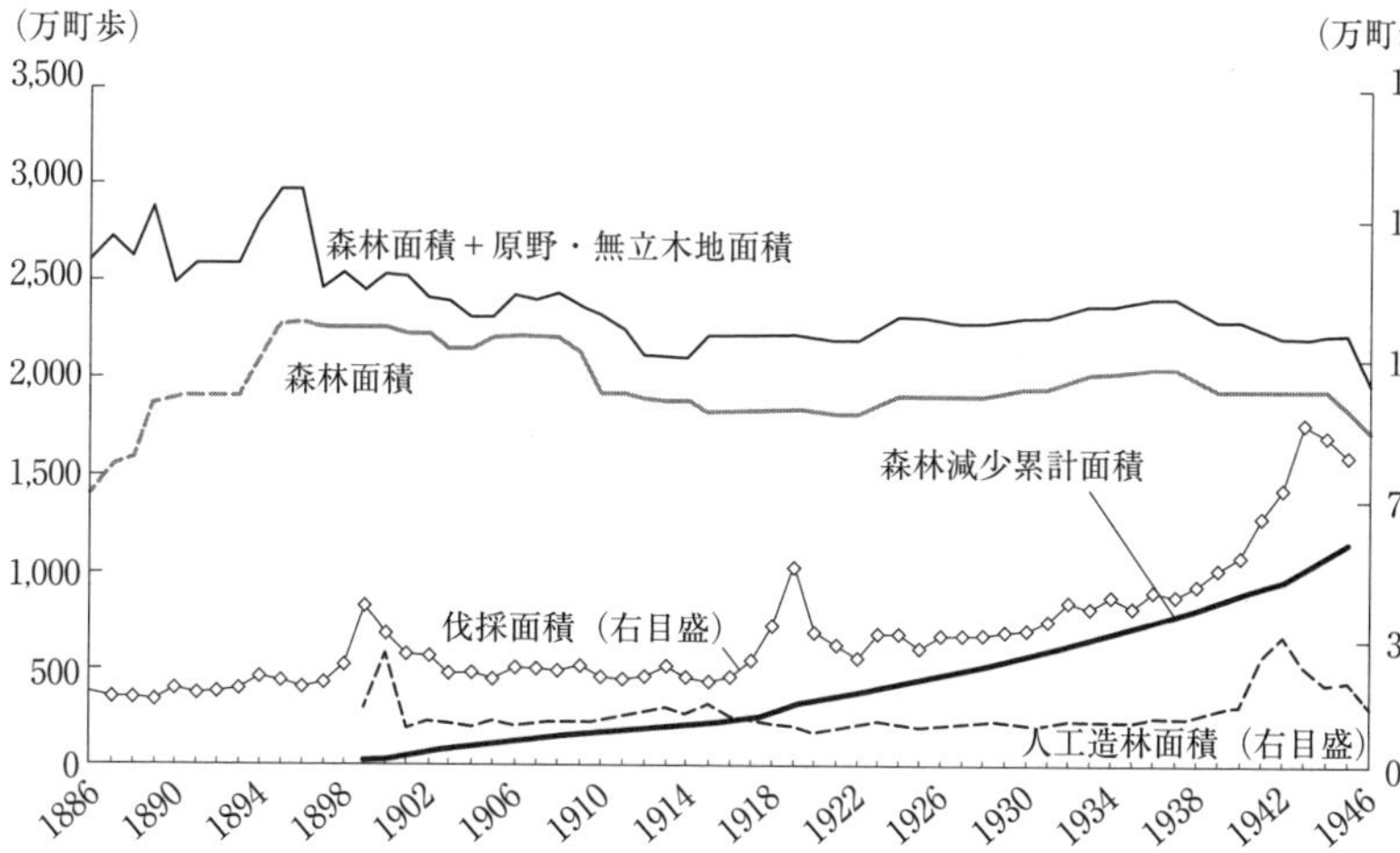


注：森林面積は、1914年まで「森林面積」、1915～46年は「立木地」と記載されていた面積（1914年以前は「竹林」「伐採跡地及び災害跡地」をふくむ）。原野・無立木地面積は、1914年まで「原野」、1915～46年は「無立木地」と記載されていた面積。森林面積および原野・無立木地面積は、1886～96年は『山林局年報』、1897年以降は『農商務統計表』と『農林省統計表』により、明らかに間違いと思われるものについては訂正し、調査されなかった年（1915年以降の調査は3年に1度の実施）については前後の調査で直線補完した。1886～1914年の伐採面積は、同期間の伐採量（1886～98年は『農林業』、1899～1914年は『農林省累年統計表』による）を1915～45年の町当り平均伐採量で除して算出した。

資料：農林省農林経済局『農林省累年統計表』1955年、96～117頁；林野庁『林野面積累年統計』1971年、1～4頁；林野庁『造林面積累年統計』林業経済研究所、1967年、1～6頁；農商務省山林局『山林局年報』（第18、19回）1898、99年；梅村又次ほか編『農林業』（長期経済統計9）東洋経済新報社、1966年、238頁より作成。

伐などにより「樹林状態」をとどめた伐採跡地が立木地に区分される[38]など、伐採跡地はかならずしも原野・無立木地に編入されたわけではない。そのため、統計上の森林面積にもとづく森林状況の把握には限界がある。

したがって、森林面積の増減は、伐採面積と人工造林面積の差から推察する方が適切である。年間の伐採面積は、一八八〇年代後半から九〇年代前半に一七万～二〇万町歩で、九〇年代末に急増したものの、その後は二二万～二五万町歩で推移し、第一次世界大戦期には産業発展にともなう木材需要の急増により増加して、一九年に五二万町歩に達した。第一次大戦直後の不況期には伐採面積は木材需要の減少により急減したが、二〇年代には輸移入材が増加したために、三〇年代前半までは三〇万~三五万町歩の緩やかな増加にとどまった。しかし、三〇年代後半以降は軍事化にともなう木材需要の増加により、伐採面積は四〇万町歩から八〇万町歩以上に急増した。他方、年間の人工造林面積は、一八九九年に一五万町歩、一九〇〇年に二九万町歩であったが、それ以降は三〇年代末まで一〇万町歩前後にとどまり、四〇年代にようやく二〇万町歩を上回った。

このように、伐採面積と人工造林面積の両方の数値が利用可能になる一八九九年以降、伐採面積は継続して人工造林面積を上回ったので、森林減少面積(伐採面積から人工造林面積をさしひいた面積)の累計値は年々増加し、一九四三、四四年には一〇〇〇万町歩を凌駕した。これは森林面積の約半分に相当し、人工造林が植林後数十年間利用できないことや、日本の山林の約半分が伐採の困難な傾斜四〇度以上の急傾斜地であること[39]を考慮すると、天然更新[40]による森林再生分を考慮したとしても、終戦時には伐採可能な森林はほとんど残されていなかったといえる。それは、戦後に植林された人工造林が現在の森林面積の約四〇%をしめることにも裏付けられている[41]。日本では山が急峻なために森林が消えることはなかった[42]が、日本の山林は戦時統制期に供給の限界をこえていたのである。

## 2 日本の産業化と木材

こうした過度の森林伐採は、産業化の進展にともなって生じた。木材は、日本の産業化に不可欠の資材・原料・エネルギーで、それがどのように利用されてきたのかが経済史的に解明されなければならない。

幕末開港以降、国際経済環境の変化のなかで、後進国であった日本にとって重要であったのは、独立の維持と欧米列強とわたりあえるだけの経済力で、産業化はそれらを必要とした日本が避けては通れないプロセスであった。「産業化」とは、工業だけでなく鉱業・鉄道・海運業、さらに農業や伝統的な在来産業をふくむ諸産業の発展と、それにともなう都市化の進展や公害の発生など幅広い社会経済の変化の過程を意味する。(43) 近代日本においては、農業や製糸・織物業などの在来産業にくわえて、紡績業や鉄鋼・機械工業などの近代移植産業の発展もみられた。こうした産業発展の基盤として重要な意味をもったのが、交通、通信、金融、教育などのインフラ整備とエネルギーの安定的供給で、木材は、道路・河川・港湾建設の土木用材、鉄道の枕木や駅舎、炭鉱の坑木、電信・電話および電力設備の電柱、紙幣・はがき・切手・教科書などの紙パルプ原料として利用された。つまり、木材は、日本の産業化に不可欠な資材や原料であった。ここに、本書が木材に焦点をあてる理由がある。

幕末から明治初期の日本は、農林水産業や在来産業を基盤としながらも、商業・サービス業が比較的高度に発展した社会であった。しかし、外貨獲得のための主要な輸出品は在来産品にかぎられていたので、明治新政府は西欧諸国による植民地化を強く危惧し、「殖産興業」政策の推進による近代産業の導入・普及をはかった。明治政府は、「殖産興業」政策を日本の経済環境を無視して実行したために、ほとんど成功に結びつけることはできなかったが、一方でこうした政策と並行して産業化における交通・通信インフラの整備や金融システムの構築の重要性を認識し、インフラ整備を推進した。このことは政府の投資先からも明らかで、近代産業の導入・移植をになった工部省（一八七〇年一二月設置）の投資額内訳は、鉄道四九％、鉱山三〇％、電信一三％であった。(44) 木材は、工部省のこれらの三大事業や、同じく政府が力をいれた教育制度の整備・拡充のための学校建設において、(45) 資材として利用された。

鉄道事業は、外資排除および官設・官営方針のもとにすすめられ、一八七二年に新橋—横浜間が開通した。鉄道建設は、代表的な「欧化主義」政策のひとつで、当初は「西洋化」の象徴として「開港場路線」が建設された(46)が、政府は予算不足から官営主導方針を転換し、八〇年代以降の鉄道建設は民間事業としてすすめられた。八一年に華士族の出資により日本鉄道が設立され、同社の経営的成功を契機に、八〇年代後半には山陽鉄道、関西鉄道、九州鉄道など民営鉄道が相次いで設立され、鉄道ネットワークの形成が進展した[47]。電信事業も官設・官営方針ですすめられ、六九年に東京―横浜間の公衆通信が取り扱われるようになり、七三年には東京―長崎間の電信利用が開始された。八〇年までに主要地間の電信ネットワークが形成され、七〇年代末からは企業活動における経済情報の活用の重要性が認識されるようになったことを背景に、全国各地で電信局誘致運動が展開された[48]。

このほか交通インフラ整備として、道路・橋梁・河川・港湾の建設・修繕も、政府の重要な政策であった。内務省（一八七三年一一月設置）は、地方産業の振興や海運業の育成などとも関連してこうした公共事業を推進し、地方勧業事業として宮城―山形間および岩手―秋田間の新道開削や、野蒜《のびる》築港、新潟修港などを実施した。一方、地方政府の主導・負担による道路建設や、河川・港湾修築を通じた交通ネットワークの整備も積極的にすすめられた。明治初期の道路工事は、輸送・通行量の増加に対応し、馬車や人力車などの通行を目的とした道路の拡幅・改修工事が中心であったものの、産業開発との関連から地域横断的な道路建設もおこなわれるようになった[49]。河川の改修・改築工事は、河川輸送が地域の重要な輸送手段でありつづけたので、船舶の大型化にともなう通航対策として、また農業に被害をおよぼす洪水対策のための治水事業として全国各地で実施された。一八六八～八〇年の政府の資本形成（非軍事）額のうち、公共土木費は四七％をしめ、これに運輸部門をふくめると投資額は五九％に達し[50]、木材はこれらの交通インフラ整備にも不可欠な資材として利用された。こうして整備された交通・通信インフラが長期的には産業化の基盤を形成し、くわえて「松方財政」期に日本銀行を中心とする金融システムが構築された結果、松方デフレをへた八〇年代後半に、鉄道業と綿紡績業に牽引された「企業勃興」期をむかえることになったのである[51]。

工部省の三大事業のひとつであった鉱山については、政府は外資排除の方針のもとに、佐渡金山、生野銀山、院内銀山、小坂銀山、阿仁《あに》銅山、釜石鉄山、三池炭鉱、高島炭鉱などの主要鉱山を操業したが、一八八四年に財政負担の軽減を目的に民間への払下げを決定した。高島炭鉱は七四年の段階で後藤象二郎へ払い下げられていたが（八一年に三菱）、八四年に「工場払下概則」の廃止により払下げ条件が緩和されたこともあり、小坂銀山（久原庄三郎）、院内銀山や阿仁銅山（ともに古河市兵衛）、釜石鉄山（田中長兵衛）などの払下げがすすんだ。しかし政府は、三池炭鉱、佐渡金山、生野銀山などの優良鉱山の払下げには消極的で、払下げ条件はきびしかったために、八八年以降、資金力のあった三井や三菱など「財閥」系企業への払下げが実施され[52]、こうした払下げは「財閥」系企業の鉱工業部門への進出と事業拡大の契機となった。

炭鉱業へ本格的に進出した「財閥」系企業は、九州の筑豊炭田で鉱区の買収・合併をすすめ[53]、石炭生産量の増加にともなって鉱業用資材としての木材需要が増加した。開港以降、石炭は銅とともに重要な外貨獲得のための輸出品であったが、一八八〇年代後半に国内における工場用炭需要の急増にともなって石炭価格が高騰したため、輸出市場での競争力をうしなった[54]。石炭は、鉄道・船舶輸送の発展によって国内工場に供給され、二〇世紀初めから第一次大戦前の時期に一次エネルギー供給量にしめるシェアは薪炭を上回り、炭鉱業は基幹エネルギー産業としての地位を確立した[55]。他方で石炭の安定的供給が鉄道業や海運業の発展を可能にし、それにともなって木材輸送も増加し、木材は鉄道輸送・内航海運のいずれにおいても石炭に次ぐ輸送貨物商品となった[56]。

また、工部省による官営模範工場の設立を通じた海外技術の移転・普及は、結果的に失敗に終わったものの、政府による初期リスクの負担と学校教育制度の整備は、技術の「日本化」をともないながら諸産業における機械導入の進展につながった。輸入機械は日本に適合するとはかぎらず、価格面においてもそのまま移転することは困難であったので、たとえば製糸業や織物業においては、鉄部を部分的に木材でおきかえた木鉄混合製の製糸器械や力織機が生産され、相対的に安価であった木材は機械製作において鉄の代替財としての役割をになった。こうした技術は、熟練職工や高等工業教育をうけた技術者により各地に移転され[57]、「日本化」された国産機械の導入は、とくに中小経営を基礎とする「在来的経済発展」[58]において広く利用された。また近代産業においても、大規模な紡績工場ではミュール紡績機からリング紡績機への転換により木管需要が増加し[59]、木材は産業資材としてこうした機械の導入・普及を可能にした。

こうして一八八〇年代後半の「企業勃興」期以降、日本経済は持続的な成長をとげ、第一次大戦前までの時期に、とくに鉱工業の成長率は急速に上昇した。この間も、交通・通信インフラの整備は継続して政府の主要事業に位置づけられ、日清戦後経営では一八九六年の造船奨励法と航海奨励法の公布により海運・造船業の育成がはかられ、日露戦後経営では植民地をふくめた一貫輸送体系の確立を目的とした鉄道国有化が実施されたほか、鉄道・道路・海運のリンクを意識した交通・輸送政策もとられるようになった。同時に、内航・外航海運の発展により汽船の増加や船舶の大型化がすすんだ結果、明治初期から着工していた横浜、宇部、大阪、長崎、名古屋、小樽にくわえ、神戸、敦賀などでも近代的港湾設備の建設がすすめられた[60]。また電話拡張計画も、予算制約はあったものの、日清・日露戦後経営の一環として実施された。

こうした交通・通信インフラの整備の進展のうえに産業活動は活発になり[61]、それにともなって国内工場用の石炭需要が増加し、開発の限界がみえはじめていた九州の炭田にくわえ北海道の炭田の開発も本格化した。工場用炭の主要な消費先は、綿紡績業・製紙業・電力業などで[62]、リーディング産業に成長した綿紡績業では、一八八〇年代後半に綿糸の輸入代替化に成功するとともに朝鮮・中国市場への輸出が開始され[63]、製紙業では金融・通信・教育制度の整備にともなう紙幣・はがき・切手・教科書や新聞・雑誌類の増加により、洋紙と木材パルプの生産が拡大した[64]。電力業においては、都市部での火力発電と主として電燈用の電力供給がおこなわれていたが、日露戦後には大規模な水力発電と長距離送電が開始され、電力会社の電力料金引下げ競争が生じた。これに電動機の国産化の動きもあいまって、中小規模工場を中心に「動力革命」が進展し[65]、電線建設用資材としての木材需要も増加した。また日露戦後には、四大工業地帯が形成されはじめ、都市部では電気・水道・ガスの整備や道路の建設・拡張工事、市電の建設などの公共事業が増加し、「都市の時代」の到来[66]とともに公共事業用の木材の需要が増加した。

日清・日露戦後経営期には、官営八幡製鉄所の設立や民間部門における造船・機械工業の発展により、重工業の成長もみられるようになった。第一次大戦期には、この延長線上に輸入代替化による急速な重化学工業化が進展し、農林水産業の成長もみられたものの、鉱工業は輸出と内需拡大に牽引されて成長し、日本の産業構造は大きく転換した[67]。重化学工業を中心とする四大工業地帯が成立し、日露戦後にはじまった都市化の傾向は加速して、人口一〇万人以上の都市人口は、一九一三年の一二・五%から二〇年に一九・五%に増加し、都市部では農村部から流入した労働者向けの住宅建設が増加した。大戦後も、「大戦ブーム」による政府歳入の増加[68]により積極的な公共投資が継続して展開され、財政規模の拡大した都市では道路・上下水道・公園などの都市施設が整備され、郊外住宅や郊外電鉄の建設などの民間投資もすすんだ。二三年の関東大震災後には、自動車輸送の重要性が認識されるようになり、震災を契機として東京、横浜、大阪、名古屋、神戸、札幌などの大都市では都市計画が立案・実施され[69]、各府県における公共土木事業や学校建設の増加と並行して、都市開発・整備のための建築用材や鉄道関連用材などの木材需要が増加した。

こうして一九二〇年代には引き続き高い水準を維持した公共投資にささえられて、運輸・通信・公益事業の著しい成長がみられた。一方、農林水産業の国内生産額にしめるシェアは、一九一五年に三〇%を切って以降、継続的に低下したが、二〇年代後半に鉱工業に凌駕されるまでは二六~二八%をしめ、木材は第一次産業の発展にも不可欠の資材（農具・漁具など）として利用された。また、大戦後の慢性不況下で、鉱工業生産額シェアも一五~一九年の二五~三〇%から二一~二四年の二二~二三%に低下し[70]、紡績・石炭・製紙・鉄鋼・電力などの分野ではカルテルの形成や企業合併がすすんだ。炭鉱業では、炭価の急落により生産・販売カルテルの形成と採炭・運搬過程の機械化による合理化が推進され[71]、電力業においては、第一次大戦期以降に本格化した水力発電所の建設とともに中小電燈会社の系列化がすすみ、東京電燈・大同電力・東邦電力・宇治川電気・日本電力の五大電力体制が形成された。こうしたエネルギー産業用の資材としての木材も、都市開発・整備のための建築用材や交通・通信事業用材と同様に継続して利用され、電力業では五大電力会社が大口需要家をめぐって激しい「電力戦」を展開したために、都市を中心に電線建設のための木材需要が急増した。一方で、「電力戦」を通じて電力料金は低下し、工場用動力エネルギーの石炭（蒸気力）から電力への転換がさらに進展した。大戦後、重化学工業は軍縮の影響をうけて縮小したものの、こうした電力業の発展にささえられて、二〇年代後半以降、新たに電力多消費産業である合成肥料や合成繊維などの産業の発展がみられるようになった。(72)

一九三〇年代の日本の経済成長を牽引したのは、鉄鋼や機械などの重工業と、合成肥料や合成繊維などの化学工業であった。「高橋財政」（三一年一二月～三六年二月）では、軍事費の増大による不況からの回復を目的に低金利政策が実施され、二〇年代の継続的不況下で経営合理化を推進してきた企業は生産を回復し、とくに軍需産業を中心に重化学工業が著しく発展した。しかし、低為替の放任や関税引上げ政策の実施により、輸出は拡大したものの欧米諸国との貿易摩擦が生じるとともに、重化学工業の輸入代替化の進展により機械や原料の輸入が増加した。また国内では、重化学工業の進展によりエネルギー需要が急増し、石炭と電力の生産量の増加にともなって両事業用材の需要が増加した。これにくわえて、「高橋財政」では世界恐慌の影響により苦境にあった農村の復興事業として、公共土木事業を中心とする「時局匡救政策」が実施されたので、道路・港湾整備や治水事業などのための土木用材の需要も増加した。

「高橋財政」を通じて日本経済は不況を脱したが、軍備拡張のための赤字国債の発行が定着し、一九三六年二月の二・二六事件以降は、軍備拡張財政にともなって国債の発行規模が拡大した。三七年七月に日中戦争が開始されると、大量の赤字国債の消化は困難になり、通貨流通量が膨張して国内インフレが顕著になった。また、軍需関連商品の輸入増加により貿易収支が悪化し、こうした問題に対応しながら「生産力拡充」を遂行するためには、物資・資金両面からの経済統制の実施が不可避となった。三七年九月に政府は、「輸出入品等臨時措置法」

や「臨時資金調整法」を制定し本格的な経済統制を開始したが、輸出産業用の機械や原料の不足により第三国貿易の入超幅が拡大し、「外資不足」が深刻化した。そのため、中国・東南アジアへの進出により、鉄鉱石・石油・ゴムなどの日本国内ではほぼ供給不可能な原料の確保が加速したものの、戦局の悪化とともに本土への輸送が大きな問題となった。海上輸送力の急減は、計画の破綻と立案の繰り返しをもたらし、とくに鉄鉱石や屑鉄の供給難による鉄鋼材の不足は、多くの産業の生産計画に齟齬をきたした。[73] こうした状況下で、鉄鋼材の代替財としての木材の利用が拡大し、木造船や木製飛行機が増産された。また軍需関連用材の需要の急増とともに、戦災による建築物や交通・通信インフラの補修のための木材需要も増加した。こうして戦時統制期には木材の供給地となった国内山林の負荷が増大し、森林破壊が急速にすすんだ。

以上のように、木材は、日本の産業化において交通・通信インフラの整備やエネルギー産業をはじめとするさまざまな産業の不可欠な資材や原料として利用された。いいかえれば、日本の産業化は、森林資源に強く依存しながら進展したのである。[74]

## 3　課題と構成

本書では、「環境経済史」の試みとして、以上のような日本の産業化の過程において木材がどのように利用され、木材市場がどのように変化したかを、木材価格や使用樹種の変化、代替財との関係、輸移入材の動向などに注目して経済史的かつミクロ的に考察する。したがって、行論上「自然環境」という言葉は、山林およびそこから供給される森林資源に限定して利用する。森林資源のなかでも木材は、近代日本の産業化において最も重要な役割をにない、戦前期の林産生産額の九五％以上をしめた。[75]

木材の用途は、エネルギー（燃材）と資材・原料（用材）に大別される。本来、燃材と用材は同じ枠組みのなかで議論されるべきものであるが、薪炭（とくに薪）は最大の需要先が家庭部門で、村や部落で総有・利用された共有林（入会地）や屋敷林などから自給されることが多かったので[76]、本書では主に市場で取引された資材や原料としての木材を考察の対象とする。なかでも資材としての木材に注目する意義は、研究史上の空白領域となっている産業資材の調達・利用を解明できる点にもある。これまでの経済史研究では、経営史的視点から産業用の原料に焦点があてられ、資材は産業発展に不可欠であるにもかかわらず、ほとんど取り上げられてこなかった。なお本書では、用材のなかで最も消費量の多かった建築用材については資料的制約のために考察の対象とすることができなかったが、住宅・学校・工場・商業施設・官庁関係・試験所などに利用された建築用材の重要性も忘れてはならない。

本書の課題と構成は、以下の通りである。まず第1章では、近代日本の木材市場をマクロ的に考察し、木材の需要市場と供給市場の変化を明らかにする。それを踏まえて第2章から第6章では、各産業でのミクロレベルの木材利用を明らかにするために、鉄道業の枕木、電信・電話事業と電力業の電柱、炭鉱業の坑木、製紙業のパルプ用材のケース・スタディをおこなう。木材を産業化との関係で議論するにあたり当該産業資材・原料を取り上げるのは、これらが近代日本の産業化にとって不可欠な産業資材・原料であったからにほかならない。

鉄道・電信・炭鉱は、明治政府の「殖産興業」政策の中心的な育成対象産業であった。鉄道は、とくに二〇世紀以降、国内市場の拡大を可能にする基幹輸送産業として発展し、電信は政治的・軍事的な利用にくわえ民間レベルの経済活動において大いに利用され、ともに産業化に不可欠な交通・通信インフラとして、産業活動や地域経済をささえてきた。第2章では、鉄道業の木材利用を取り上げ、鉄道業の主要な木材用途であった枕木の利用を、鉄道国有化以降の最大の鉄道経営主体であった国有鉄道に焦点をあてて考察する。また第3章では、電信事業用材の主要な用途であった電信柱を取り上げ、管轄官庁であった工部省・逓信省による電信柱の利用を、同じく逓信省管轄であった電話事業における電話柱と電力業における電気柱の利用とあわせて考察する。

炭鉱業は、明治中期まで外貨獲得のための輸出産業として発展したが、明治中期以降は基幹エネルギー産業として発展し、産業化に不可欠のエネルギー供給という役割をになった。また、鉄道用燃料の石炭が、鉄道の主要貨物であったという関係にみられるように、炭鉱業と鉄道業のコーディネーションは、輸送とエネルギー供給を相互に可能にした点で日本の産業化に重要な意味をもった。第4章および第5章では、代表的な石炭企業であった三井鉱山、三菱鉱業、北海道炭礦汽船による木材利用を取り上げ、主要な炭鉱事業用材であった坑木の利用の実態を九州と北海道の炭鉱業にわけて考察し、同時にこれまで指摘されてこなかった両地域の炭鉱業の相違点についても検討する。

鉄道・電信・炭鉱業では木材が産業資材として利用されたのに対して、製紙業では産業原料として利用された。製紙業は、産業化に不可欠の金融（紙幣）・郵便（はがき・切手）・学校（教科書）などの金融、通信および教育インフラの整備だけではなく、大衆への情報伝達という重要な役割をになった新聞・雑誌・書籍などの情報産業の発展にも大きく寄与した。原料として利用されたパルプ用材は、技術的・コスト的な問題から節約がむずかしく、パルプ・洋紙生産量に比例してパルプ用材消費量は急増した。第6章では、戦前の三大製紙・パルプ製造企業であった王子製紙、富士製紙、樺太工業によるパルプ用材の利用を取り上げ、製紙業におけるパルプ用材の利用をその他の産業用材との関係にも留意しながら考察する。

第7章では、第2章から第6章で考察した市場経済下の木材利用を前提に、戦時統制期における木材利用を、代替関係にあった鉄鋼材の利用をふくめて考察する。木材市場では、需要量におうじて供給量が変化する市場メカニズムが機能していたが、戦時統制期には鉄鋼材の不足が顕著になったうえ、木材の供給先は国内山林に限定されたために、生産・配給・消費計画にもとづいて木材が利用され、木材市場は供給量におうじて需要量が規定される市場に変化した。

最後に終章では、第1章から第7章を通じて明らかになった木材の利用と市場の動向の分析結果をふまえ、産業化における森林資源の利用という側面から経済と環境の関係について考察する。

## 注

（1）南亮進『動力革命と技術進歩』東洋経済新報社、一九七六年、社会経済史学会編『エネルギーと経済発展』西日本文化協会、一九七九年、安場保吉「資源」西川俊作・尾高煌之助・斎藤修編『日本経済の二〇〇年』日本評論社、一九九六年、第一章など。

（2）石弘之「いまなぜ環境史なのか」石弘之他編『環境と歴史』（ライブラリ相関社会科学六）新世社、一九九九年、慶應義塾大学経商連携二一世紀COEプログラム歴史分班編『エネルギーと環境』（二〇〇六年度成果報告書）二〇〇七年。

（3）水島司『グローバル・ヒストリー入門』（世界史リブレット一二七）山川出版社、二〇一〇年、杉山伸也『グローバル経済史入門』岩波書店、二〇一四年、社会経済史学会編『社会経済史学会の課題と展望』有斐閣、二〇〇二年、六〜九章。

（4）W・H・マクニール（佐々木昭夫訳）『疫病と世界史』新潮社、一九八五年、アルフレッド・W・クロスビー（佐々木昭夫訳）『ヨーロッパ帝国主義の謎』岩波書店、一九九八年、クライブ・ポンティング（石弘之他訳）『緑の世界史』上・下、朝日新聞社、一九九四年、Williams, Michael, *Deforesting the Earth: From Prehistory to Global Crisis*, Chicago, University of Chicago Press, 2006. このほか世界的な森林破壊の歴史について明らかにした研究に、ジャック・ウィストビー（熊崎実訳）『森と人間の歴史』築地書館、一九九〇年、ジョン・パーリン（安田喜憲・鶴見精二訳）『森と文明』晶文社、一九九四年などがある。

（5）小原秀雄監修『環境思想の系譜』全三巻、東海大学出版会、一九九五年、ドナルド・ウォースター（小倉武一訳）『自然の富』食料・農業研究センター、一九九七年、デイヴィッド・アーノルド（飯島昇蔵・川島耕司訳）『人間と環境の歴史』新評論、一九九九年、水野祥子『イギリス帝国からみる環境史』岩波書店、二〇〇六年など。

（6）このほか近年出版された代表的なものに、ジョン・ベラミー・フォスター（渡辺景子訳）『破壊されゆく地球』こぶし書房、二〇〇一年、ドナルド・ヒューズ（桃木暁子・あべのぞみ訳）『世界の環境の歴史』明石書店、二〇〇四年、ロベール・ドロール、フランソワ・ワルテール（桃木暁子・門脇仁訳）『環境の歴史』みすず書房、二〇〇六年、J・R・マクニール（海津正倫・溝口常俊監訳）『二〇世紀環境史』名古屋大学出版会、二〇一一年、ヨアヒム・ラートカウ（海老根剛・森田直子訳）

『自然と権力』みすず書房、二〇一二年などがある。

（7）ドイツについては田北廣道「社会経済史学と環境史」社会経済史学会編『社会経済史学の課題と展望』有斐閣、二〇一二年、フランスについては中島俊克「フランスにおける環境史研究の動向」『社会経済史学』七三巻四号（二〇〇七年一一月）、アメリカについては小塩和人「学界展望　アメリカ環境史の回顧と展望」『西洋史学』二二四号（二〇〇六年）、インドについては柳澤悠「インド環境問題の研究状況」長崎暢子編『地域研究への招待』（現代南アジア一）東京大学出版会、二〇〇二年、中国については原宗子「昨今の中国における環境史研究の情況」『中国研究月報』五四巻六号（二〇〇〇年六月）などを参照。

（8）東海林吉郎・菅井益郎『通史足尾銅山鉱毒事件』新曜社、一九八四年。

（9）神岡浪子編『資料近代日本の公害』新人物往来社、一九七一年、原田正純『水俣病』岩波書店、一九七二年、庄司光・宮本憲一『日本の公害』岩波書店、一九七五年、小田康徳『近代日本の公害問題』世界思想社、一九八三年、神岡浪子『日本の公害史』世界書院、一九八七年、飯島伸子『環境問題の社会史』有斐閣、二〇〇〇年など。

（10）飯沼賢司『環境歴史学とはなにか』（日本史リブレット二三）山川出版社、二〇〇四年。

（11）コンラッド・タットマン（熊崎実訳）『日本人はどのように森をつくってきたか』築地書店、一九九八年、所三男「採取林業から育成林業へ」『徳川林政史研究紀要』昭和四四年度（一九七〇年三月）。

（12）従来の山林・林業史研究は、地方史を中心に展開され、林業の「近代化」過程の解明を重要な課題とし、伐採・運搬技術などの生産面に重点をおいて分析をすすめてきた。山林・林業史にかんする研究動向については、林業経済学会編『林業経済研究の論点』日本林業調査会、二〇〇六年を参照。

（13）たとえば、徳川林政史研究所編『森林の江戸学』東京堂出版、二〇一二年など。

（14）Richards, John F., *The Unending Frontier: An Environmental History of the Early Modern World*, Berkeley: University of California press, 2003, chapter 5など。

（15）斎藤修『環境の経済史』岩波書店、二〇一四年、第二章。斎藤は、幕府・藩・政府による対応や造林思想よりも、植林など市場を介した農民の対応が重要であったと指摘している（斎藤『環境の経済史』第三章）。

（16）水本邦彦『草山の語る近世』（日本史リブレット五二）山川出版社、二〇〇三年。ただし、農地開発は山を下って河川デルタを耕地化したので、農地開発自体は森林伐採に直結しない場合が多い（斎藤修「人口と開発と生態環境」川田順造ほか編『地球の環境と開発』岩波講座　開発と文化五、岩波書店、一九九八年、一四三〜一四六頁）。

(17) 塚本学『生類をめぐる政治』平凡社、一九八三年。「生態環境史」の視点から、トラと人との関係の変化をえがいた上田信の研究もある（上田信『トラが語る中国史』山川出版社、二〇〇二年）。

(18) たとえば、古島敏雄『日本林野制度の研究』東京大学出版会、一九五五年、中村吉治『村落構造の史的分析』日本評論新社、一九五六年、西川善介『林野所有の形成と村の構造』御茶の水書房、一九五七年、川島武宜・潮見俊隆・渡辺洋三編『入会権の解体』Ⅰ・Ⅱ・Ⅲ、岩波書店、一九五九～六八年など。このほか、『村落社会研究』、『林業経済』、『林業経済研究』、『森林組合』などの学会誌に、村落共同体史をはじめ多数の林業史・組合史の研究が掲載されている。

(19) 宇沢弘文『社会的共通資本』岩波書店、二〇〇〇年、多辺田政弘『コモンズの経済学』学陽書房、一九九〇年、間宮陽介「コモンズと資源・環境問題」佐和隆光・植田和弘編『環境の経済理論』（岩波講座　環境経済学・政策学一）岩波書店、二〇〇二年、三俣学・森元早苗・室田武編『コモンズ研究のフロンティア』東京大学出版会、二〇〇八年、全米研究評議会ほか編（茂木愛一郎・三俣学・泉留維監訳）『コモンズのドラマ』知泉書館、二〇一二年など。近年のコモンズ論への批判として「特集『資源』利用・管理の歴史」『歴史学研究』八九三号（二〇一二年六月）がある。

(20) 千葉徳爾『はげ山の研究』（改訂増補版）そしえて、一九九〇年、第二部一～三章。

(21) 安藤精一『近世公害史の研究』吉川弘文館、一九九二年。

(22) 水本邦彦編『人々の営みと近世の自然』（環境の日本史四）吉川弘文館、二〇一三年、湯本貴和編『山と森の環境史』（シリーズ日本列島の三万五千年五）文一総合出版、二〇一一年など。水産資源については、高橋美貴『近世・近代の水産資源と生業』吉川弘文館、二〇一三年がある。

(23) 徳川時代における産業による資源利用を分析した研究としては、安国良一「別子銅山の開発と山林利用」『社会経済史学』六八巻六号（二〇〇三年三月）がある。近代を対象にした資源管理については、高柳友彦「地域社会における資源管理」『社会経済史学』七三巻一号（二〇〇七年五月）がある。

(24) 杉山伸也・山田泉「製糸業の発展と燃料問題」『社会経済史学』六五巻二号（一九九九年七月）。

(25) 谷口忠義「在来産業と在来燃料」『社会経済史学』六四巻四号（一九九八年一一月）。家庭におけるエネルギー利用は、牧野文夫『招かれたプロメテウス』風行社、一九九六、第七章を参照。近年刊行された産業におけるエネルギー利用の研究として、小堀聡『日本のエネルギー革命』名古屋大学出版会、二〇一〇年、荻野喜弘編著『近代日本のエネルギーと企業活動』日本経済評論社、二〇一〇年、二・三章などがある。またグローバル・ヒストリーでも、比較史の視点からエネルギー・資源の賦存量や利用効率などと経済発展との関係に関心があつまっており、代表的研究として、エリック・ジョーンズ（安元稔・脇村孝平訳）『ヨーロッパの奇跡』名古屋大学出版会、二〇〇〇年、Pomeranz, Kenneth, *The Great Divergence: China, Europe, and the Making of the Modern World Economy*, Princeton: Princeton University Press, 2000（川北稔監訳『大分岐』名古屋大学出版会、二〇一五年）、杉原薫「グローバル・ヒストリーと複数発展経路」杉原薫・河井秀一・河野泰之・田辺明生編『地球圏・生命圏・人間圏』京都大学学術出版会、二〇一〇年、第一章などがある。

(26) 鬼頭宏「環境経済史への挑戦」『社会経済史学』六八巻六号（二〇〇三年三月）。

(27) 「特集　環境史の可能性」『歴史評論』六五〇号（二〇〇四年六月）、「特集　環境」『史林』九二巻一号（二〇〇九年一月）、「公開シンポジウム　『環境と歴史学』（第一〇七回史学会大会報告）」『史学雑誌』一一九編一号（二〇一〇年一月）にも、環境史が特集されている。

(28) ジョン・パーリン『森と文明』第九章、田北廣道「一八～一九世紀ドイツにおけるエネルギー転換」『社会経済史学』六八巻六号（二〇〇三年三月）。

(29) 上田信「山林および宗族と郷約」木村靖人・上田信編『人と人の地域史』（地域の世界史一〇）山川出版社、一九九七年、柳澤悠「インドの共同利用地の歴史的変容と森林」井上貴子編『森林破壊の歴史』明石書店、二〇一一年、杉原薫・西村雄志「英領インドにおける鉄道・第一次産品輸出・森林の商業化、一八九〇―一九一三年」慶應・京都グローバルCOE歴史分析班ワークショップ「近現代アジアにおける資源利用と資源管理」報告（二〇〇九年一一月七日）。

(30) 明治初期の日本の山林は、官有林（官林と旧幕藩有林・社寺有林以外の官有山林原野）と民有林（県・郡・市町村・部落などが所有する公有林と私有林）に大別される。官有林の管轄は、民部省（一八七〇年七月）、大蔵省（七一年七月）、内務省（七四年一月）、農商務省（八一年四月）と変遷し、一八八一年四月以降は農商務省（農林省）の管轄下におかれた。ただし、北海道の官有林（すべて官有山林原野）の管轄は、八六年に内務省直轄の北海道庁が設置されると、農商務省から北海道庁にうつされた。また、植民地の台湾、朝鮮、樺太の山林は、台湾総督府、朝鮮総督府、樺太庁が各々管轄した。

(31) 千葉『はげ山の研究』三〇頁、筒井迪夫『日本林政史研究序説』東京大学出版会、一九七八年、四～一五頁。

(32) 一八八〇年代前半に、国土面積三八五六万町歩のうち、森林一六八〇万町歩、原野（資料では「山地」）一三六八万町歩、田畑四五三万町歩という調査もある（高島得三「造林ノ目的」『大日本山林会報告』一七号、一八八三年五月、二八一頁）。

(33) 太田猛彦『森林飽和』（NHKブックス一一九三）NHK出版、二〇一二年、一一九～一二七頁、千葉『はげ山の研究』二一八～二二三頁。

(34) 「農林水産省百年史」編纂委員会編『農林水産省百年史』上巻、一九七九年、第三章。

(35) 官林の測量は、「官林境界線実測及製図順序」(一八八二年)や「官林境界測量内規」(一八九〇年)などに境界査定とともに規定されたが、一八九五年に独立業務となった。また「国有林野法」の制定にあわせて、三角測量にかんする規定を追加した「国有林野測量規定」(一九〇〇年)が制定され、一九一一年度に測量業務はほぼ終了した(松波秀実『明治林業史要』前輯、大日本山林会、一九一九年、六五七~六八八、七〇二頁)。

(36) 『農商務統計表』では北海道山林がのぞかれているため、一八八六~九六年の森林面積は、『山林局年報』を利用した図0-1よりも五〇〇万~六〇〇万町歩少なくなっている。

(37) 戦前期の山林原野の調査項目の変更は、一九一五年の一度のみで、「森林」「原野」から「立木」「無立木地」に変更された。

(38) 農林省『農林省統計関係法規』出版年不明、二二三~二二四頁。

(39) 酒井徹朗「わが国森林地域の地形的特徴」『森林利用学会誌』一五巻三号(二〇〇〇年一二月)。経済安定本部資源調査会の資料によると、日本の全森林蓄積量のうち、険峻な地形や技術上の問題により伐採できない森林が一八%、奥地でコスト的にみあわない森林が二三%となっているが、「険峻」などについて定義はされていない(経済安定本部資源調査会事務局『日本における土地森林資源の諸問題』一九五〇年、二六~二七頁)。

(40) 天然更新とは、更新(森林の世代交代)を自然の力によっておこなうこと。落ち葉の除去や林床のつる植物・雑草の刈払いなどにより更新速度を速めることもある。薪炭林では萌芽の更新がおこなわれた。

(41) 戦前・戦時期の伐採による森林荒廃は、戦後数年間の洪水の多発とも関連している(安藝皎一『水害の日本』岩波書店、一九五二年)。

(42) 森林が消失しなかった要因として、植林のほか放牧がほとんどおこなわれなかったことなども指摘されている(コンラッド『日本人はどのように森をつくってきたか』一九六~一九七頁)が、地理的要因が大きかったと考えられる。

(43) 西川俊作・阿部武司編『産業化の時代』上(日本経済史四)岩波書店、一九九〇年、西川俊作・山本有造編『産業化の時代』下(日本経済史五)岩波書店、一九九〇年。

(44) 工部省の設置から廃止(一八八五年一二月)までの興業費投資額。小林正彬『日本の工業化と官業払下げ』東洋経済新報社、一九七七年、五五~五七頁。

(45) 学校建築は主として地方政府がにない、地方政府の建設投資にしめる学校建築への投資額は、一八七一~八五年に一二~二〇%(建物全体では二一~二七%)で、二〇世紀以降も一六~二五%をしめた(江見康一編『資本形成』長期経済統計四、東洋経済新報社、一九七一年、一五頁)。

(46)　永井秀夫『明治国家形成期の外政と内政』北海道大学図書刊行会、一九九〇年、二二五～二二七頁。
(47)　野田正穂・原田勝正・青木栄一・老川慶喜編『日本の鉄道』日本経済評論社、一九八六年。
(48)　杉山伸也「情報革命」西川・山本編『産業化の時代』下。
(49)　山本弘文編『交通・運輸の発達と技術革新』国際連合大学、一九八六年、第二章、北原聡「明治前期における交通インフラストラクチュアの形成」『三田学会雑誌』九〇巻一号（一九九七年四月）、北原聡「近代日本における交通インフラストラクチュアの形成」『社会経済史学』六三巻一号（一九九七年五月）。
(50)　江見編『資本形成』二二頁、黒崎千晴「明治前期水運の諸問題」運輸経済研究センター近代日本輸送史研究会『近代日本輸送史』成山堂書店、一九七九年。
(51)　「松方財政」については、梅村又次・中村隆英編『松方財政と殖産興業政策』国際連合大学、一九八三年、室山義正『松方財政研究』ミネルヴァ書房、二〇〇四年などを参照。「企業勃興」期については、高村直助編『企業勃興』ミネルヴァ書房、一九九二年などを参照。
(52)　小林『日本の工業化と官業払下げ』第五章。
(53)　隅谷三喜男『日本石炭産業分析』岩波書店、一九六八年、三二五～三三五頁。
(54)　杉山伸也「日本石炭業の発展とアジア石炭市場」『季刊現代経済』四七号（一九八二年四月）、『農商務統計表』一八八六～一九〇〇年版。
(55)　日本エネルギー経済研究所計量分析ユニット編『エネルギー・経済統計要覧』省エネルギーセンター、二〇一四年、三一二～三一五頁、梅村ほか編『農林業』一二三頁。
(56)　鉄道院編『本邦鉄道の社会及経済に及ほせる影響』中巻、一九一六年、松好貞夫・安藤良雄編『日本輸送史』日本評論社、一九七一年、四一七頁。ただし海運輸送量は、主要な一九港湾の代表的出入貨物の集計値による。
(57)　中岡哲郎・石井正・内田星美『近代日本の技術と技術政策』国際連合大学・東京大学出版会、一九八六年、第一・二章、南亮進・清川雪彦編『日本の工業化と技術発展』東洋経済新報社、一九八七年、第二・七章、鈴木淳『明治の機械工業』ミネルヴァ書房、一九九六年、九章、内田星美「技術移転」西川・阿部編『産業化の時代』上。
(58)　谷本雅之『日本における在来的経済発展と織物業』名古屋大学出版会、一九九八年、谷本雅之「もう一つの『工業化』」横山紘一ほか編『産業と革新』（岩波講座　世界歴史二二）岩波書店、一九九八年。
(59)　農商務省山林局『綿糸紡績用木管調査書』一九〇八年。

(60) 運輸省港湾局編『日本港湾修築史』港湾協会、一九五一年、日本学士院日本科学史刊行会編『明治前日本土木史』日本学術振興会、一九五六年、五三七～五三八頁、内海孝「日露戦後の港湾問題」『社会経済史学』四七巻六号(一九八二年三月)。
(61) 産業の発達と道路・鉄道などの関係を検討した研究に、高村直助編『明治の産業発展と社会資本』ミネルヴァ書房、一九九七年、電信利用については第三章の注三および四を参照。
(62) 『農商務統計表』一八八六～一九〇〇年版。
(63) 高村直助『日本紡績業史序説』上・下、塙書房、一九七一年。
(64) 鈴木尚夫編『紙・パルプ』(現代日本産業発達史一二)交詢社、一九六七年。
(65) 橘川武郎『日本電力業発展のダイナミズム』名古屋大学出版会、二〇〇四年、第二章、南『動力革命と技術進歩』。
(66) 中村尚史『地方からの産業革命』名古屋大学出版会、二〇一〇年。
(67) 杉山伸也『日本経済史』岩波書店、二〇一二年、二九八頁。
(68) 持田信樹『都市財政の研究』東京大学出版会、一九九三年。
(69) 中村隆英『日本経済』(第三版)東京大学出版会、一九九三年、九七～一〇一頁、伊藤繁「人口増加・都市化・就業構造」西川・山本編『産業化の時代』下、持田信樹「都市の整備と開発」西川・山本編『産業化の時代』下。
(70) 江見編『資本形成』二〇二頁。
(71) 荻野喜弘『筑豊炭鉱労資関係史』九州大学出版会、一九九三年、長廣利崇『戦間期日本石炭鉱業の再編と産業組織』日本経済評論社、二〇〇九年。
(72) 橘川『日本電力業発展のダイナミズム』第二章。
(73) 中村隆英・原朗「資料解説」中村隆英・原朗編『国家総動員一』(現代史資料四三)みすず書房、一九七〇年、xiv～xxii頁、杉山『日本経済史』四一八～四四四頁。
(74) 先行研究においても、用材を国内で供給できたことの重要性(高橋亀吉『日本近代経済発達史』第二巻、東洋経済新報社、一九七三年、四〇三～四一三頁)や、日本の産業化の特徴として土木・建築・什器類の鉄利用の少なさが指摘されている。一九一一～一三年の日本の一人当り銑鉄消費量が二四キログラムであったのに対して、同時期のイギリスは一四〇キログラム、アメリカは二九六キログラムで、日本の消費量がこれらの数値を超えるのは五〇年代後半～六〇年代初期であったという(鈴木淳「重工業・鉱山業の資本蓄積」石井寛治・原朗・武田晴人編『産業革命期』日本経済史二、東京大学出版会、二〇〇〇年、二三三、二四六頁。原資料は農商務省鑛山局『製鉄業ニ関スル参考資料』一九一八年)。日本以外の地域についても、一九世紀までのアメリカの経済発展における木材の重要性が指摘されているほか（Rosenberg, Nathan, "America's Rise to Woodworking Leadership", Brooke Hindle (ed.), *America's Wooden Age: Aspect of its Early Technology*, Sleepy Hollow Restorations, New York, 1975, pp.37-62)、ヨーロッパにおける木材利用の歴史について主に文化的・技術的な側面から明らかにされている（ラートカウ・ヨアヒム（山縣光昌訳）『木材と文明』築地書館、二〇一三年）。

(75)　梅村ほか編『農林業』二三二～二三三頁。「林産生産物」には、「木材」のほかに、クリ・クルミ・ツバキなどの樹実やスギ・ヒノキなどの樹皮および松茸・椎茸などの「林産副産物」がふくまれる。竹材はふくまれていない。

(76)　一九三四年の東京市内の農家でも、調査世帯四八世帯のうち一七世帯が薪を自給しており、五〇年前半においても農家の薪総消費量の約八五％は自給されていた（牧野『招かれたプロメテウス』一六一頁）。

# 第1章　木材市場のマクロ的検討

近代日本の木材市場は、産業化の進展にともなって大きく変化した。これまでに、林業史研究や林政史研究において木材の輸移出入や山林政策などが明らかにされ[1]、また流通史研究では鉄道や電信の発展による商品流通や流通の担い手の変化が、全国・地域レベルで検討されている[2]。本章では、こうした先行研究をふまえ、これまで十分に考察されてこなかった使用樹種の相違や国際市場との関連に注意をはらいながら、木材市場のマクロ的変化を明らかにする。

利用する主な統計・調査資料は、梅村又次ほか編『農林業』（長期経済統計九）、鉄道院編『本邦鉄道の社会及経済に及ぼせる影響』、鉄道省編『木材ニ関スル経済調査』および『木材、薪、木炭ニ関スル調査』、大蔵省編『外国貿易概覧』などである[3]。基礎的な統計資料となる『農林業』では、燃材の生産量（消費量）および用材の生産量と一一部門別の消費量が、農商務省編『農商務統計表』、農林省編『農林省統計表』、帝国森林会編『本邦林産物需給調査書』、木材資源利用合理化推進本部編『わが国における木材需要構造調査』[4]などをもとに推計されている。推計値は、基本的には住宅戸数や人口、鉄道延長距離、電線延長距離、石炭生産量などに単位当り木材消費量を乗じて算出されているが、強引な推計方法によらざるをえないものもある。

本章では、とりあえず『農林業』の推計値をそのまま利用し、枕木・電柱・坑木・パルプ用材の個別の消費量については各章で詳細な検討をくわえる。以下では、木材市場が基本的に需要におうじて木材が供給される需要主導型の市場であったため、需要市場、供給市場の順に考察をすすめる。

## 1　需要市場の構造

### (1)　燃材

図1-1は、一八八〇～一九四五年の燃材生産量（消費量）と用材の生産量、消費量および輸移出入量をしめしている。木材は、燃材と用材に大別され、燃材は家庭用・産業用のエネルギーとして、用材は主に産業用の資材・原料として利用された。

燃材については、薪炭林の伐採量や木炭輸送量から推計された生産量しか判明しないが、薪はすべて国内で消費され、木炭は輸移出量、輸移入量ともに生産量の二％以下であったと推測されるため、[5]燃材の生産量を消費量と読み替えても大きな問題はない。ただし、主に自給された薪には粗朶類（小枝など）や製材の鋸屑・廃材などがふくまれていないうえ、商品生産物であった木炭生産量についても一九三〇年半ば頃まで正確な数値は存在せず、全体として燃材生産量（消費量）は過小に評価されている可能性が高い。[6]それでも燃材消費量は近代を通じて木材消費量の過半をしめ、一八八〇年代前半に約一億石（一石＝〇・二七八立方メートル）であったが、八〇年代後半以降は増加傾向で推移し、九八年には一億八〇〇〇万石に達した。燃材は、家庭用燃料としてだけでなく、製糸・製茶・製陶・産銅業など産業用のエネルギーとしての需要も多く、少なくとも一九世紀末までは一次エネルギー供給量の七〇％以上をしめていた（図1-2）。

二〇世紀になると、産業用エネルギーが薪炭から石炭へシフトしたので、燃材消費量は第一次大戦前まで減少

**図1－1　燃材生産量と用材の生産・消費・輸移出入量、1880～1945年**

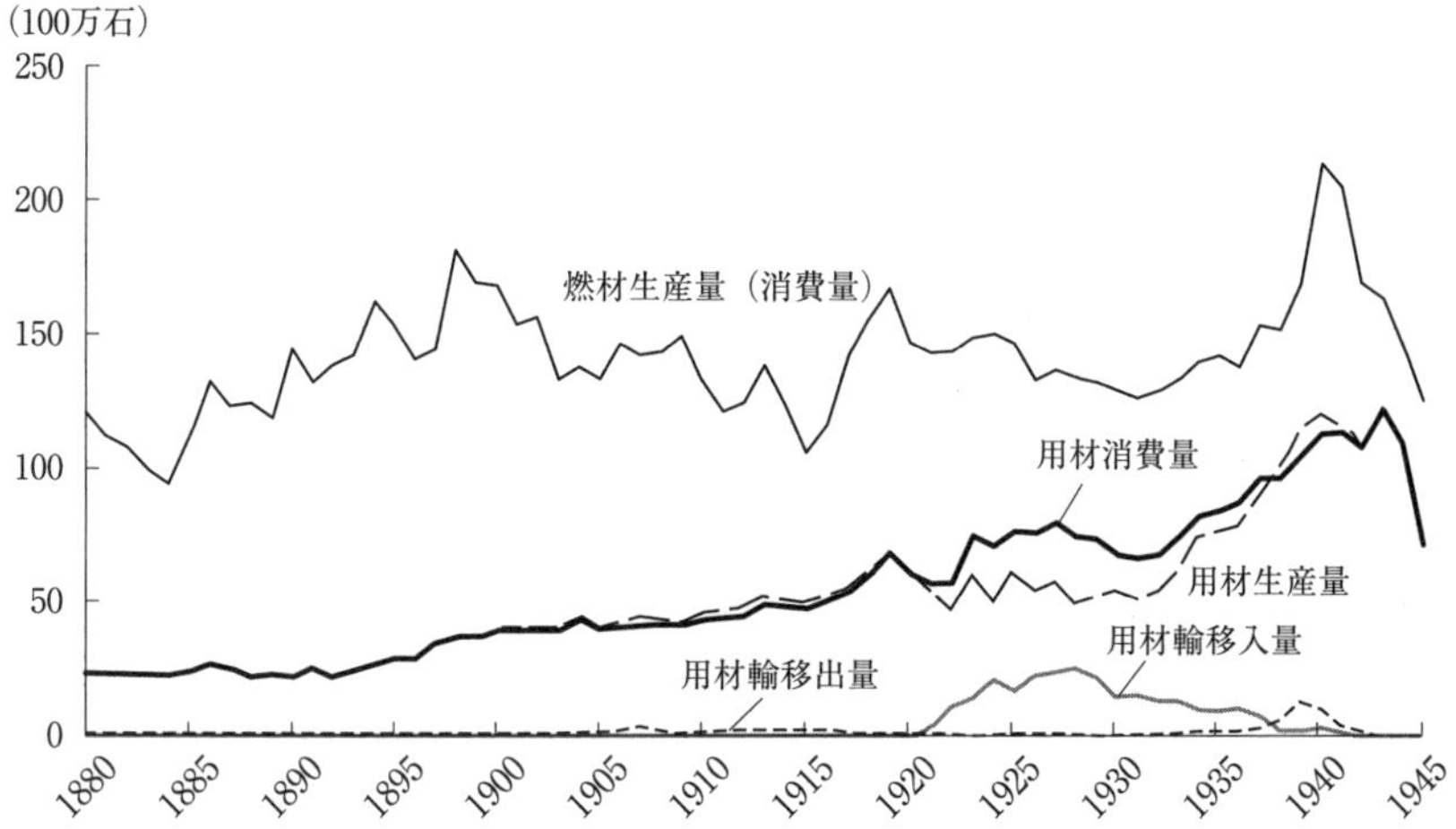


資料：梅村又次ほか編『農林業』（長期経済統計9）東洋経済新報社、1996年、122、238～239、248～249頁より作成。

**図1－2　一次エネルギー供給構造、1880～1945年**

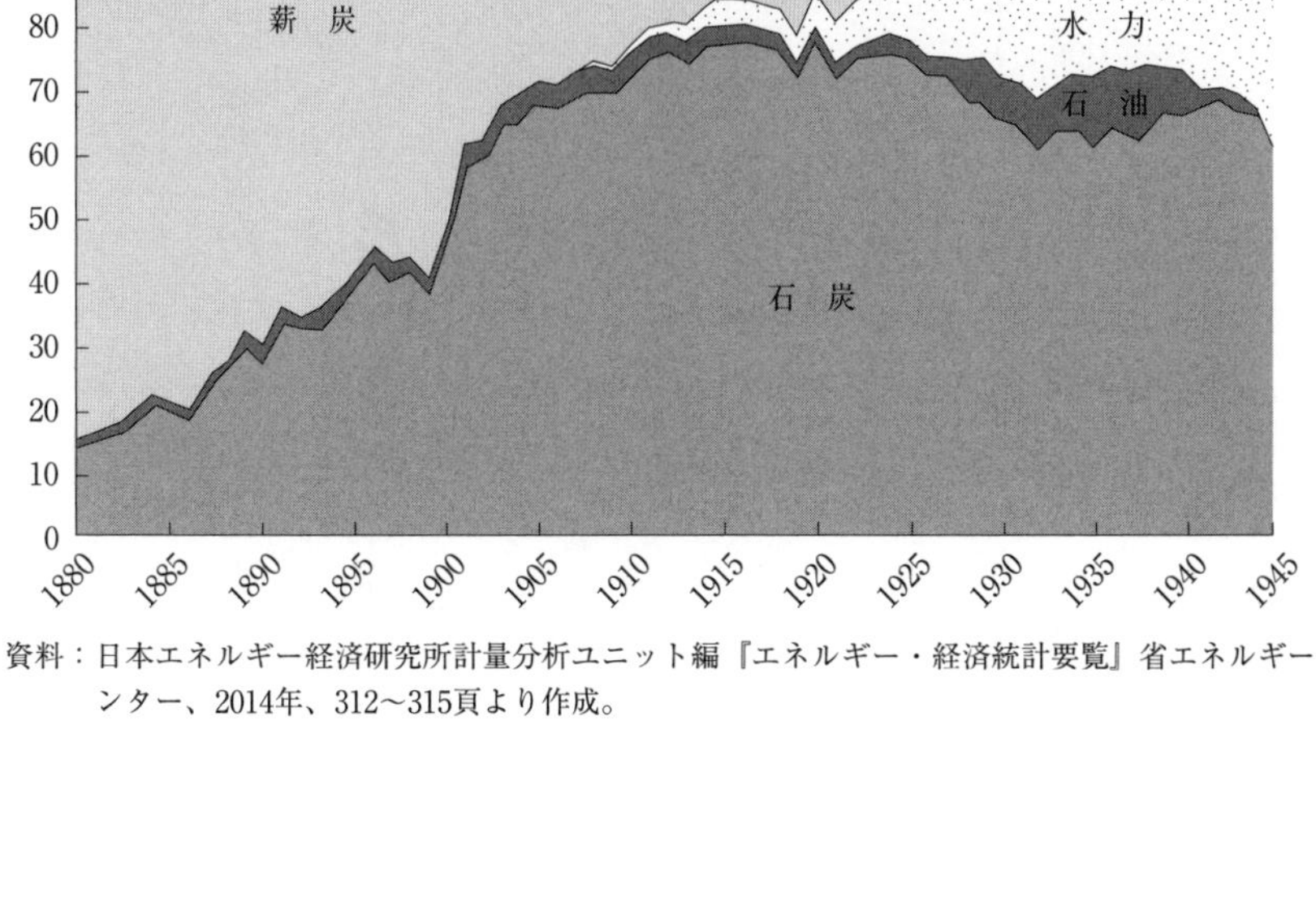


資料：日本エネルギー経済研究所計量分析ユニット編『エネルギー・経済統計要覧』省エネルギーセンター、2014年、312～315頁より作成。

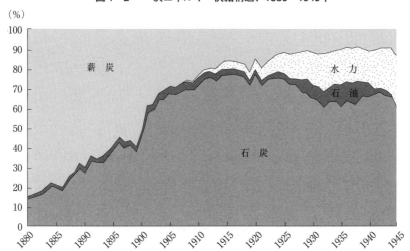

傾向に転じた。一次エネルギー供給量の首位は、遅くとも一九一〇年代前半には薪炭から石炭にかわり[7]、第一次大戦後には薪炭の一次エネルギー供給量にしめる割合は一三〜二五%に低下した。しかし、家庭用の主要エネルギーは依然として薪炭であったので[8]、その後も燃材消費量は減少することはなく一億石以上で推移した。燃材を薪と木炭にわけてみると、燃材消費量にしめる薪の割合は、一八八〇〜九〇年代の八一〜八三%から一九一〇年代後半に六九%に低下したのに対して、木炭の割合は一七〜一九%から三一%に上昇した[9]。これは、所得の増加などによる都市部の家庭における薪から木炭へのエネルギー転換の進展と、養蚕や製糸、製茶など在来産業における木炭需要の増加による[10]。しかし、戦前期を通じて農村部の家庭用エネルギーは八四%以上が薪で、薪は木炭に比較して利用しやすく、ほとんどが自給されたので、燃材消費量における両者の位置が入れ替わることはなかった。薪炭材は、萌芽林や用材の伐採跡地から供給され、薪にはクヌギ、カシ、マツなどが利用され、薪材よりも規格化がもとめられた木炭には、輪伐期が九〜二五年のナラ、クヌギ、ザツ、カシなどの広葉樹が利用されることが多かった[11][追補1]。

## (2) 用材

### (a) 建築用材と家具・建具・日用雑貨用材

用材消費量は、一八八〇年代に二〇〇〇万石前後であったが、八〇年代後半の「企業勃興」期をへた九〇年代以降に増加し、第一次大戦期に急増して一九一九年には六九〇〇万石に達した。用材消費量は、一九二〇年代以降も継続的に増加して三九年には一億石を凌駕し、燃材消費量を上回ることはなかったものの、二〇年代後半以降は木材消費量の三五〜四三%をしめた。

図1-3は、一八八〇〜一九四五年の一一部門別の用材消費量をしめしている。建築業は、用材の最大の消費先で、建築用材には、民間・政府（軍需をのぞく）の建築物の新築・改築・増築に利用された構造用材のほか、

**図１－３　用途別用材消費量、1880〜1945年**

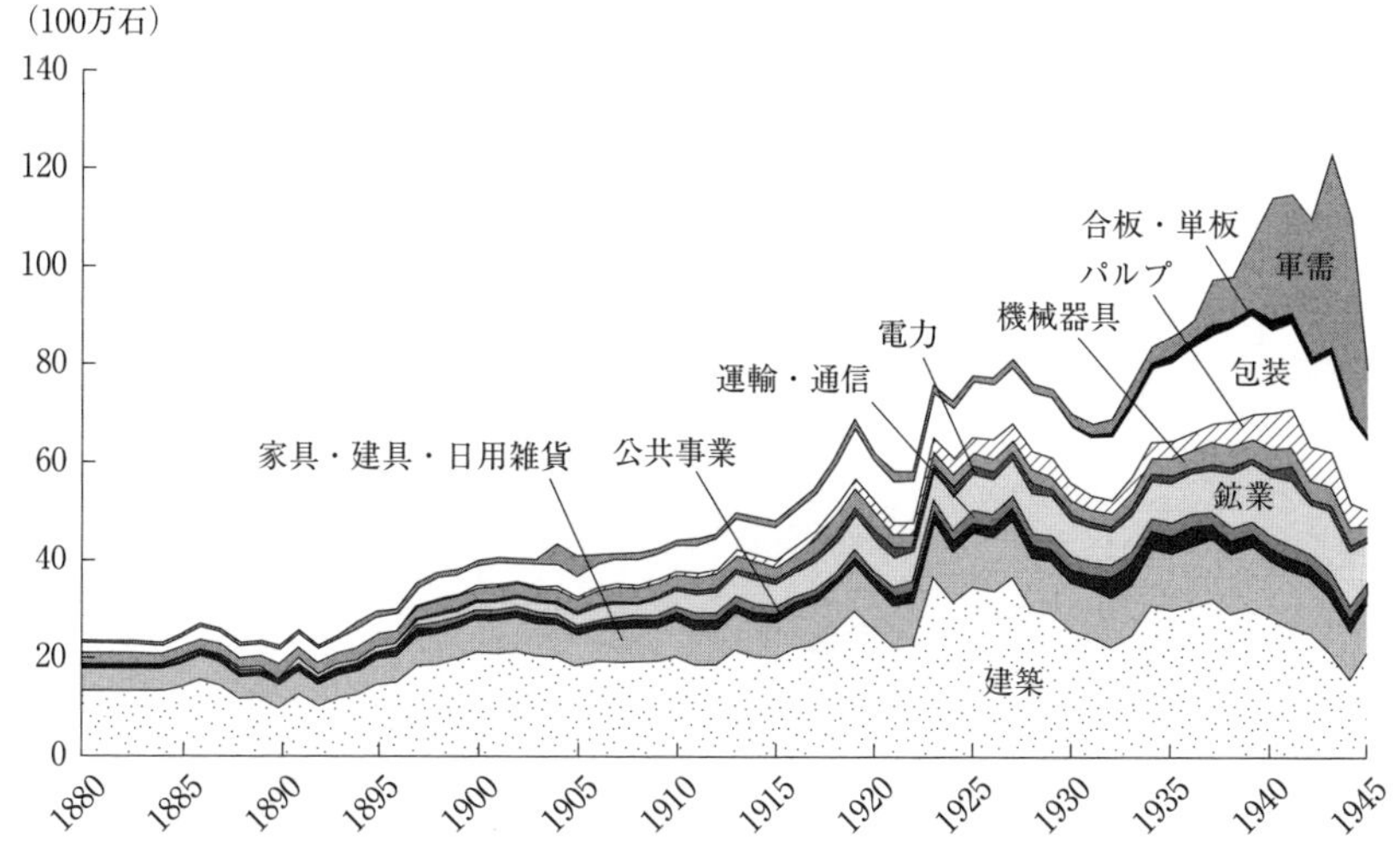


資料：梅村ほか編『農林業』240〜241頁より作成。

杭丸太・足場丸太・仮設材がふくまれ、公共事業、運輸・通信事業、電力事業、鉱業で利用された建築用材もこの部門に計上されている。建築用材の消費量は、一八八〇〜九〇年代前半に一〇〇〇万〜一二〇〇万石、九〇年代後半から第一次大戦前に一五〇〇万〜二〇〇〇万石で、第一次大戦期および関東大震災の発生した一九二三年に急増し、それ以降は二五〇〇万〜三七〇〇万石で推移した。

建築用材の中心は住宅の建築・修理用材で、明治以降、諸官庁・官営工場・駅舎・郵便局・学校施設用材の需要が増加したが、一八八〇〜一九〇〇年代には住宅用材が建築用材の八〇％以上をしめた。日露戦後になると、都市化の進展とともに住宅需要が増加し、一戸当り坪数は減少したものの、全国現住戸数は一九〇五年の八九五万戸から二五年の一二〇〇万戸に増加し、住宅建築用材の消費量は二〇年代半ばまで増加傾向にあった。都市部では商業・工業用施設も増加し、二〇年代の都市中心部では建替時に鉄筋コンクリートや鉄骨造などによる建築物の大規模化・堅牢化がすすんだが、こうした非住宅建築用の主要資材も木材であることに変化はなかった。たとえば建築用材の需要が大きかった東京府では、二〇年の住宅建築と非住宅建築をあ

**図1－4　木材市場の概念図**

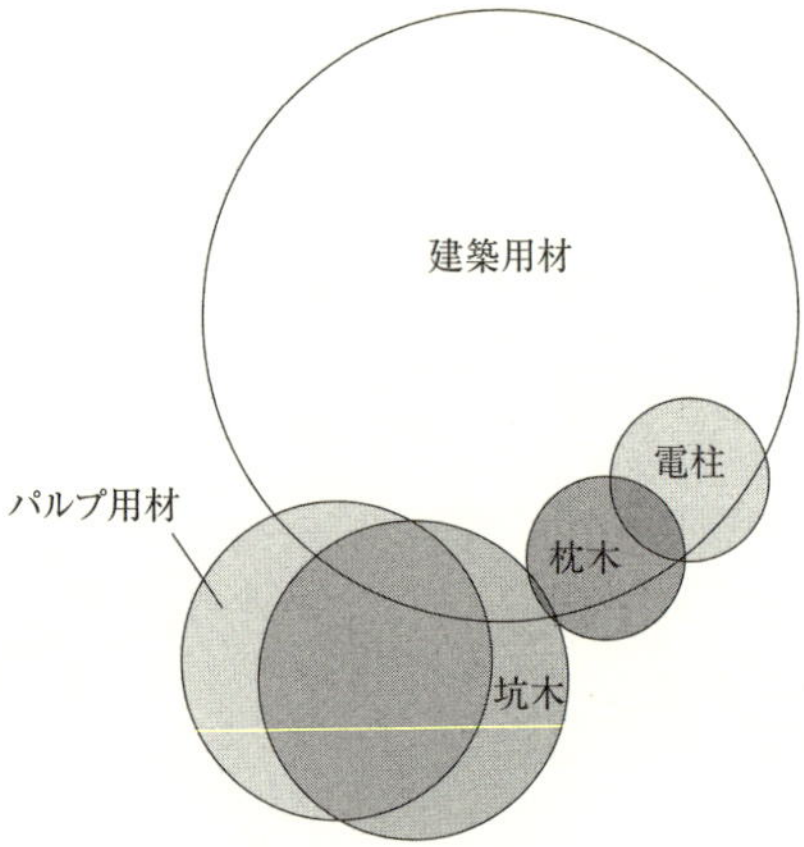


注：筆者作成。円の大きさは市場規模をしめし、円の重なりは使用樹種・形状による競合関係をしめす。

わせた建物数七一万棟の九三%は木造建築で、関東大震災後には土造建築が減少してコンクリート建築が増加したが、建築費の低下にささえられて郊外を中心に木造住宅建築がいっそう増加し、三五年においても建物数一一六万棟の九七%が木造建築であった。(12)

用材消費量にしめる建築用材の割合は、一八八〇〜一九〇〇年代前半に五〇〜五七%で、その後は他産業の消費量の急増により低下したものの、三〇年代半ばまで三三〜四七%を継続してしめた。建築用材には、主にスギ、マツ、ヒノキなど針葉樹が利用されたが、利用箇所によって適する樹種が異なったために、他にも多様な樹木が利用された。木材市場は、樹種や形状に規定されて用途別市場が重なり合う重層性をもった市場で（図1-4）、建築用材のシェアの高さと使用樹種の多さは、建築用材市場の変化がその他の木材市場にあたえる影響の大きいことを意味した。(追補2)

家具・建具・日用雑貨部門の木材消費量は、一八八〇〜九〇年代前半の四五〇万〜五〇〇万石から一九二〇年代半ば以降は一〇〇〇万〜一二七〇万石に倍増し、用材消費量の一二〜二〇%をしめた。ただし、日用雑貨のうち鉛筆、木製玩具、燐寸《マッチ》などの消費量は、一九五〇〜五四年の消費量を実質ＧＮ

Pで延長した大雑把な推計によっている。当該部門にふくまれるタンス・机・椅子、板戸・雨戸・障子・襖、木製履物、日用荒物、鉛筆、木製玩具、燐寸などは重要な生活用資材で、住宅戸数および人口動向に比例して増加した。[13] 使用樹種は、用途の多さに起因して多様であったが、キリ、セン、ケヤキ、クリなどの広葉樹が利用されることが多かった。このほか、マホガニー、ラワンなどの輸入材も利用され、燐寸の軸木にはシナノキ、ヤマナラシ、ドロノキなど特殊な樹木が利用された。

### (b) 交通事業用材と通信事業用材

交通や通信関係のインフラ整備に利用された木材は、図1-3では公共事業と運輸・通信の両部門にふくまれている。このうち公共事業用材は、道路・橋梁・河川・港湾の建造・修築など公共事業(災害復旧をふくむ)の建設工事に利用された。その消費量は一八八〇年代に四〇万～五五万石であったが、一九〇〇～二〇年代前半に一〇〇万～一九〇万石、二〇年代後半以降は二五〇万～四四〇万石に増加し、用材消費量の二～六%をしめた。ただし、公共事業における木材消費量は、一九六〇年価格表示の政府固定資本形成のうちの道路・港湾・治水・治山・農林水産の合計額を算出して、その系列で五〇～五四年の公共事業における木材消費量を戦前に延長し、一九年以前についてはその数値を一・八倍するという強引な推計方法により算出されている。

インフラ整備においては、民間投資が期待できないために政府が重要な役割をはたし、投資の大部分をになった地方政府の建設投資額のうち、とくに道路・橋梁への投資額は三〇～四七%と高い割合をしめた。道路延長距離は、一八九四年に二七万キロメートルであったが、一九一〇年代に道府県道や市町村道が延長された結果、二〇年代前半には九〇万キロメートルを上回った。また河川舟運や洪水防止のための護岸工事の必要から、河川への投資額も大きく、一八七〇～九〇年代には道路・橋梁に匹敵するかそれ以上の金額が投資された。[14] 土木事業の基礎工事には、主にアカマツ、クロマツ、カラマツが利用され、橋梁用材や護岸・堤防・水道管など水工事用材には、ケヤキ、ヒバ、ヒノキ、カラマツ、アカマツ、米材（米マツ）などが利用された[15]。

運輸・通信部門には、鉄道業の枕木と電信・電話事業の電信柱・電話柱がふくまれている。これらの用材消費量は、一八八〇～一九〇〇年代の四〇万～一五〇万石から一九二〇年代以降に二〇〇万～四四〇万石に増加し、用材消費量にしめる枕木と電信柱・電話柱の割合はいずれも一～二%であった[16]。鉄道と電信は、ともに工部省の中心事業として明治初期に建設が開始され、全国の鉄道営業キロ数は一八八五年の四八七キロメートルから一九〇五年の八三七一キロメートルに増加した。一九〇六、〇七年の鉄道国有化以降は、道路と海運のリンクを意識した交通・輸送政策の進展とともに鉄道建設がすすめられ、また二〇年代以降には市電や地下鉄、地方鉄道が発展し、三五年の全国鉄道営業キロ数は二万六六八二キロメートルに達した[17]。こうした鉄道ネットワークの拡充や輸送貨物量・旅客数の増加により、新設線路の建設用枕木と既存線路の補修用枕木の需要が年々増加した。枕木には、クリ、ヒノキ、ヒバのほか、マツ、ブナ、米材（米マツ）などが利用された。

電信は、通信ネットワークのなかでも早期に建設がすすめられ、電信線路の距離は、一八九〇年に一万一〇九〇キロメートルであったが、一九一〇年には三万キロメートルを上回り、二〇年代以降は三万四〇〇〇～三万五〇〇〇キロメートルで推移した。また電話線路の距離は、日清・日露戦後経営の拡張計画の実施や加入者負担の特設電話制度の適用により一九一一年に一万キロメートルを凌駕し、両大戦間期に地方重視の電話政策が展開された結果、三五年には六万七二一四キロメートルに増加した[18]。こうした電信・電話ネットワークの拡充にともなって、新増設・補修用の電信柱・電話柱の需要が増加した。電信柱・電話柱には、長さ三～二六メートルの節・湾曲のないスギ、ヒノキ、マツ、米材（米マツ）が利用された[19]。

### (c) 鉱業用材と電力事業用材

鉱業（炭鉱と金属鉱山）部門の木材消費量は、一八八〇～九〇年代に二〇万～一五八万石で、第一次大戦期に急増して一九一九年に七三八万石に達したのち二〇年代は横ばい傾向で推移したが、三〇年代後半にふたたび増加に転じ、三八～四四年には一〇五〇万～一三四〇万石に増大した。用材消費量にしめる割合は、一八八〇～九〇年代に一～五％、一九〇〇年代以降は約一〇％であった。鉱業用材には、鉱業施設の建築用材をのぞく坑木や炭車・鉱車の製造用材などがふくまれるが、主要な用途は坑木で、その九〇％以上が炭鉱で消費された。金属鉱山は岩盤が強固であったために坑木消費量が比較的少なく、金属鉱山のなかで最も坑木を使用した銅山でも、一九一〇年代後半の坑木消費量は全国坑木消費量の三～六％にすぎなかった[20]。炭鉱業においては、全国出炭量が一八九〇年の二六二万トンから一九一五年に二〇五〇万トン、三九年には五一一一万トンに増加し[21]、坑道距離の延長にともなって坑木需要が増加した。坑木用材には、樹齢二〇～三〇年のアカマツ、クロマツ、エゾマツ、トドマツが利用され、建築用材などに比較して小径木の需要が多かった。

電力部門の木材消費量には、電気柱を中心に、発電所・変電所の建設工事や送配電事業に使用された木材がふくまれる。その消費量は、一九〇〇年代に三万～一〇万石であったが、第一次大戦期に急増して以降一〇〇万～二〇〇万石で推移し、用材消費量の一～三％をしめた。一八八〇年代後半に東京や大阪などの都市部で開始された電力供給は、小規模火力発電が中心であったが、日露戦時期の石炭価格の高騰を契機に水力発電が指向されるようになり、一九一一年に発電方式の重心は「火主水従」から「水主火従」へシフトした。山岳地帯から都市部への長距離高圧送電の開始と、都市部における配電網の拡大により送配電線が長距離化し、電線（架空線）延長キロ数は、二〇年の一〇万キロメートルから三五年には二九万キロメートルに増加した[22]。それにともなって電気柱の消費量は増加し、電信柱や電話柱の消費量を大きく上回るようになった。電気柱には、電信柱や電話柱と同じく、スギ、ヒノキ、マツなどが利用された。

### (d) 機械器具用材

機械器具部門には、車輌・船舶（軍需をのぞく）、機械部分品・取付具、鋳造用木型に利用された木材がふくまれる。これらの木材消費量は、一八八〇～一九一〇年代前半に二三〇万～三〇〇万石、一〇年代後半以降に三〇〇万～四五〇万石で、用材消費量にしめる割合は三～一〇％であった。

車輌用材や船舶用材は、交通インフラの整備と輸送業の発展にともなって増加した。鉄道車輌は、明治中期以降に国産化が実現していくなかで、木製から半鋼製（車体枠・外張りが鋼製で内張り・床などが木製）に転換したが、鉄道車輌の製造にはケヤキや米マツ、チーク材などが継続して利用された。[23] また地域輸送において重要な役割をはたした馬車・牛車・荷車の車体や、二〇年代以降に増加した自動車の車体・床・腰掛の裏板などにも木材が利用された。船舶については、明治以降、木鉄交造船や鉄鋼船もみられるようになったが、一八七七～九五年の建造総トン数二一万トンの九三％は木造船であった。日清戦後になると、造船奨励法（一八九六年）の公布により造船業の育成がはかられた結果、大型鉄鋼船の国産化が進展し、鉄鋼船の建造トン数は九七年の四八〇〇トンから一九〇六年には二万六二〇〇トンに増加した。[24] 第一次大戦期には造船ブームの到来により、建造トン数は一九一三年の九万トンから一八年には七〇万トンを上回り、また船舶保有総トン数は二三六万トンから三四三万トンに増加した。[25] 船舶保有総トン数は、その後も継続的に増加して三八年に六六六万トンに達し、このうち七〇％以上をしめた鉄鋼製の汽船の建造においても、甲板・マスト・内部艤装にはチーク材、米マツ、ヒノキなどが利用された。また、ほとんどが木造船であった一〇〇トン未満の小型船舶、および漁船[26]には、スギ、マツ、ヒノキ、ヒバ、ケヤキなどが利用された。

機械類に利用された木材には、鍬・鋤・銛などの伝統的な農具・漁具の製造用材や、明治期に技術の「日本化」をともないながら進展した紡織機などの製造用材がふくまれる。戦間期には、第一次大戦期の農産物価格の上昇による農家の資金蓄積と、都市部への労働力流出による農業労賃の上昇によって農業用機械の購入が増加し、たとえば車体が木枠で石油発動機を備え付けた自動耕耘機などが製造され[27]、農業や漁業、織物業など地域産業における木材消費量が増加した。

### (e) パルプ用材

パルプ部門には、製紙用および人絹用のパルプ製造に消費された木材のほか、屑材やチップもふくまれている。パルプ用材消費量は、一九〇〇年に二四万石であったが、第一次大戦期以降急増して二〇年に二三八万石、三八年に五〇四万石に達し、用材消費量の三～六%をしめた。ただし、この数値には、二〇年代以降に主要なパルプ生産地となった樺太におけるパルプ用材消費量がふくまれていないので、それを考慮すると、二〇年代半ば以降のパルプ用材消費量は前記の約二倍にのぼったと推察される。

パルプ用材消費量は、新聞・雑誌類や国定教科書、郵便切手・はがき、紙幣の発行などによる洋紙需要の増加にともない急増し、日本製紙聯合会（一八八〇年に製紙所聯合会として設立され、九九年に日本製紙所組合、一九〇六年に日本製紙聯合会に改称）加盟企業の洋紙生産量は、一八九〇年の六六五〇トンから一九二〇年の二五万三〇〇〇トンに増加し、三七年には九五万トンを凌駕した。明治期には輸入パルプの利用が多かったものの、第一次大戦期に製紙用パルプ自給率は八〇%以上に達し、一九二〇年代に需要の増加した人絹用パルプは、三〇年代末以降に自給率が五〇%を上回った[28]。パルプ用材には、小径のトドマツ、エゾマツ、モミ、ツガが利用され、坑木用材と強い競合関係にあった。

### (f) 包装用材と合板《ベニヤ》・単板用材

包装部門にふくまれる木材は、木箱、木枠、すかし箱、木毛などの製造用材で、消費量は、一八八〇～九〇年代の二〇〇万～三五〇万石から一九二〇年代半ば以降は一〇〇〇万～二〇〇〇万石に増加し、二五～三八年には建築部門に次ぐ消費量をしめた。ただし、包装用材の消費量は、一九四九～五三年の包装用材消費量を実質GNPで延長したラフな推計にもとづいている。また、主に木箱用材として利用された合板の消費量は、単板もあわせて二〇年代後半に一〇万～二〇万石で、三〇年代半ばにも一二〇万～一七〇万石にすぎなかったが、この数値には生産量の四〇～四八％をしめた輸出向け合板用材はふくまれていないので[29]、輸出向けをあわせると合板用材の消費量は二倍近く増加することになる。

こうした木箱は、茶・護謨《ゴム》・燐寸・ビール・野菜・くだもの・魚介類などの包装用に利用されたほか、インドや東南アジア向けの輸出商品や軍需用としての需要も多かった。使用された樹種は、エゾマツ、トドマツ、モミ、スギ、ナラ、タモ、ブナなど多様で、一九三〇年代以降はラワン材の利用も拡大した[30]。

### (g) 軍需用材

軍需部門には、軍艦、航空機、病院設備など軍事費によって調達されたすべての木材がふくまれる。軍需用材の消費量は、日清・日露戦時期に増加して一八九四年に一二七万石、一九〇四～〇五年に四三〇万石となったが、その後は一九三三年に増加に転じるまで一〇〇万～二〇〇万石で推移し、日中戦争の勃発した三七年に急増して、四一～四四年には二五〇〇万～四〇〇〇万石に達した。用材消費量にしめる割合は、日清戦時期の四～五％、日露戦時期の一〇～一一％をのぞいて〇～三％にすぎなかったが、三七年以降一〇～三六％に急増し、他部門の需要を圧迫した。

## 2　供給市場の構造

次に、木材の需要の変化に対する供給の変化を考察する。ただし、燃材は基本的に消費地の近隣から供給されたために、考察の対象は用材に限定される。以下では、国産材（本州・四国・九州産の内地材、および北海道材）が木材市場の中心であった明治期から第一次世界大戦前、木材需要の急増により供給市場を大きく転換させる契機となった第一次大戦期、木材市場に輸移入材が増加した一九二〇～三二年、ふたたび国産材が木材市場の中心となる三三年以降の四期にわけて（図1-1）、木材の供給市場の変化を明らかにする。

### (1) 木材供給地域の拡大と木材輸出の増加

明治初期には、藩林政の弛緩や官民所有区別による共有地の利用制約、製糸業・製茶業など産業用の薪炭需要の増加などにより、共有林として利用された部落有林を中心に森林荒廃が広くみられた。明治中期の荒廃地は約七〇〇万町歩におよんだといわれ[31]、明治政府は一八九七年の「森林法」の制定により森林保護に取り組まなければならなかったが、一方で輸送ネットワークの整備・拡充によって未利用であった森林の伐採が可能になり、木材供給量が増加して木材市場は拡大した。

輸送ネットワークのなかでも木材市場の拡大に大きく寄与したのは、鉄道網であった。たとえば、東京市では明治初期に帆船により輸送された紀州材が木材市場の七〇～八〇％をしめたが、一八九一年に日本鉄道の上野―青森間が開通すると、青森・岩手・宮城県材の入荷量が増加し、また一九〇五年に奥羽北線と奥羽南線がリンクされ、奥羽線が全通（青森―福島間）して秋田県材の東京への直接輸送も可能になると、紀州材の市場シェアは〇・五％に低下した。鉄道には、天候や河川水量などの自然条件に左右されることなく、短時間で目的地へ運搬できるという利点があったので、木材生産地域では、鉄道に連結された林道や森林鉄道が山林奥地に向けて敷設されて山林の開発がすすみ、木材集散地となる鉄道沿線には製材所が多数設立された。一九一四年末の製材所数は、東北本線、東海道本線、奥羽本線、中央本線、山陽本線を中心に合計七一三をかぞえ、製材所における動力化の進展が木材供給の増加に大きく寄与した[32]。こうして木材の生産地と消費地が鉄道により直結され供給地域が拡大し、一三年の東京市では集荷材五二万トンの七六・九％が鉄道輸送された。

一方、水運による木材輸送も拡大し、北海道からは内航海運により東京・大阪・名古屋・神戸市などを中心に木材移出が増加した。とくに西日本では鉄道開通以降も相対的に内航海運が継続して重要な意味をもち、一九一三年の大阪市では、移入材（二四万トン）の六四％が北海道、九州、四国地方から海上輸送されていた[33]。こうした水陸の輸送ネットワークの整備・拡充により木材市場は拡大し、それと並行して木材の生産分布も一八七四年の近畿二一・一％、東海一八・五％、関東一四・一％、東北一〇・八％、九州八・八％から、一九〇五～〇九年には北海道一五・九％、九州一五・六％、東北一二・九％、東海一〇・八％、近畿九・七％、関東九・三％に変化した[34]。

また輸送ネットワークの発展は、木材輸出もうながした。北海道には安価な原生林が広がっていたため、とくに二〇世紀以降に北海道材を中心に木材輸出が拡大し、日本はアジアの重要な木材供給地域として位置するようになった。日本の木材輸出量は、一九〇〇年の三六万石から〇七年には三四五万石に増加し、一九〇八～一三年には一五三万～二二〇万石で推移し、丸太・角材・板類・枕木などが主に天津・上海・漢口など中国向けに輸出された。日本材（北海道材）は中国市場において米材と競合関係にあり、品質面で劣っていたものの価格面では優位で[35]、とくに枕木の輸出が鉄道建設ブームを背景に拡大した。中国では一九〇〇年の北清事変以降、欧米列強による鉄道建設がすすめられ、また日露戦後には日本の経済的影響が強化された関東州や朝鮮においても鉄道建設がおこなわれ、三井物産、小樽木材、松昌洋行などによる枕木販売が増加した。枕木輸出量は、〇四年の四八

**図1－5　世界の木材貿易、1913年**

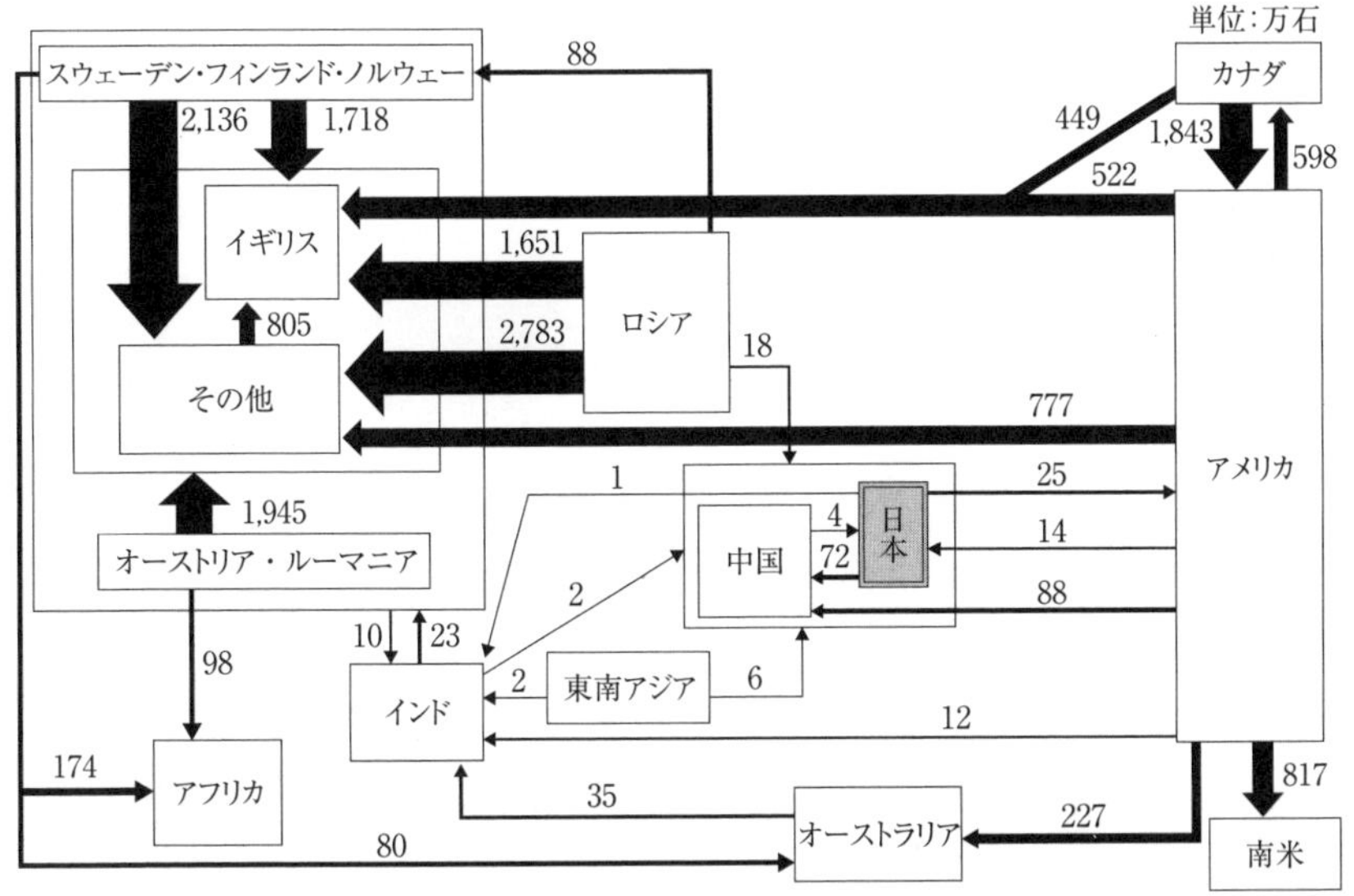


注：輸出国側と輸入国側で数値が一致しない場合は、輸出国側の数値を掲載した。各国政府の発表による貿易統計とかならずしも一致しない。
資料：永山止米郎『全世界二於ケル木材貿易』台湾総督府殖産局、1922年より作成。

万石から〇六～一〇年には九〇万～一四五万石に増加し、木材輸出総額の二二～三七％をしめた。このほか主として英領インド（コロンボ）向けの茶箱用板（木材輸出総額の四～二五％）や、上海・漢口・天津・香港向けの北海道・神戸産の燐寸軸木や燐寸箱用経木（同五～一七％）の輸出量も増加し、日露戦後には北海道産ナラの欧米向け輸出もさかんになった[36]。他方、木材輸入量は、米材、中国産の桐材、タイ（シャム）・英領インド・蘭領東インド産のチーク材など合計一〇万～二〇万石程度にとどまり[37]、国内木材消費量の一％にみたなかった[38]。

このように、国内的には輸送ネットワークの整備・拡充により内地山林と北海道の原生林の伐採がすすみ、一八八〇～九〇年代には年間二二〇〇万～三七〇〇万石、二〇世紀以降は年間四〇〇〇万～五〇〇〇万石の用材が国内市場に供給された（図1-1）。一方、対外的には日本はアジア地域への木材供給地と

図1-6　東京における木材価格、1914〜39年

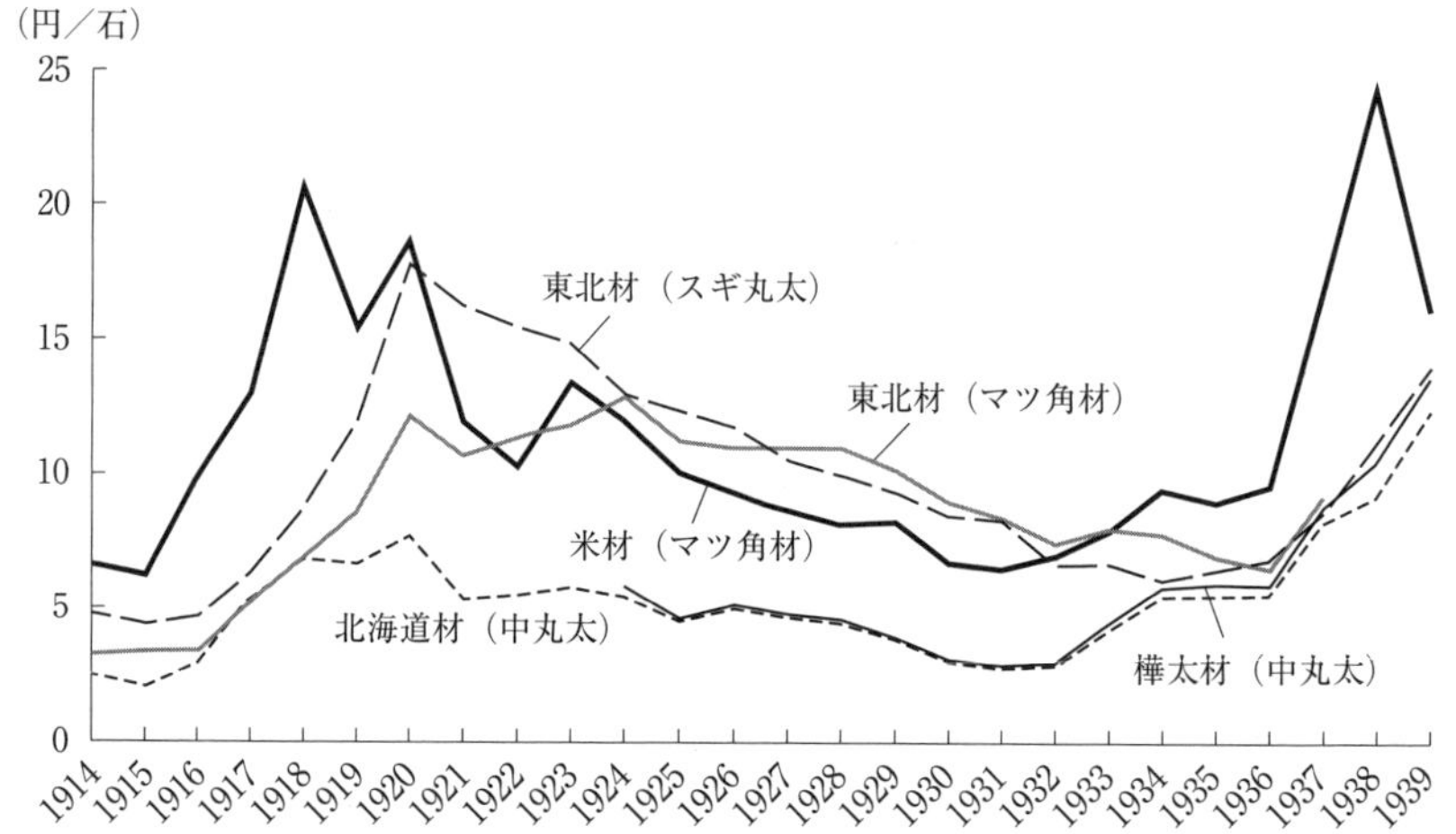


資料：日本米材輸入組合ほか編『日本米材史』1943年、図表統計、26頁；萩野敏雄『北洋材経済史論』林野共済会、1957年、付表5；鉄道省運輸局編『木材二関スル経済調査』177〜178頁より作成。

して位置するようになったが、アジアには、日本で需要の多かったスギやマツなどの針葉樹[39]の主要な輸出国は、日本をのぞいてほとんどなかった。したがって日本が木材の供給不足に直面した場合、アメリカやロシアなどアジア域外に木材をもとめざるをえず、それはまた、ロシア材や米材に大きく依存していたヨーロッパや、域内でほぼ完結していたアジアの木材貿易にも影響をおよぼすことを意味した[40]（図1-5）。

## (2) 国産材の増産と供給不足

第一次世界大戦期の日本では、急速な産業発展とともに木材需要が急増し、木材（用材・薪炭）卸売物価指数は一九一五〜二〇年に約四倍に急騰し、東京市場では東北材（スギ丸太）の石当り単価が一四年の四・八円から一九年の一二・〇円に上昇した（図1-6）。木材需要の急増にともなって、全国用材生産量は一五年の五〇九七万石から一九年の七〇五九万石に増加し（図1-1）、とくに北海道では北見地域の森林開発が進展し、伐採量が急増した[41]。

第一次大戦期の木材貿易は、船舶不足や運賃・保険料

の騰貴、および戦時における貿易統制の実施により世界的に縮小し、日本材の欧米向け輸出はほとんど途絶状態になった。また中国市場では運賃の高騰により米材供給量が減少したものの、中国の鉄道建設の中断と品質検査の厳格化により、日本の枕木輸出量は一九一四年から一九年に約五分の一に急減した[42]。一方、東南アジア向け箱板・樽板（茶箱、護謨《ゴム》箱、石油箱）は、イギリス・ロシア・アメリカ製品の代替品として輸出量が増加し、また燐寸軸木は、アメリカ製軸木と競争しつつ、燐寸製造業の発展した上海・天津・香港などの中国向けと、ロシア製軸木の供給が途絶えたイギリス向けに輸出量が急増した[43]。このように日本の木材輸出量は、輸出品構成の変化をともないながら一四年の二三七万石から一九年の一五五万石に漸減し、また朝鮮・台湾向け木材移出量は八〇万～一一四石で横ばい傾向にあったが、アジアにおける木材供給地としての日本の位置に変化はなかった。

一方、国内では木材需要の急増により、国産材の供給不足が深刻化した。製紙業においては、パルプ輸入量の減少により国産パルプの原料として樺太材の利用が拡大し、燐寸工業では燐寸軸木の原料であった北海道材が枯渇したために、一九一七年以降神戸を中心にロシア材（シベリア材）が輸入されるようになった[44]。とりわけ不足が深刻だったのは建築用材で、都市化の進展を背景に、都市部を中心に住宅不足が社会問題となった。しかし、明治期に植林された人工造林は伐採期に達していなかったうえ[45]、国有林を中心にすすめられてきた林道（車道）の延長距離も二〇年現在で六三〇〇キロメートルにとどまっていたことから[46]、天然林の増伐による木材不足への対応も困難であったと推察される。一六年以降の木材輸移入量は漸増傾向にあったものの一〇〇万石程度にとどまっており、こうした状況下で一九年夏頃から住宅不足の緩和対策のひとつとして、木材輸入の促進による建築用材の価格引下げのための関税改正が議論されるようになり、二〇年八月以降、政府は従価約一〇％であった米材や沿海州材など多くの樹種を減税あるいは無税にした[47]。こうして、日本の木材の供給市場の構造は、第一次大戦期を契機に大きく変化することになった。

図１－７　アメリカの木材輸出量、1905～40年

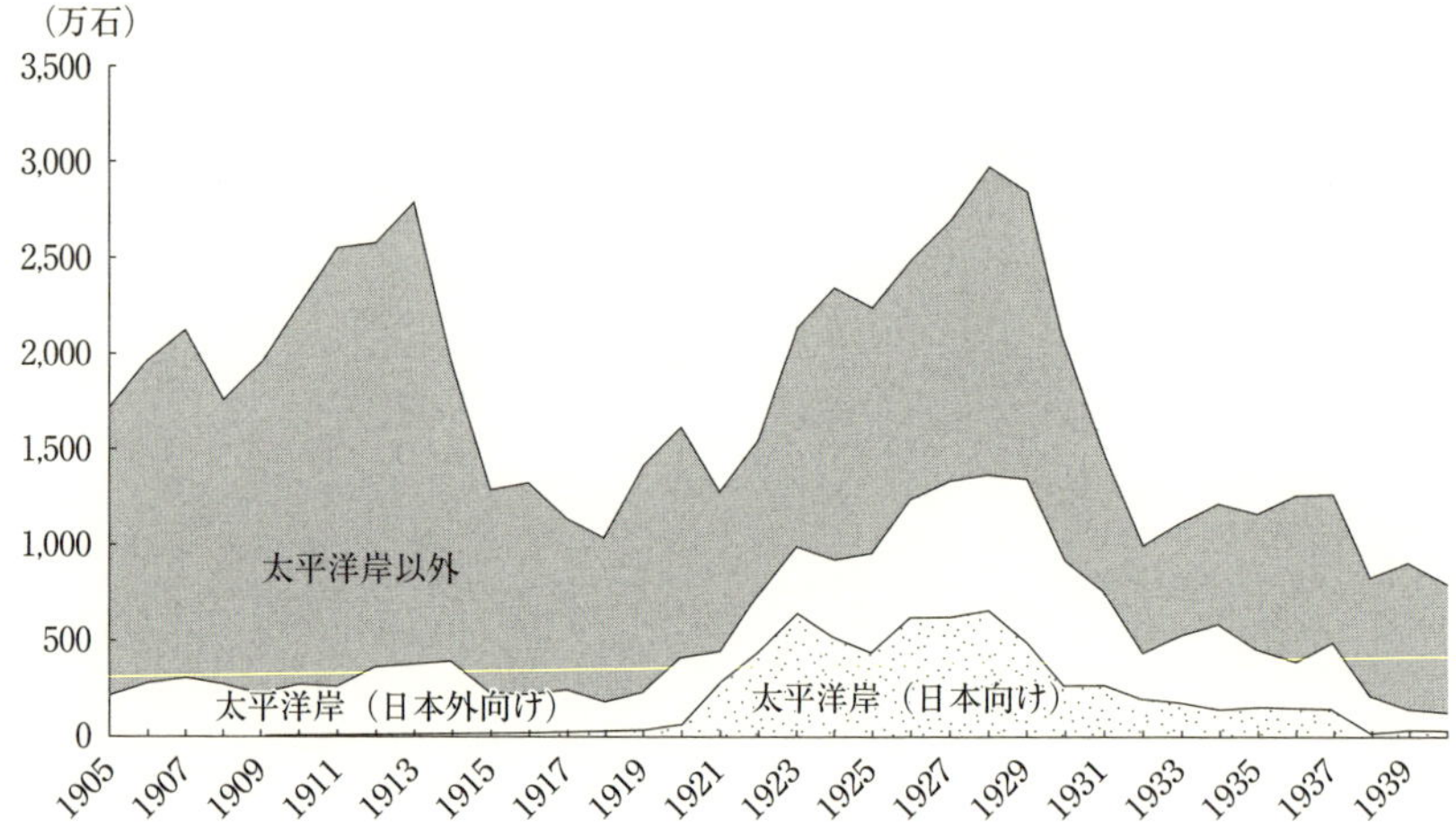


注：1 board foot = 0.0085石で換算した。太平洋岸地域の輸出量には、フィリピン、ハワイ、アラスカなどへの輸出量はふくまない。

資料：Ivan M. Elchibegoff, *United States international timber trade in the Pacific area*, Stanford, London : Stanford University Press, Oxford University Press, 1949, pp.262-263, 266-267より作成。

## （3）輸移入材の増加

大戦後、ヨーロッパにおける復興用材の需要の増加と海上運賃の下落により、世界の木材貿易量は増加に転じた[48]。木材貿易の中心がヨーロッパであることに変化はなかったが、アジアでは日本の米材輸入量が急増し、アジアがヨーロッパに匹敵する米材の輸出市場になった（図1-7）。アメリカ木材市場では、戦後不況で供給過剰となり、太平洋岸が主要産地であった米マツ（ダグラスファー）の石当り価格は、一九二〇年三月の四・五ドルから翌年九月には一・二ドルに低下し[49]、日米間運賃（挽材石当り）も二〇年四～五月の九・五円から翌年二～九月には二・五～三・一円に下落した。こうして米材は、アジア市場での競争力を強め、一方、日本材はアジア市場での米材との競争にやぶれ、日本は二〇年の関税改正で大部分が無税となった米材の主要な輸入市場に転換した[50]。

日本の木材市場において米材（ブリテッシュ・コロンビア材をふくむ）が、競合関係にあった内地材（スギやマツ）に対して相対的に低価格になると、米材

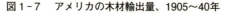

輸入量が増加して内地材の伐採は停滞した（図1-1、図1-6）。米材輸入量は、一九二〇年の七七万石から二一年に二七二万石に急増し、さらに二三年九月に発生した関東大震災の復興資材の緊急確保を目的に、二四年三月三一日まで木材輸入関税の減免措置がこうじられたために、二四年には九九三万石（木材輸入量全体では一二〇〇万石）に達した。そのため国際収支の悪化と国内林業への影響が懸念され、二四年七月と二六年三月に関税引上げが実施されたものの、ほとんど効果はなかった。米材は、形状が規格化されていたために大量取引が容易で、三井物産、三菱商事などはアメリカ企業や在米の邦人製材業者から丸太や挽材を買い付け、日本および海外市場で販売した。日本に供給された米材は、太平洋岸の米材生産量の約一〇％をしめ、二八年の米材輸入量は一二六〇万石に達した[51]。

こうした米材輸入量の急増と並行して、一九二〇年代には樺太材の移入量が増加した。一九年夏に樺太で虫害が発生し、二〇年以降、虫害被害の拡大防止のために樺太庁による官行斫伐《しゃくばつ》事業（直営生産）が開始され、二二年の売払処分規約の改正や売払単価の引下げを通じて虫害被害木の大量処分が実施された。樺太材の伐採量は、二一年の六八一万石から二三年の一五六六万石に急増し、二六年には一八〇〇万石を上回ったが、樺太庁の木材払下許可方針や濫伐・盗伐の取締りが厳格に実施されなかったために、実際の伐採量は統計値の二倍以上にのぼったという[52]。樺太材は、同じ北洋材として取引された北海道材やシベリア材などと強い競合関係にあり、米材や内地材に比較して石当り単価は低価格であった（図1-6）。

こうして木材輸移入量が増加し、二〇年代後半には木材消費量の二四〜三五％（うち米材八〜一六％、樺太材一二〜一五％、その他二〜三％）をしめ（図1-1）、内地市場においては木材供給量の四〇〜四五％をしめたと推計される。そこで、東京、横浜、名古屋、大阪、神戸、京都の六大都市を取り上げて、当該期の日本国内の木材の流通構造を考察しよう。表1-1によると、一九二一年の六大都市の木材入荷量の合計は一八一四万石で、これは同年の国内用材生産量の約四〇％に相当し、なかでも東京市の入荷量は一二〇〇万石と多かった。この調査で

**表１－１　六大都市における仕出地別木材入荷量、1921年**

| 都市名 | 東　京 | | 横　浜 | | 名古屋 | |
|---|---|---|---|---|---|---|
| 入荷量 | 1200万石 | | 33万石 | | 91万石 | |
| 生産地域 | 関東（東京） | 45% | 東海（静岡） | 24% | 東山（長野） | 8% |
| | 東北 | 20% | 関東（東京・神奈川・千葉・栃木） | 22% | 東海（愛知・三重） | 8% |
| | 近畿（和歌山） | 5% | 東北（秋田・福島） | 14% | 近畿（和歌山） | 4% |
| | 東海（静岡） | 2% | 近畿（和歌山） | 3% | | |
| | 北海道 | 1% | 北海道 | 13% | 北海道 | 45% |
| | | | | | 樺太 | 15% |
| | | | | | 沿海州・シベリア | 7% |
| | | | アメリカ | 17% | アメリカ | 10% |
| | その他 | 31% | その他 | 5% | その他 | 1% |
| 都市名 | 大　阪 | | 神　戸 | | 京　都 | |
| 入荷量 | 334万石 | | 93万石 | | 63万石 | |
| 生産地域 | 近畿（奈良・和歌山） | 12% | 近畿（和歌山） | 9% | 近畿（京都） | 70% |
| | 四国 | 10% | 四国（徳島・高知） | 4% | | |
| | 九州 | 10% | 東北（秋田） | 4% | | |
| | 東北（秋田） | 2% | | | | |
| | 北海道 | 8% | 北海道 | 20% | 北海道 | 20% |
| | | | 満州・朝鮮・ウラジオストク | 16% | | |
| | アメリカ | 45% | アメリカ | 39% | | |
| | その他 | 12% | その他 | 9% | その他 | 10% |

資料：鉄道省運輸局編『木材ニ関スル経済調査』1925年、163～169頁より作成。

は、東京市入荷材の「その他」のうち二五九万石の産地が不明であるため、米材と樺太材の入荷量は判明しないが、横浜港の米材輸入量から横浜市の米材入荷量を差し引くと、東京市の米材入荷量は一〇〇万石前後（東京市入荷量の一〇～一五％）であったと推察される。[53] 二一年の横浜市でも米材は同市入荷量の一七％をしめたが、関東大震災が発生した二三年以降、京浜市場の米材シェアは四〇～五四％に増大し、大阪市でも二一年の一三％から上昇して四五～五八％をしめた。[54]

一方、一九二一年の名古屋市では、北洋材（北海道材、樺太材、沿海州・シベリア材）のシェアが六七％と高く、二〇年代半ば以降になると樺太材が全国第一位（一八五万～二七〇万石）の入荷量をしめし、三〇年まで北洋材は名古屋木材市場の六〇％以上をしめた。表１-１によると、樺太材入荷量は二一年には名古屋市をのぞいて少なかったが、二〇年代後半には東京・大阪両市場においても各々約二〇％をしめるようになった[55]。ほかにも清水や新潟など各地で樺太材入荷量は増加し、内地市場における北洋材の構成比は、二一年の北海道材四九％、沿海州材三二％、樺太材一九％から、二九年の樺太材八六％、沿海州材一二％、北海道材二％に変化した[56]。図１-６によると、北海道材は東京市場においては樺太材との競争力を有していたと考えられるが、樺太の安価な虫害被害木におされて、二〇年代半ば以降内地への輸送量が減少したと推察される[57]。米材や樺太材は、原木価格が安価であったために、輸送コストが高くても国産材と競合可能で、他地域の木材市場においても近隣地域で生産された内地材にくわえ[58]、六大都市から再輸送された米材・樺太材が取引されていたと考えられる。

このように一九二〇年以降、木材輸移入の促進政策がとられ、都市部や港湾には輸移入材を取り扱う製材所が増加した。輸移入材は、国内で中下級向けの建築用材や包装用材として利用されるとともに、大阪や神戸から朝鮮、台湾、満州へも再輸送された[59]。しかし、不況の影響もあって木材市場は供給過剰となり、国産材価格は米材や樺太材の価格に牽引されていっそう低下し（図１-６）、国内山林の用材伐採量は五五〇〇万石前後で停滞した（図１-１）。

こうして国内山林の伐採は抑制されたが、大日本山林会、帝国森林会、道府県山林会および全国山林会聯合会は、木材市価が下落して費用回収が困難になると造林事業の放棄につながると主張して、木材関税引上げ運動をくり返した。これに対し、外材輸入業者や外材利用の多かった港湾都市の製材業者は、関税引上げに反対した。また、政府内でも関税引上げをめぐって政友会・農林省と民政党・商工省・大蔵省が対立したが、一九二九年三月に政府は主として米材を対象とした木材の関税引上げに踏み切った。米材の関税引上げは、国内林業の保護を目的に三一～三二年にも実施され、二八年に一二六〇万石であった米材輸入量は、二九年に一〇〇〇万石を下回り、三二年には四四一万石に急減した[60]（図１-１）。

一方、樺太では、一九二〇年代の虫害と虫害被害木の払下げ過程における乱伐により森林資源が急減したので、二八年一月に樺太庁は林政改革を発表したものの、ふたたび虫害が発生したために対策をこうじることができなかった。樺太庁は、三二年五月に改めて「林政改革声明書」を発表して樺太材の島外移出を制限したため樺太材移入量は減少し、また三一年三月には沿海州材の関税引上げも実施されたので、内地の北洋材市場は縮小した[61]。

こうして一九二九年以降、国産材の保護政策がとられるようになり、木材輸移入量は二八年をピークに減少した。しかし、国内不況の影響により三二年までは国内山林の用材伐採量は増加せず、一方で林道建設と造林事業の推進による木材自給策が展開された。二六年度以降、民有林への林道建設のための補助金の交付が実施されていたが、二九年三月の木材関税の改正に際して林道建設予算も組み込んだ「民有林其他造林促進ニ関スル事業予算」が成立し、民有林における林道建設と造林事業が奨励事業として体系化された。二九年度の予算は緊縮財政により削減されたが、三二～三四年には農村漁村経済匡救事業として拡大し、三二年九月の「林道開設助成ニ関スル件」では、林道とそれに付随する貯木場の建設助成として府県・市町村営の林道建設もすすめられた。林道(車道)の延長距離は、二〇年の六三〇〇キロメートルから四〇年には二万七一〇〇キロメートルに増加し、二〇年代から三〇年代前半の人工造林面積は一〇～一一町歩にとどまり、急速な拡大はみられなかったものの、国産材の増産の基盤が整備されていった[62]。

## (4) 輸移入材の減少と国産材の増加

日本経済は「高橋財政」下で回復にむかい、国内では重化学工業を中心に産業活動が活発になり、木材需要も急増した。これに対し、一九二九年以降の国産材保護政策と三一年の金本位制離脱による円為替の下落により米材輸入価格は相対的に上昇し、米材輸入量は二〇年代後半の約三分の一に減少した。国産材は米材に対して価格面で優位になり（図1-6）、林道建設により生産・輸送面での供給制約も緩和され、生産地の奥地化をともないながら、国産材の生産量は三二年の五六六七万石から三六年には八一四九万石に増加した（図1-1）。

しかし、国内の木材需要の増加にくわえ植民地における木材需要の急増により、木材の需給バランスは悪化した。一九三一年に一九七万石であった木材輸移出量は、三四年には四二〇万石に増加し、なかでも満州・関東州向けの木材輸出が著しく増加した。三二年の「満州国」設立以降、満州では都市建設や鉄道建設などのための木材需要が増大し、三六〇〇万町歩（一五〇億石）におよぶといわれた満州森林の伐採がすすんだものの急増する需要においつかず、満州の木材輸入量は三二年の四四万石から三三年に一三三万石に増加し、満州の木材輸出量を大きく上回るようになった。満州の主要な木材輸入先は日本と朝鮮で、三三～三五年の木材輸入額のうち日本が四二～四五％、朝鮮が二五～三八％をしめ、朝鮮の対満州木材貿易は入超から出超に転換した。また台湾においては、満州向け枕木輸送に対する特別割引の実施により満州・関東州向けの木材輸出が増加し、他方で円為替の下落と銀価暴騰により中国（福州）材の輸入量が急減するとともに、日本材移入量が増加した[63]。三六年夏には、オーストラリアの対日輸出抑制に対する報復として羊毛輸入が制限されたために、人絹パルプ用材の確保も重要な課題として登場したが、樺太林政改革以降、パルプ用材としての需要が多かった樺太材の増産は期待できず、三〇年代以降の日本にとって二〇年代の樺太の森林減少は木材供給を制約する要因となった。

こうした状況下で、南洋材が新たな森林資源として期待された。第一次大戦期まで日本に輸入された南洋材は、年間五万石程度のチーク材・唐木類などであったが、一九二〇年代以降にはラワン材が南洋材の中心的な位置をしめるようになった。三〇年代初頭にはラワン材の主要な輸入先であったフィリピンと英領ボルネオでは、輸出先第一位が各々アメリカと香港から日本に変化し、日本向け輸出量が過半をしめるようになった[64]。国内林業保護政策がとられるなかで南洋材の関税引上げは、南洋拓殖計画に支障をきたすと主張する拓務省と、南洋材と競合関係にある国産広葉樹の保護を主張する農林省の対立のために実施が遅れたが、三三年三月に農林省の妥協と大蔵省の介入により小幅な改訂が実施された[65]。南洋材の伐採・運搬は、比律賓木材輸出、南洋林業、三井物産、三菱商事などの邦人企業がになない、南洋材輸入量は三二年の四三万石から三六年には二二八万石に増加し、木材輸入量の三一％をしめた。しかし、南洋材の主要な消費先は合板工業（南洋材の五〇～六〇％を消費）に限定され、南洋材は国内で需要の大きい針葉樹の代替財にならず、針葉樹の供給不足は緩和されなかった[66]。

一九三三～三六年の木材輸入量は、合板技術の発展による南洋材の輸入量の増加で五四五万石から七四三万石へと漸増し、一方、木材移入量は樺太材の減少により九一一万石から四九二万石に急減した。全体として木材輸移入量は二二一万石減少し、その結果、木材消費量にしめる国産材のシェアは二八年の六七％から三四～三六年には九一％に上昇した。しかし、国内および植民地における木材需要が増加するなかで、植民地をふくめた木材自給体制の確立はむずかしく、樹種の相違から南洋材の輸入によっても需給バランスの改善は期待できなかった。

こうした状況下で一九三七年七月に日中戦争が勃発し、同年九月には「輸出入品等臨時措置法」が制定され、本格的な経済統制が開始された。輸入額の大きかった木材は輸入制限をうけ、木材輸入量は三六年の七四三万石から三八年の二六三万石に減少し、米材と南洋材の消費統制が実施された。主要な木材供給地域は国内山林に限定されたが、国内における木材需要の急増にくわえ、三七年度から実施されていた「満州産業開発五カ年計画」の達成のために、九州、四国、中国、北海道の各地方から満州向けの枕木や坑木、電柱、建築用材の輸出が増加し、国内産業への木材配給と同時に日本帝国内の木材配給が重要な課題となった（図1-8）。こうして限られた森林資源の最大限の利用がはかられることになり、戦時統制期に木材市場は、需要量におうじて木材が供給される需要主導型の市場から、供給量におうじて木材の需要が制約される供給主導型の市場に転換した。

一九三八年以降、物資動員計画が実施され、政府は、同計画および生産力拡充計画の達成にむけて軍需用材、坑木、パルプ用材、枕木、電柱などの主要指定用材と円ブロック（満州・中国北部・関東州）向け輸出材の確保の必要にせまられた。すでに軍需用材の供出は実施されていたものの、国内山林の増伐以外に需要をみたすことは

**図１－８　日本帝国における木材輸移出入、1916、28、39年**

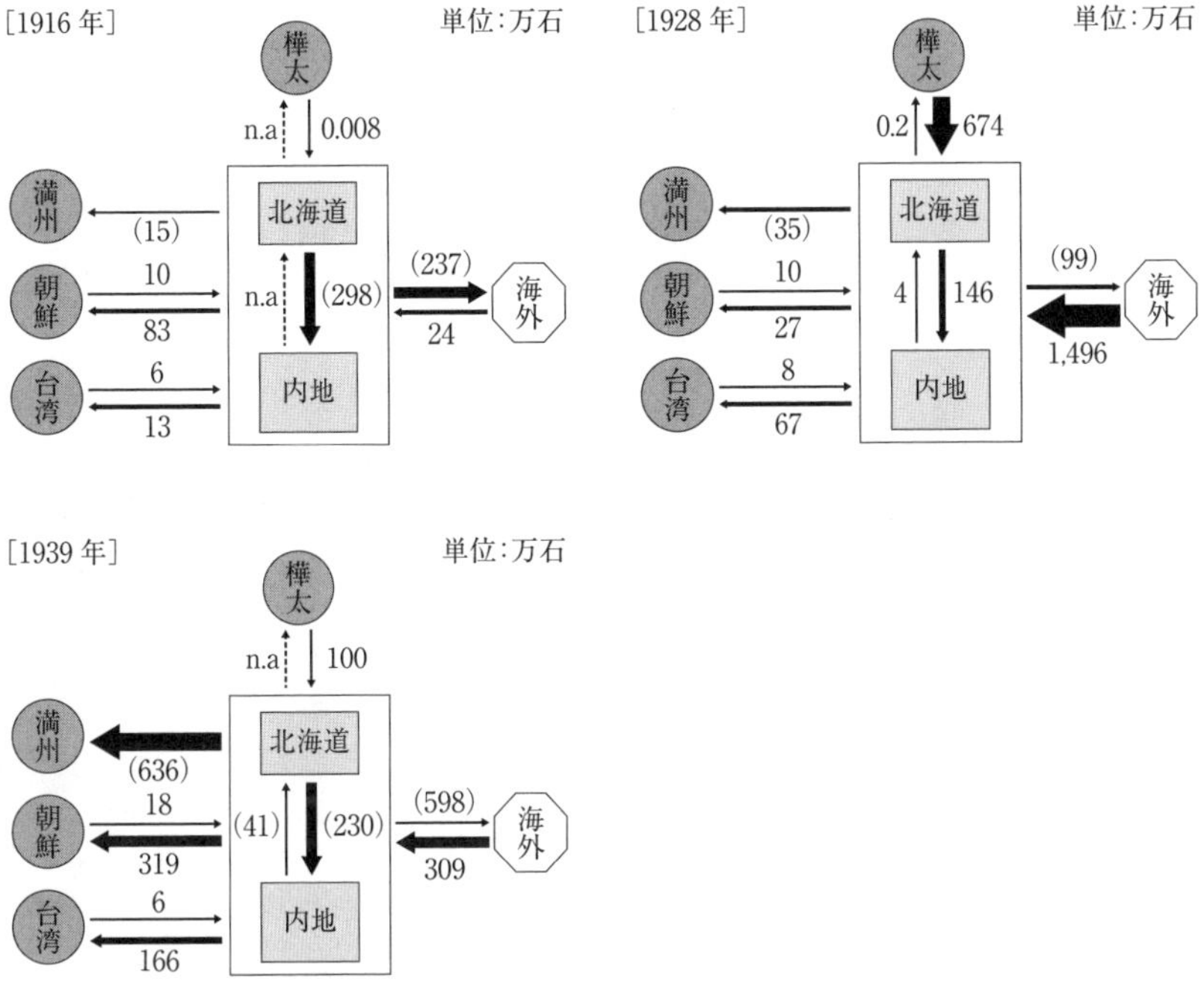


注：1916年の内地向け北海道材移出量は角材・丸太・挽材・枕木（１挺=0.215石で換算）・下駄の合計。1916年の満州向け輸出量は関東州への輸出額にもとづく推計値。1916年の台湾の移出入量に板類はふくまない。1916年の朝鮮の移出入量は、日本と植民地間の総移出入量から台湾分を差しひいて算出した。1928、39年の満州向け輸出量には日本以外からの輸出量もふくまれるが、日本からの輸出量が80％以上をしめたと推計されている（萩野『朝鮮・満州・台湾林業発達史論』357頁）。1939年の内地向け北海道材移出量には朝鮮・台湾向けへの北海道材移出量が、また同年の北海道向け内地材移出量には朝鮮材・台湾材・樺太材がふくまれている可能性があるが、いずれもわずかであると推察される。1916、28、39年とも海外への輸出量には満州向けをふくむ。

資料：農林省山林局編『木材需給状況調査書』1937年版；北海道編『北海道山林史』1953年、711、760頁；萩野敏雄『朝鮮・満州・台湾林業発達史論』林野弘済会、1965年、137、345、500、566～567頁；萩野『北洋材経済史論』243頁；梅村ほか編『農林業』238～239頁；台湾総督府財務局『台湾貿易四十年表』1936年；大蔵省関税局編『大日本外国貿易年表』1916年度版より作成。

できず、農林省は木材の重要産業への振向けを強化するために「用材生産統制規則」(三九年九月)の制定により県営検査の全国的実施を通じて素材・製材の用途指定を可能にするとともに、「用材規格規定」(三九年一〇月)の制定によって木材規格を統一し、木材価格の統制を開始した。また「輸出入品等臨時措置法」にもとづいて公布・実施された「用材配給統制規則」(四〇年一〇月)により、農林大臣と地方長官による木材の配給統制がはかられ、四一年二月に配給統制の中枢機関として日本木材統制株式会社(資本金一〇〇〇万円)が設立された。しかし、産業間・地域間における規格の相違、生産資材の不足や賃金の上昇、円ブロック内の木材輸移出入を担当した商工省管轄の東亜木材貿易株式会社(四〇年一二月設立)との対立により、政府は一元的配給統制を実施できず、満州においては内地材と北海道材の輸入停滞にくわえ、朝鮮総督府による坑木確保のための対満坑木輸出の禁止も影響し、木材自給方針をとらざるをえなくなった。(67)

一九三九年一二月には第二次世界大戦が勃発し、四〇年一二月に政府は行き詰まった経済体制の立て直しをはかるため「経済新体制確立要綱」を閣議決定し、その具体化の一環として「重要産業団体令」にもとづいて鉄鋼や石炭など指定産業に統制会を設立した。木材業では、四一年三月に用材統制委員会の答申により「木材統制法」が制定(同年六月施行)され、同法にもとづき日本木材株式会社(日本木材統制株式会社と東亜木材貿易株式会社が改組され資本金五〇〇〇万円で設立)と、下部組織としての地方木材株式会社が設立され、強制伐採をふくめた木材の生産・流通・消費統制による木材需給の円滑化がはかられた。(68) しかし、木材不足は深刻化し、四三年度からは一般木材も物資動員計画に組み込まれ、翌年度からは林野所有権を無視した軍による「兵力伐採」も実施された。(69) こうして国内山林から伐採された用材は、三九年以降、年間一億一三〇〇万〜一億二五〇〇万石に達した(図1-1)。

本章で考察してきたように、産業化の進展にともなう用材需要の急増により、木材の需要市場の構造は大きく変化した。一八八〇年代には、建築用材と家具・建具・日用雑貨用材が用材消費量の七〇〜七六%をしめ、農具・漁具をふくむ機械器具用材のシェアも比較的高かった。しかし、公共事業と運輸・通信事業や鉱業における木材消費量が着実にのび、交通・通信インフラの整備やエネルギーの安定的供給を基盤として産業が発展し、産業発展にともなう製造品の増加を反映して梱包用の包装用材消費量も増加した。さらに一九〇〇年代以降、電力やパルプ部門の用材消費量も増加し、近代を通じて用材消費量はおよそ五倍に増大した。

木材の需要市場の変化に対応して、供給市場の構造も変化した。明治以降の輸送ネットワークの整備により国内の木材供給地域は拡大し、国内山林の伐採がすすんだが、第一次大戦期に木材需要が急増して需給バランスが大きく変化し、一九二一年に日本は木材の輸出国から輸入国に転換した。米材を中心とする輸入材は、虫害被害木の伐採により移入量が増加した樺太材とともに、日本の木材市場でのシェアを高め、他方、輸移入材に対して相対的に高価格であった国産材の生産は停滞した。二〇年代末に国産材保護政策がとられると木材輸入量は減少し、三三年代以降、国内および植民地における木材需要が増加すると、ふたたび国内山林の伐採が進行した。しかし、戦時統制期には供給先は国内山林に限定され、統制による伐採・配給がおこなわれたものの木材不足は深刻化し、序章で考察したように日本の森林の木材供給能力はほとんど失われた。

こうした木材市場の変化のなかで、産業の木材利用や用途別の木材市場の展開は、使用樹種の競合状況、木材賦存量の地域的相違、あるいは代替財の価格変動や入手状況などにより異なるものになった。次章以降では、枕木、電柱、坑木、パルプ用材を取り上げて、木材利用を具体的に明らかにする。

**注**

(1) 渡邊全・早尾丑麿『日本の林業』帝国森林会、一九三〇年、日本米材輸入組合ほか編『日本米材史』一九四三年、北海道編『北海道山林史』一九五三年、萩野敏雄『北洋材経済史論』林野共済会、一九五七年、樺太林業史編纂会編『樺太林業史』

農林出版、一九六〇年、萩野敏雄『南洋材経済史論』林野共済会、一九六一年、桑田治『日本木材統制史』林野共済会、一九六三年、筒井廸夫『日本林政史研究序説』東京大学出版会、一九七八年、萩野敏雄『朝鮮・満州・台湾林業発達史論』林野弘済会、一九六五年。

(2) 木材流通を取り上げている研究として、桜井英治・中西聡編『流通経済史』(新体系日本史一二) 山川出版社、二〇〇二年、松本貴典編『生産と流通の近代像』日本経済評論社、二〇〇四年がある。その他の流通史研究には、山口和雄・石井寛治編『近代日本の商品流通』東京大学出版会、一九八六年、老川慶喜・大豆生田稔編『商品流通と東京市場』日本経済評論社、二〇〇〇年、石井寛治『日本流通史』有斐閣、二〇〇三年、中西聡・中村尚史編『商品流通の近代史』日本経済評論社、二〇〇三年などがある。

(3) 梅村又次ほか編『農林業』(長期経済統計九) 東洋経済新報社、一九六六年、鉄道院編『本邦鉄道の社会及経済に及ぼせる影響』上・中・下巻、一九一六年、鉄道省運輸局編『木材ニ関スル経済調査』一九二五年、鉄道省運輸局編『木材、薪、木炭ニ関スル調査』(『重要貨物状況』第五編) 一九二六年、大蔵省主税局編『外国貿易概覧』一八九〇～一九二八年版。

(4) 農商務省編『農商務統計表』一八八六～一九二三年度版、農林省編『農林省統計表』一九二四～六三年度版、帝国森林会編『本邦林産物需給調査書』一九二三年、木材資源利用合理化推本部編『わが国における木材需要構造調査』一九六一年。

(5) 東洋経済新報社編『日本貿易精覧』一九三五年、一三五、三三五頁、鉄道省運輸局編『木炭ニ関スル経済調査』一九二五年、九六～九九頁。

(6) 牧野文夫『招かれたプロメテウス』風行社、一九九六年、一六三頁。

(7) エネルギー統計は、調査データや推計方法により相違があり、供給構成比の薪炭と石炭の交替時期は、日本エネルギー経済研究所計量分析ユニット編『エネルギー・経済統計要覧』(省エネルギーセンター、二〇一四年) では一九〇一年、梅村ほか編『農林業』では一九一〇年代前半となるが、おおよそ二〇世紀はじめから第一次大戦前までの時期と考えられる。ただし、これらの統計には水力(水車)が欠如している(今津健治「明治期における蒸気力と水力の利用について」社会経済史学会編『エネルギーと経済発展』西日本文化協会、一九七九年、九七頁)。

(8) 一九一九年の調査によると、薪炭の消費先内訳は、薪が家庭七四%、産業二二%、公共施設四%、木炭が家庭七八%、産業二〇%、公共施設八%であった(帝国森林会編『本邦林産物需給調査書』二三五頁)。

(9) 梅村ほか編『農林業』一五頁。

(10) 谷口忠義「在来産業と在来燃料」『社会経済史学』六四巻四号(一九九八年一一月)、牧野『招かれたプロメテウス』第七章。

(11)　谷山整三『木材読本』(近代商品読本五) 春秋社、一九五八年、一三四～一三六頁。以下、各用途の樹種については、谷山『木材読本』、帝国森林会編『本邦林産物需給調査書』、渡邊全『木材と木炭』日本評論社、一九三三年、諸戸北郎編『大日本有用樹木効用編』(増訂版) 嵩山房、一九〇五年などによる。

(12)　日本勧業銀行調査課『六大都市ニ於ケル竣工建築物並ニ建築費調』一九二七年、東京府『東京府統計書』一九一二～三八年版、山口由等『近代日本の都市化と経済の歴史』東京経済情報出版、二〇一四年、第二章。木造建築物の建築費の三〇～四〇%が木材費であった。

(13)　古島敏雄『台所用具の近代史』有斐閣、一九九六年。

(14)　内閣統計局編『日本帝国統計年鑑』一八九〇～一九三六年版、江見康一編『資本形成』(長期経済統計四) 東洋経済新報社、一九七一年、二四四～二四五頁。

(15)　内務省下関土木出張所『長崎港修築工事概要』一九二八年、内務省下関土木出張所『門司港修築工事』一九二七年、内務省大阪土木出張所『淀川改修増補工事概要』一九三〇年、内務省新潟土木出張所『信濃川補修工事概要』一九三七年など。

(16)　梅村ほか編『農林業』では、枕木と電柱の各々の消費量が不明なため、国有鉄道の使用並枕木一挺＝〇・二一五石を国内枕木消費量(本数) 推計に乗じて算出した(農商務省山林局『鉄道枕木』山林公報第二二号号外、一九一〇年、二八頁、鈴木市五郎『鉄道枕木需給状況』農林省、一九三八年、一頁)。枕木消費量推計については第二章を参照。

(17)　『日本帝国統計年鑑』一八九〇～一九三六年版、野田正穂・原田勝正・青木栄一・老川慶喜編『日本の鉄道』日本経済評論社、一九八六年、四五、六八～七〇、一八九～一九八頁。

(18)　杉山伸也「情報革命」西川俊作・山本有造編『産業化の時代』下(日本経済史五) 岩波書店、一九九〇年、一三三～一六五頁、藤井信幸『テレコムの経済史』勁草書房、一九九八年、第一～五章、『日本帝国統計年鑑』一八九〇～一九三六年版。

(19)　農林省山林局『電柱ニ関スル調査』一九二三年、二～一九頁、逓信省編『逓信事業史』第三巻、一九四〇年、四四五～四四六頁、逓信省編『逓信事業史』第四巻、一九四〇年、四一九～四二一頁。

(20)　鈴木茂次『鉱山備林論』一九二四年、一三〇～一四五、一四九～一五〇頁。金属鉱山では精錬用の薪炭消費量が多く、銅山の場合、薪炭は石炭利用と生鉱吹精錬法の開発による大幅な燃料節約が実現する一九〇〇年代頃まで主要な燃料として利用され、足尾銅山では薪炭夫の確保が重要な課題となっていた(武田晴人『日本産銅業史』東京大学出版会、一九八七年、一〇四～一〇五、一六三頁)。

(21) 通商産業省大臣官房調査統計部編『本邦鉱業の趨勢五〇年史』通省産業調査会、本編、一九六三年、一九四頁、続編、一九六四年、一七一頁。
(22) 橘川武郎『日本電力業発展のダイナミズム』名古屋大学出版会、二〇〇四年、第二章、『日本帝国統計年鑑』一八九〇～一九三六年版。
(23) 山本弘文編『交通・運輸の発達と技術革新』国際連合大学、一九八六年、一二四頁、沢井実『日本鉄道車輌工業史』日本経済評論社、一九九八年。
(24) 橋本徳寿『日本木造船史話』長谷川書房、一九五二年、一八六～一九〇頁、松好貞夫・安藤良雄編『日本輸送史』日本評論社、一九七一年、三九七頁。
(25)『日本帝国統計年鑑』一八九〇～一九三六年版。トン数表示の登簿船と不登簿船の合計値で、石数船(大和型)はふくまない。
(26) 農林省水産局編『漁船統計表』一九三八年、帝国森林会編『本邦林産物需給調査書』三七二頁。漁船は二〇トン未満の小型船が九〇%以上をしめた。
(27) 加古敏之「農業における適正技術の開発と普及」『経済研究』三七巻三号(一九八六年七月)。
(28) 鈴木尚夫編『紙・パルプ』(現代日本産業発達史一二)交詢社、一九六七年、統計表二三～二四頁。
(29) 一九三一～三五年の統計から算出した。ベニヤ箱は、合板生産量の二五～三二%、合板輸出量の二三～三八%をしめた(農林省山林局『ベニヤ板ニ関スル調査』一九三六年、三三～三四、二一五～二一六頁)。
(30) ほかにスギで製造された醤油・酒やセメント・石油などの樽桶用材の需要も大きかったが、梅村ほか編『農林業』の包装用材部門にふくまれているかどうかは不明である。
(31) 千葉徳爾『はげ山の研究』(改訂増補版)そしえて、一九九〇年、三〇頁、筒井迪夫『日本林政史研究序説』東京大学出版会、一九七八年、四～一五頁。
(32) 製材業における動力化率(五人以上の規模の工場)は、一九〇九年に全製造業の平均二八%に対して四四%で、機械工業に次いで高かった(南亮進・牧野文夫「製材業の動力革命」『経済研究』三七巻三号、一九八六年七月、二二一～二二三頁)。鉄道院編『本邦鉄道の社会及経済に及ぼせる影響』中巻、七二六～七三四頁、赤坂義浩「木材の生産と流通」松本編『生産と流通の近代像』、二五九～二六〇頁、鉄道省運輸局編『木材ニ関スル経済調査』二二九～二三〇頁。
(33) 鉄道院編『本邦鉄道の社会及経済に及ぼせる影響』中巻、七三七～七三八頁、赤坂「木材の生産と流通」二五九～二六〇頁。

(34) 梅村ほか編『農林業』二〇頁。
(35) 一九〇六〜一三年に日本材は中国木材輸入量の四〇〜六〇%をしめた（China, Maritime Customs, Statistical Department of the Inspectorate General of Customs, *Returns of Trade and Trade Reports*, Part 3, Vol. 1, 1908-1913）。
(36) 『北海道山林史』七五四〜七五七、七七六〜七九四頁、『日本貿易精覧』一三二〜一三四頁、河津暹『本邦燐寸論・本邦砂糖論』隆文館、一九一〇年、『外国貿易概覧』一九〇四〜一二年版、China, Maritime Customs, *Returns of Trade and Trade Reports*, 1904-1913.
(37) 萩野『南洋材経済史論』三二〜三三頁、『外国貿易概覧』一八九六〜一九一一年版。
(38) 朝鮮では主要な森林資源が鴨緑江・豆満江上流一帯に限定され、熱帯林が大部分をしめる台湾ではスギ・マツなどの一般材が少なかったために福州材や内地材の利用が拡大し、全体として対植民地の木材移出入も出超であった。
(39) 伐採量から推察すると、用材市場では針葉樹が八〇〜八五%（スギ二五〜三五%、マツ二二〜三五%、トドマツ・エゾマツ九〜二〇%、ヒノキ四〜六%など）、広葉樹が一五〜二〇%（クリ一〜三%、ナラ一〜四%、ケヤキ一%など）であった（林野弘済会『木材生産累年統計』一九六五年）。
(40) 山口明日香「グローバル・ヒストリーのなかのアジア木材貿易」井上泰夫編『日本とアジアの経済成長』晃洋書房、二〇一五年、第五章。なお、ヨーロッパと北米では木材消費量の五三%が用材であったのに対して、アジアでは消費量の八〇%が燃材で、アジアの木材消費量はヨーロッパの約二分の一、北米の三分の一以下で、ほぼアジア域内から供給されていた（薗部一郎編『欧米各国木材需給調査書』帝国森林会、一九二四年、一三五、一四〇〜一四一、一四九、一五一頁、林常夫訳述『世界の森林資源』北海道林業会、一九二六年、四、四二、五八〜五九、七〇頁）。
(41) 梅村ほか編『農林業』二三四〜二三五頁、林業発達史調査会編『日本林業発達史』上巻、林野庁、一九六〇年、六一一、六二四〜六二五頁、『北海道山林史』七〇〇〜七〇一、七六〇〜七六三、七九五〜七九六頁。
(42) 「第四回（大正五年）三井物産支店長打合会議事録（其五）」三井物産（三井文庫監修）『三井物産支店長会議議事録』一〇（復刻版）、二〇〇四年、一四一頁、『外国貿易概覧』一九一四〜一七年版。ただし、枕木価格の高騰のため輸出金額は減少しなかった。
(43) 『外国貿易概覧』一九一四〜二〇年版、「戦後林業（二）」『万朝報』一九一九年一月八日。
(44) 「燐寸軸木不足」『大阪新報』一九一八年七月一五日、「燐寸軸木の原料」『中外商業新報』一九一八年二月一九日、萩野『北洋材経済史論』二六五頁。
(45) 「木材供給増加の二案」『東洋経済新報』八九〇号（一九二〇年四月）、九頁。

(46) 梅村ほか編『農林業』二一頁。

(47) 「農林水産省百年史」編纂委員会編『農林水産省百年史』中巻、一九八〇年、四〇五～四〇六頁。

(48) League of Nations, *European Timber Statistics 1913–1950*, 1953.

(49) 1 board foot=〇・〇〇八五石で換算した。

(50) 農商務省山林局編『北米材及其輸入ノ状況』一九二一年、四三～四七、一一二頁、Elchibegoff, Ivan M., *United States International Timber Trade in the Pacific Area*, Stanford and London: Stanford University Press, Oxford University Press, 1949, pp.36–48、『日本米材史』一一～一二頁。

(51) 全国山林会聯合会『我国に於ける木材関税及其沿革』一九三六年、一二～一六頁、「近ごろの木材界」『中外商業新報』一九二七年八月二五日、奥野道夫『米材産地事情』東京材木報知社、一九二九年、六〇、一三一～一三七頁、上山和雄『北米における総合商社の活動』日本経済評論社、二〇〇五年、二〇八～二二一頁、萩野『南洋材経済史論』三二頁。

(52) 萩野『北洋材経済史論』一八九～二〇九、二三五～二四四頁、付録一六～一七頁、『樺太林業史』九六～一〇七、一六六～一七二、二〇六～二〇九頁、林野庁調査課「北海道及び樺太における林業開発事情について」（林業発達史資料第一〇号）一九五三年四月、四七～四八、五八～五九、六四～六七頁、帝国森林会『樺太の森林及林業』一九三〇年、一九～二一頁。

(53) 鉄道省運輸局編『木材、薪、木炭ニ関スル調査』〔木材〕一〇五～一一〇頁、鉄道省運輸局編『木材ニ関スル経済調査』一七〇、一七六頁。東京市入荷材の一〇～二〇%は、主として鉄道で関東・甲信・東北地方へ再輸送されたが、このうち約八〇%は外材であり、一九二三～二四年には米材・樺太材をふくむ船舶輸送量が内地材を中心とする鉄道輸送量を上回った。また二〇年代後半には、米材・樺太材が東京市場の約七〇%をしめた（「東京市場上半期米材輸入の情勢」『外材』一九二七年八月号、四頁、東京十日会『大正・昭和（統制前）の木材相場』一九七七年、六〇頁）。

(54) 萩野『北洋材経済史論』二九八～三〇一頁。

(55) 萩野『北洋材経済史論』二九二～二九三、二九八～三〇一頁。

(56) 萩野『北洋材経済史論』二八四頁、鉄道省運輸局編『木材、薪、木炭ニ関スル調査』〔木材〕一四二～一四三頁。

(57) 北海道材や樺太材は、トドマツ・エゾマツなどの針葉樹が中心であったが、北海道産広葉樹（ナラ・タモなど）については、南洋材の漸増によって価格が下落し、内地向け移出が減少した（「第五十六回帝國議會に於ける木材関税問題（二）」『外材』一九二九年四月号、五一頁）。

(58) 一九二三、二四年調査によると、国産丸太の運搬費（運搬に便利な場所に木材を集めるための集材費をふくむ）は生産費の一八～四二%をしめ（鉄道省運輸局編『木材、薪、木炭ニ関スル調査』〔木材〕一八四～一八五頁）、供給地域は輸送コストに大きく規定された。

(59) 当該期の朝鮮・台湾では都市化が進展して木材需要が増加したため、台湾では内地および中国（福州）からの木材輸移入量が島内生産量を上回るようになり、朝鮮では鴨緑江・豆満江流域の国有林の伐採量が増加したものの、内地材と中国材（満州・中国）の輸入量が増加し、第一次大戦前から入超状況が継続した（萩野『朝鮮・満州・台湾林業発達史論』一三七、五〇〇頁）。

(60)『日本米材史』二四四～二六四頁、米材図表及統計一〇頁、「木材関税の低下は本邦林業を脅威（下）」『国民新聞』一九二七年二月二七日、「木材関税引上の影響はどうか」『東京朝日新聞』一九二九年二月二一日、『農林水産省百年史』中巻、四〇七～四〇八頁。

(61)『農林水産省百年史』中巻、四〇八～四〇九頁。

(62) 農林省農林経済局『農林省累年統計表』一九五五年、一一二～一一三頁、梅村ほか編『農林業』二二頁、筒井迪夫『日本林政の系譜』地球社、一九八七年、一〇〇頁、『農林水産省百年史』中巻、四一一～四一三頁。

(63) 萩野『満州・朝鮮・台湾林業発達史論』三四二～三四八、三五六～三五七頁、「七年度本島貿易の解剖」『台湾日日新報』一九三三年一月二二日。

(64) 日本南洋材協議会『南洋材史』一九七五年、一七一～一九九頁、萩野『南洋材経済史論』三三九頁、森三郎『南方の木材林業』河出書房、一九四四年、一〇五頁。

(65) 萩野『南洋材経済史論』四〇二頁、「南洋材の関税引上反対」『神戸又新日報』一九三二年五月七日。

(66) 日本南洋材協議会『南洋材史』二二一～二五〇頁、森『南方の木材林業』一一頁。合板生産量の約半分が東南アジアやイギリスに輸出され、箱板・樽板（約三分の一がベニヤ製）とともにダンピング輸出という非難をあびたものの、木材製品のなかでは丸太・挽材・割木（主として満州・関東州・中国向け）に次ぐ輸出品となった。

(67) 農林省山林局編『木材需給状況調査書』一九三七年版、四二、一一六頁、萩野『朝鮮・満州・台湾林業発達史論』三四二～三四八、三五七～三五九頁。

(68) 政府は、当初七～九区域に地方木材株式会社を設立する予定であったが、設立が進展しなかったために設立方針を変更し、河川流域や郡部などまとまりやすい地域に中核体会社を設立したのち、最終的に一道府県に一社を設立することにした。計画通りに地方木材会社が設立されたのは北海道のみであった（桑田『日本木材統制史』二六五～二六六頁）。

(69) 東洋経済新報社編『昭和産業史』第二巻、一九五〇年、六〇二頁、『農林水産省百年史』中巻、四五七～四七二頁。

（追補1）　燃材消費量は、用材消費量を一貫して上回っている（燃材による山林負荷は用材より大きくみえる）が、消費量の大きさがそのまま山林負荷を表しているわけではなく、山林負荷については伐採面積や造林面積も検討する必要がある。燃材・用材別の伐採面積を、判明する一町歩当り伐採量（一九二〇～三六年の公有林・寺社有林・私有林で、燃材九五〇～一〇〇〇石、用材二五〇～四〇〇石）から算出すると、一九〇〇年代に燃材伐採面積は用材伐採面積を下回り、とくに一九三〇年代以降、両者の差は拡大する。すなわち、伐採面積から判断すると、燃材より用材の方が山林負荷は大きいことになる。造林面積については、萌芽更新に重点がおかれた燃材と、主に天然下種や植林がおこなわれた用材で造林方法が異なるため、比較するのはむずかしい。なお、天然下種や萌芽更新などの天然更新面積（第一次大戦期と戦時統制期をのぞいて伐採面積から造林面積を差し引いた面積と近似）は、図〇—八では考慮されていない。

（追補2）　建築用材は、用材の中で最も消費量が多かった（建築用材による山林負荷は用材の中で最も大きくみえる）が、消費量の大きさがそのまま山林負荷を表しているわけではない。樹種別人工造林面積と用材の樹種別伐採面積（全体の伐採面積と樹種別伐採量より推計）をとり、両者の数値が利用可能となる一八九九年以降の差の累計値を算出すると、建築用材としての需要が大きかったスギ・ヒノキは、一八九九年の九五〇〇町歩から一九〇〇年の二三万町歩に急増し、一七年に八六万町歩に達した後、緩やかに減少し、三八年にマイナスに転じて四六年にはマイナス七五万町歩になった。その他の樹種は、カラマツを除いて一貫してマイナスをしめしていた。すなわち、スギ・ヒノキは、消費量が多かったものの植林も多く（人工造林面積の五〇～七〇％）、スギ・ヒノキの需要が大きかった建築用材の山林負荷は、消費量から判断されるほど大きくない。産業別の山林負荷については、使用樹種の消費量、伐採・人工造林面積および原単位の変化をふまえて検討される必要があり、これらをふまえると、建築用材の山林負荷は枕木・坑木・パルプ用材に比較して小さい可能性が高い。

# 第2章　鉄道業の発展と枕木

戦後の鉄道史研究では、鉄道国有化を中心に議論が展開されてきたが[1]、個別実証研究の進展につれて、地方鉄道の建設計画の立案や資金調達などが明らかにされていった[2]。一九八三年の鉄道史学会の設立以降、鉄道史研究はさらに活発になり、鉄道ネットワークの形成と地域経済の発展にかんする研究や、鉄道とその他の交通インフラとの相互関係を検討した研究[3]などが進展した。また、産業としての鉄道の生成・展開過程を企業・国家・地域関係から分析した研究[4]や、鉄道政策・構想にかんする研究[5]のほか、産業発展における鉄道の役割も検討されている[6]。しかし、鉄道資材の調達・利用については、鉄道車輌をのぞいてほとんど明らかにされていない[7]。

鉄道業において木材は、枕木、駅舎、車輌などに利用された。国有鉄道[8]の資材購入額のうち最も高いシェアをしめたのは、主に動力燃料としての石炭（一五～三八％）であったが、枕木はレールや車輌とならび、石炭に次ぐシェア（四～九％）をしめる重要資材であった[9]。本章では、国有鉄道の統計・調査資料、鉄道博物館所蔵資料および枕木商長谷川商店の関係資料などを利用し、鉄道業における木材の主要な用途であった枕木の利用について明らかにする。

## 1　枕木消費量の推移

はじめに、全国および国有鉄道の枕木消費量を確認しておこう。図2-1は、一八七二～一九四五年の全国および国有鉄道の枕木消費量推計の推移をしめしている。枕木は、新線建設工事や複線（改良）工事に利用されただけでなく、腐食や破損により取り替える必要があったため、線路の延長にともなって需要量は増加した。図2-1では、二線以上の線路を単線に換算して本線外（側線）の線路を足し合わせた距離に、建設用および改良・補修用の各々一キロメートル当りの枕木消費量（挺）を掛け合わせて、全国および国有鉄道の枕木消費量を算出した。一キロメートル当りの枕木消費量は、時期、場所（平地、橋梁、急湾曲線、急勾配地）および鉄道各社の規定などによって異なったが、記述資料をもとに建設用を一二五〇～一五〇〇挺、改良・補修用を一三〇～一五〇挺とした。図2-1によれば、枕木消費量は一九〇六、〇七年の鉄道国有化以降に急増したが、第一次大戦期には横ばい傾向で、二〇年代に増加傾向に転じ、それ以降（国有鉄道の場合は三〇年代はじめ以降）はふたたび横ばい傾向にあった。

鉄道事業は、一八七二年の新橋―横浜間の建設以降、官営事業としてすすめられたが、一八八〇年代に政府の財政的問題から民営の方針に転換され、一八八七～八九年の第一次鉄道ブーム、一八九六～九八年の日清戦後の第二次鉄道ブームをへて一九〇六年の鉄道国有化にいたるまで、私設鉄道を中心に全国的な鉄道網が形成された。日露戦後経営期には、国際収支の改善と中国市場への輸出増加のために鉄道運賃の低廉化、および植民地をふくめた一貫輸送体制の整備や鉄道・道路・海運のリンクを意識した交通・輸送の必要性が主張されるようになり、さらに軍事的にも鉄道国有化の動きが強まって、私鉄一七社が国有化された。[10] 全国営業キロ数にしめる国有鉄道のシェアは、一九〇五年度末の二八・八％（二四一三キロメートル）から〇七年度末の八二・〇％（七一五二キロメー

**図2－1　全国および国有鉄道の枕木消費量推計、1872～1945年**

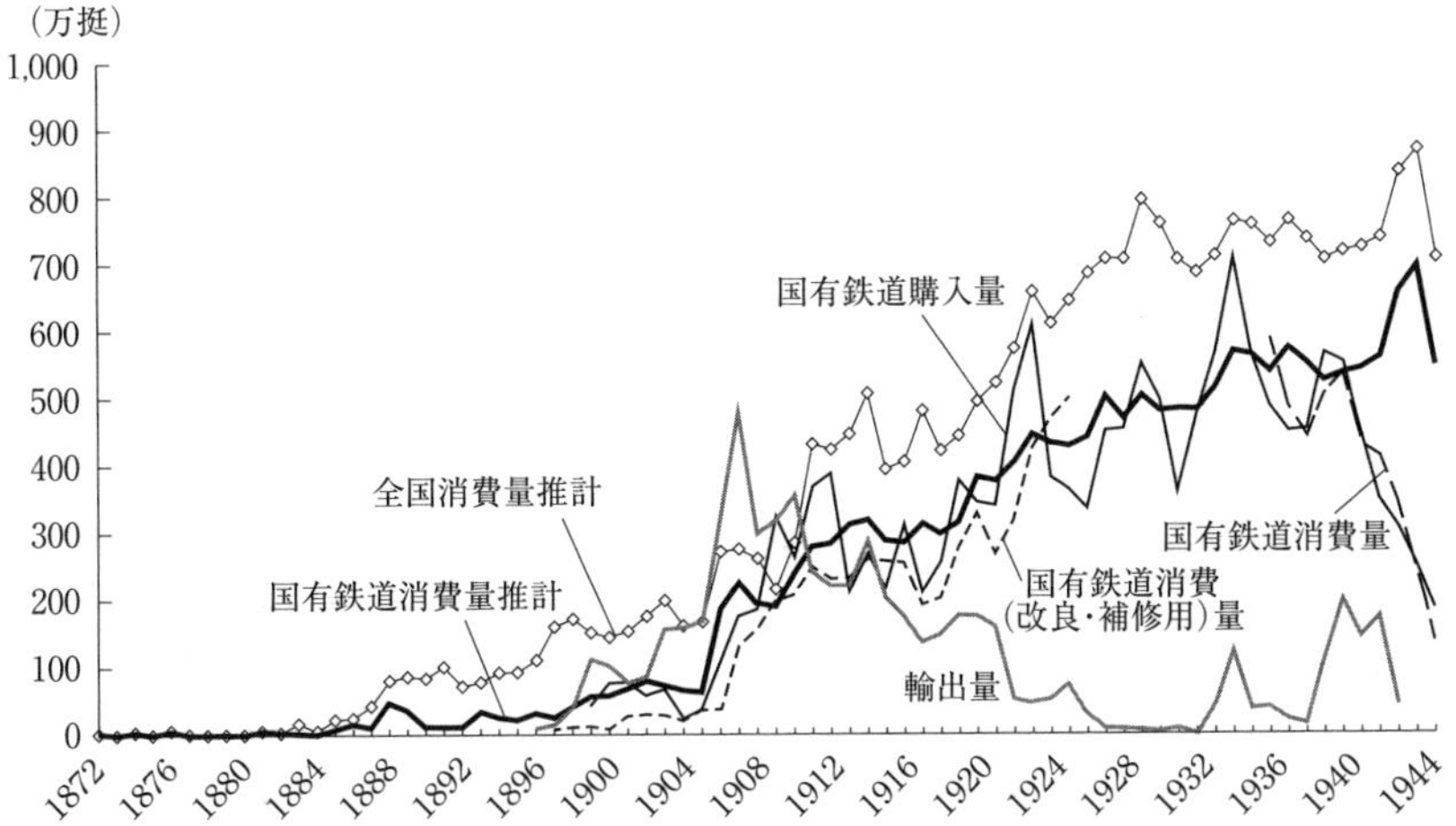


注：枕木消費量は、毎年の新設距離×１キロメートル当り建設用枕木消費量と、前年までの総延長距離×１キロメートル当り改良・補修用枕木消費量を足して算出した。建設用と改良・補修用の１キロメートル当り枕木消費量を、1872～80年は各々1,250挺、130挺、1881～1910年は各々1,380挺、140挺、1911～45年は各々1,500挺、170挺とした（農商務省山林局『鉄道枕木』山林公報第22号号外、1910年、117～119頁；山田彦一「鉄道枕木に就て」『岐阜県山林会報』６号、1911年２月、16～18頁；武井三郎「公入札制における枕木購入の現状」『国有鉄道』８巻９号、1950年９月、34～37頁；帝国鉄道大観編纂局編『帝国鉄道大観』1984年、556～560頁；満鉄調査部「日本並満州二於ケル鉄道枕木需給概況」1939年)。私設鉄道の延長距離については、1883～95年は複線距離および側線距離を、1896～1907年は側線距離をふくまず、1921～37年と38～45年は、1908～20年の数値をもとに各々側線距離500キロメートル、複線距離1,000キロメートル・側線距離500キロメートルを加算した。1896～1901年の輸出量は北海道産枕木のみの輸出量で、１挺＝0.3石で換算した（「鉄道枕木」31～52頁；鈴木市五郎『鉄道枕木需給状況』農林省、1938年、３頁)。

資料：日本統計協会編『日本長期統計総覧』第２巻、2006年、506～508頁；内閣統計局編『日本帝国統計年鑑』1896～1936年版；内閣統計局編『大日本帝国統計年鑑』1937年版；大蔵省編『大日本外国貿易年表』1902～28年版；大蔵省関税局編『日本外国貿易年表』1929～43年版；北海道編『北海道山林史』1953年、783～784頁；日本国有鉄道『日本国有鉄道百年史』第７巻、1971年、645頁；『鉄道作業局年報』1898～1905年度版；『帝国鉄道庁年報』1906、07年度版；『鉄道院年報 国有鉄道之部』1908～10年度版；『鉄道院年報』1911～15年度版；『鉄道院鉄道統計資料』1916～19年度版；『鉄道省鉄道統計資料』1920～25年度版；『鉄道統計資料』第１編、1926～36年度版；『鉄道統計』第１編、1937～41年度版；『国有鉄道陸運統計』1942年度版；吉次利二『国鉄の資材』一橋書房、1951年、340頁；日本枕木協会『まくらぎ』1959年、２頁。

トル）に増加し、これにともなって輸出をのぞく国内向け枕木の八〇％以上は、国有鉄道によって消費されるようになった。一九二〇年代には、地方鉄道および東京、大阪など都市部における電気鉄道や地下鉄が拡充されたため、国有鉄道の営業キロ数は四〇年には六六・七％に低下した。しかし、複線距離を考慮した総延長キロ数は四〇年においても国有鉄道が七〇％以上をしめ、また枕木の消耗速度を左右する輸送貨物（輸送トンキロ）および旅客数（輸送人キロ）についても、〇七年以降各々九一・四〜九八・六％、八二・四〜九三・九％を継続して国有鉄道がしめたことから、二〇年代以降も枕木の少なくとも七〇％は国有鉄道で利用されたと推察される。[11]

## 2 枕木市場の拡大

### (1) 枕木市場の形成

枕木用材には材質の硬いクリ・ヒバ・ヒノキなどが需要され、これらの樹種の分布が限定的であった北海道では、シオジ・セン・カツラ・ナラなどが利用された。こうした樹種は建築用材や家具用材としても利用され、なかでも枕木として需要が大きかったクリは、樹種別用材伐採量から推測すると用材市場の二〜三％をしめたにすぎず、[12]枕木には湾曲やひび割れのない大径材が需要されたことを考慮すると、鉄道建設が開始された時点ですでに国内山林の良質な枕木供給可能量には限界があった。

新橋―横浜間の鉄道建設以降、鉄道網の拡張にともなって枕木用材が鉄道建設近隣の山林から伐採されはじめた。新橋―横浜間の鉄道建設では、当初イギリスから輸入された高価な鉄製の枕木が利用されたが、資材購入費が御雇い外国人の人件費とならんで高額であったため、[13]明治政府は、枕木については鉄製の枕木よりも日本産木枕木の方が安価でかつ日本の環境に適しているというイギリス人技師長モレル（Edmund Morel）の進言にもとづいて鉄製の枕木の購入を一部にとどめ、国産材を使用するようになった[14]。鉄道建設には枕木のほかに車輌、駅舎、橋桁および築堤・橋梁基礎工事用の木材も必要で、工部省鉄道寮は、新橋―横浜間の建設においては大蔵省（官林管轄機関）所管の深川猿江の木材倉庫の木材を利用したが、京都―神戸間、神戸―大阪間の建設では、太政官による京都・大阪両府県や近隣諸県に対する官林の払下げと製材品買上げの通達により、大蔵省を通して愛知・和歌山・三重・滋賀・香川・山口各県の官林を利用した[15]。

しかし、良質な枕木用材の確保は困難で、また木材確保にかかわる調査および手続きにも時間がかかったため、鉄道頭井上勝は工部卿を通して内務省（一八七四年一月に官林の管轄業務は大蔵省から内務省へ移管）へ官林の直接払下げを要請し、七四年三月以降、工部省出張官員が直接各府県に掛け合って官林材を購入した。また、日本初の私鉄である日本鉄道（八一年設立）は、工部省神戸鉄道分局へ枕木の購入を委託したほか、鉄道局長の指示により官林を伐採して利用したが、一方で買入広告や産地調査を通じた枕木購入もおこなった[16]。日本鉄道の成功を契機に相次いで設立された九州鉄道（八七年設立）、山陽鉄道（八八年設立）、大阪鉄道（八八年設立）、讃岐鉄道（八八年設立）なども、新聞への購入広告の掲載により入札や業者との直接交渉をおこない[17]、八〇年代後半には官林の利用にくわえて市場取引を通じた私有林の枕木利用もみられるようになった。

こうして一八九〇年代以降、とくに私鉄による鉄道建設の増加にともなって、枕木の市場取引が拡大した。また一方で、一八八九年二月の「会計法」の公布により政府の購買事業が原則として「一般競争入札」によることが規定され、これをうけて「会計規則」（八九年五月）と「鉄道庁物品売買規則」（九〇年一〇月）が制定されると、内務省鉄道庁（九二年七月に内務省より逓信省に所管替）による枕木の「一般競争入札」も増加した[18]。この「一般競争入札」への参加条件は、当該業務に二年以上従事していること、および入札保証金（見積代金の一〇〇分の五以上）と契約保証金（同一〇〇分の一〇以上）の納付のみであったため、木材商の枕木取引への参入をうながしたと考えられる。入札の執行日時・場所および保証金額などにかんしては、入札期日の最低一五日前までに掲示あるいは官報・新聞などで公告され、たとえば九一年二月四日付の『官報』で、内務省鉄道庁はヒノキ枕木・ヒバ枕木・クリ枕木各三万挺の入札について、希望者は同年二月二五日の午前までに内務省鉄道庁第三部（資材の購入・出納・保管を担当）へ入札書を投函するよう公告し、これに対し入札希望者は、見積単価と合計金額を記入した入札書を開札日時までに投函した。(19)

全国的な幹線鉄道網の建設にともなって、こうした枕木の「一般競争入札」や市場取引が増加し、明治中期には枕木は全国各地の山林から供給された。表2-1は、一八九三〜一九〇二年に逓信省鉄道局計理課に提出された枕木納入契約の解除願をまとめたものである。(20) これらの契約は、一八九〇年代以降に逓信省が建設をすすめた敦賀—富山間や篠ノ井—塩尻間などの鉄道建設用の枕木買入れのために締結されたものであったと考えられ、枕木商は北海道、東北、中部、近畿、中国の各地方に分布していることがわかる。逓信省鉄道局（逓信省鉄道作業局）は、同省計理課（逓信省鉄道作業局計理部）管轄の静岡、神戸、長野などの出納事務所で入札を実施し、(21) 落札した枕木商に完納期日までに停車場構内などの指定場所へ枕木を持ち込ませて品質検査を実施した。一人当り契約数量は、例外はあるものの五〇〇〇〜二万挺（一口五〇〇〇挺）で、(22) 一八九九、一九〇〇年度の逓信省鉄道作業局の枕木購入数量（各々四四万七〇〇〇挺、七八万六〇〇〇挺）から枕木納入者数を算出すると、一八九九年度に二二〜八九名、一九〇〇年度に三九〜一五七名であったと推察される。

しかし、枕木需要の増加にともなって、比較的容易に伐採が可能な地域からは良質な枕木用材が減少し、(23) 枕木市場には粗悪品が増加した。表2-1の契約解除願の理由には、枕木用材の不足や下請人の違約があげられ、天候不良や積雪などの自然災害もふくまれるものの、良質な枕木用材の入手が困難になりつつあった状況がうかがえる。前述の逓信省鉄道作業局の枕木納入者数の推計値と表2-1の解約者数（一八九九年度に一〇名・一四件、一九〇〇年度に一二名・一五件）から判断すると、逓信省鉄道作業局では契約数の約一〇％が解約されていたことになり、(24) 一八九九年度の未納量（六万七〇〇〇挺）は、同年度の逓信省鉄道作業局の枕木購入量（四四万七〇〇〇挺）

の約一五％に相当した。

伐採可能な地域からの良質な枕木用材の減少に対し、逓信省は一九〇〇年五月発布の「逓信省令第一九号」の適用により、直接国税納付額にもとづいて入札参加者を制限し、資産規模を基準に納入数量を決定して契約不履行の回避をはかることは可能であった。しかし、枕木の場合、生産（伐採・運搬・製材・乾燥）に半年以上の期間が必要なうえ、積雪などで季節的に伐採・運搬が困難な地域があるにもかかわらず、入札実施直前の契約内容の公告と契約締結日から三～五カ月という短期間の納期設定にくわえ、調達地域の地理的範囲が輸送コストによりある程度制限されたために、逓信省は入札参加者を過度に制限できなかったと考えられる。したがって、一九〇〇年六月発布の「勅令二八〇号」による「指名競争入札」制度の新設以降も、逓信省は石炭、セメント、橋桁、車輌用材などの購入では「指名競争入札」を実施するようになったが、枕木にかんしては直接国税納付額にもとづいて入札参加者を制限しながら「一般競争入札」を継続せざるをえなかった。

[25]

[26]

[27]

## （2）鉄道国有化による枕木市場の変化

鉄道網の拡充にともなって私鉄および国有鉄道の枕木需要はさらに増加し、鉄道や林道などのインフラ整備の進展にささえられて枕木生産地は徐々に奥地化した。枕木用材は、北海道（約四〇～六五％、ただし輸出用をふくむ）を筆頭に、青森、岩手、福島の東北（約二〇％）、愛知、長野、岐阜の中部（約四％）、京都、兵庫の近畿（約四％）、広島、島根の中国（約八％）、大分、鹿児島の九州（約二％）の各地方の山林を中心に伐採され、良質な枕木用材の減少が着実に進行した。[28]

こうした状況下で一九〇六、〇七年に鉄道国有化が実施され、鉄道院は枕木の調達地域の拡大に対して調達方法の変更を余儀なくされた。〇六年六月に「帝国鉄道及同用品資金会計規則」が制定（翌年度に施行）され、国有鉄道の「随意契約」による鉄道用資材の購入が認められると、鉄道院は〇九年度分の購入より枕木の調達方法[29]

**納入契約の解約願、1893～1902年**

| 契約額（円） | 契約数量（挺） | 納入数量（挺） | 生産地 | 納入場所 | 契約解除（納入延長）願 | |
|---|---|---|---|---|---|---|
| | | | | | 提出年月日 | 理由など |
| 6,400 | 20,000 | 10,000 | | | 1899年12月1日 | |
| | （うち5,000） | 2,500 | | 能代 | 1899年12月1日 | 悪天候による運航不能 |
| | 20,000 | | | | | |
| | | 4,172 | | | 1898年2月1日 | 天候不良 |
| | 6,000 | | | | 1899年8月24日 | 火事 |
| | 23,000 | 7,182 | | | 1900年12月13日 | 船舶不足 |
| | 10,000 | 0 | | | 1895年12月10日 | 下請人の違約と資金の準備難 |
| | 10,000 | 2,000 | | | 1896年5月19日*<br>4月28日 | 軍事輸送による貨車不足 |
| | 1,280 | | 福島 | 福島停車場 | 1898年12月28日 | 大洪水による枕木流失<br>道路損壊による運搬難 |
| 1,947 | 5,500 | | 岩手 | 青森大波 | 1899年12月17日 | 貨車不足と大洪水による枕木流出 |
| | 2,682 | 973 | | | 1900年9月22日 | 自己の都合 |
| | 1,713 | | | | 1900年12月28日 | 入札時の単価違算と積雪による運搬難 |
| | 5,000 | | 秋田 | | 1900年4月27日 | 輸送中の難破と枕木用材の欠乏 |
| 3,900 | 2,000 | 572 | | | 1901年3月29日 | 枕木用材の欠乏 |
| 1,750 | 5,000 | | 岩手 | 福島 | 1900年2月22日 | 赤痢の発生 |
| | 10,000 | 589 | | | 1895年6月4日 | |
| 778 | 10,000 | 6,695 | | 敦賀 | 1895年9月20日 | 日清戦争勃発による船舶不足<br>木材の流出 |
| 5,800 | 10,000 | 1,165 | | | 1900年10月18日 | 自己の都合 |
| | 5,000 | | | | 1901年3月23日 | 木材の搬出難 |
| | 402 | | | | 1896年11月29日 | 納材依頼先（鈴木摠兵衛）による契約取消（仕入材が粗悪品のため） |
| | 5,000 | | | | 1897年5月9日 | 災害 |
| | 5,000 | | | | 1897年3月31日 | 災害 |
| | 7,700 | | | | | |
| | | | | | 1897年3月25日 | 災害 |
| 2,100 | 5,000 | | | | 1900年5月14日 | |
| 2,250 | 5,000 | 4,689 | | | 1900年8月6日 | 水害および流行病 |
| | 20,000 | 3,378 | | | 1897年8月31日 | 大雨による道路損壊・搬出難<br>枕木流失 |
| | 15,000 | | 茨城 | | 1901年3月18日 | 河川の減水 |
| | 20,000 | | | | 1901年5月15日 | 河川の減水 |
| | 686 | | | | 1900年5月9日 | 積雪による製材・運搬難 |
| 5,400 | 10,000 | 7,332 | | 新橋・軽井沢停車場 | 1896年11月26日 | 貨車不足（残り2,668挺の納入場所の変更願の提出） |
| | | | | | 1897年3月30日 | 自己の都合 |

**表2-1　逓信省に提出された枕木**

| | 納入者 | 所在地 | 契約締結年月日 | 完納期日 | 種類 |
|---|---|---|---|---|---|
| 1 | 後藤半七 | 北海道札幌区 | 1899年8月22日 | | |
| | 関川大五郎（後藤半七代） | 北海道札幌区 | | 1899年12月 | 第2種 |
| 1' | 後藤半七 | 北海道札幌区 | | 1898年1月末日 | |
| | 平田與八（後藤半七代） | 東京市日本橋区 | | | |
| 2 | 北海道木材株式会社 | 北海道 | 1899年3月8日 | | 第2種 |
| | | | 1900年1月12日 | 1900年9月末日 | 第2種 |
| 3 | 白戸惣太郎（対馬佐太郎代） | 青森県東津軽郡 | 1895年10月19日 | | |
| 4 | 西村勘十郎 | 青森県南津軽郡 | 1896年3月3日 | 1896年4月（6,000挺）<br>5月（4,000挺） | |
| 5 | 菊田保助 | 福島県信夫郡 | 1897年6月9日 | 1897年9月30日 | 第1種（転轍用） |
| 6 | 沼畑豊吉 | 青森県三戸郡 | 1899年7月7日 | 1899年9月末日 | 第1種 |
| 7 | 越後作左衛門 | 秋田県北秋田郡 | 1899年10月14日 | | 第1種（転轍用） |
| 8 | 柿崎武助 | 秋田県平鹿郡 | 1900年1月26日 | | 第1種（転轍用） |
| | | | | 1900年10月30日 | 第1種 |
| 9 | 芳賀宇之吉 | 福島県信夫郡 | 1900年10月24日 | | 第1種（橋梁用） |
| 10 | 母衣地巳代太 | 岩手県下閉伊郡 | 1899年5月23日 | 1899年9月30日 | |
| 11 | 野澤太七 | 神奈川県足柄下郡 | 1894年10月10日 | | |
| 12 | 三澤常次郎（三澤菊次郎代） | 埼玉県北足立郡 | 1894年6月中 | 1894年12月<br>→1895年9月 | |
| 13 | 横井桐三郎（長谷川鏡次代） | 東京市深川区 | 1900年6月1日 | | 第1種 |
| 14 | 城所亮農夫 | 東京市芝区 | 1900年11月7日 | | 第1種 |
| 15 | 石渡角蔵 | 東京市本郷区 | 1896年10月 | 1896年11月末 | |
| 16 | 市川亀吉 | 東京市日本橋区 | 1896年11月26日 | | 第1種 |
| | | | 1896年11月26日 | | 第2種 |
| 17 | 鈴木義周 | 神奈川県三浦郡 | 1896年12月16日 | 1897年3月末日 | 第2種 |
| | 市川亀吉（鈴木義周代） | 東京市日本橋区 | | | |
| 18 | 山口与四郎 | 栃木県上都賀郡 | 1899年2月7日 | | |
| | | | 1899年5月22日 | 1899年8月 | 第1種 |
| 19 | 中村董治郎 | 山梨県東山梨郡 | 1897年1月20、22日 | | 第2種 |
| 20 | 長沢甲子郎 | 山梨県甲府市 | 1900年10月15日 | 1900年12月末日 | 第1種 |
| | | | 1900年11月15日 | | |
| 21 | 新井誉治郎 | 群馬県碓氷郡 | | 1900年1月31日 | 第1種（転轍用） |
| 22 | 甲田　進 | 長野県北佐久郡 | 1896年6月15日 | 1896年11月 | |

| 契約額（円） | 契約数量（挺） | 納入数量（挺） | 生産地 | 納入場所 | 契約解除（納入延長）願 | |
|---|---|---|---|---|---|---|
| | | | | | 提出年月日 | 理由など |
| | 5,000 | | | | 1900年5月21日 | 積雪による製材・運搬難 |
| | | | | | 1901年3月14日 | 自己の都合 |
| | 20,000 | | | | 1900年9月1日 | 納入者の病気 |
| | | | | | 1901年7月5日 | （契約の一部解除願） |
| | | | | | 1901年6月10日 | 仕入材が粗悪品のため |
| | 5,000 | 半数以上 | | | 1894年6月20日 | 自己の都合 |
| | 20,000 | | | | | |
| | | | | | 1902年6月8日 | 出水などによる枕木用材の不足 |
| | 15,000 | | | | 1897年6月30日 | 伐採難 |
| | 5,000 | 1,500 | | | 1897年4月30日 | 海上風波を口実に下請人が送付しないため |
| | 1,300 | | | 軽井沢 | | |
| | 5,000 | | | | 1899年9月21日 | 職工を増加したが間に合わないため |
| | 20,000 | | 秋田 | 福井鉄道局派出所 | | |
| | | | | | 1897年4月30日 | 下請人（秋田の木材商）の違約 |
| | 5,000 | | 滋賀 | | 1897年10月30日 | 雨天続きによる製材難と赤痢の発生 |
| | 1,141 | | 富山<br>石川<br>愛知<br>福井 | 高岡・金沢・敦賀・片町各駅構内 | | 積雪による伐採・運搬難（1900年3月8日に計理課より契約解除） |
| | | | | | 1900年2月18日* | |
| 2,603 | 1,162 | | | | | |
| | | | | | 1900年2月15日 | 寸法間違い<br>積雪による運搬難 |
| | 504 | | | | 1899年8月13日 | 火災による枕木焼失 |
| 6,400 | 10,000 | 3,907 | | | 1901年3月14日 | 悪天候により入港不能<br>積雪 |
| | 20,000 | | | | 1901年3月14日 | |
| 2,295 | 3,000 | | | | 1901年5月20日 | 積雪 |
| | 5,000 | | | 大阪市梅田 | 1899年3月31日 | 仕入材が粗悪品のため |
| 2,285 | 5,000 | | | | 1899年4月30日 | 買い入れた枕木が粗悪品のため |
| | 6,984 | | | | 1902年3月1日 | 災害 |
| 7,450 | 10,000 | | | | | |
| | 10,000 | | 島根 | | 1901年3月9日 | 製作者と契約上の手違い |

**表2-1　つづき**

| | 納入者 | 所在地 | 契約締結年月日 | 完納期日 | 種類 |
|---|---|---|---|---|---|
| 23 | 島田常蔵 | 長野県北佐久郡 | 1899年12月12日 | 1900年3月末日 | 第2種 |
| 24 | 藤原喜之作 | 長野県 | 1900年12月21日 | 契約日より50日間 | 第1種（転轍用） |
| 25 | 西脇長治郎 | 岐阜県養老郡 | 1900年6月1日 | 1900年8月31日 | |
| 26 | 大倉粂馬<br>（大倉土木） | 東京市京橋区 | 1901年3月20日 | | |
| | 金森鉦作<br>（大蔵粂馬代） | 長野県東筑磨郡 | | 1901年5月 | 第1種（転轍用） |
| 27 | 亀山竹四郎 | 愛知県碧海郡 | 1893年8月9日 | 1894年5月 | |
| 28 | 岡田藤兵衛 | | 1901年1月25日 | | |
| | 西浦猪三郎<br>（岡田藤兵衛代） | 愛知県名古屋市 | | | |
| 29 | 海野金太郎<br>（出井文吉代） | 静岡県庵原郡 | 1897年2月3日 | 1897年6月24日 | |
| 30 | 上野健吉 | 富山県西砺波郡 | 1896年11月12日 | | 第1種 |
| 31 | 小林兼次郎 | 新潟県 | 1896年5月 | | |
| 40 | 田中正作<br>（小林兼次郎代） | 新潟県 | 1899年3月28日 | 1899年9月30日 | 第1種 |
| 32 | 可西定吉 | 富山県西砺波郡 | 1897年2月12日 | | |
| | 白澤真次<br>（可西定吉代） | | | | |
| 33 | 石田武兵衛 | 石川県能美郡 | 1897年7月30日 | 1897年10月30日 | |
| 34 | 勝見秀知 | 石川県金沢市 | 1899年11月6日 | 1899年12月25日<br>→1900年1月29日 | 第1種（橋梁用） |
| | 尾田市次郎<br>（勝見秀知代） | 石川県石川郡 | | | |
| 34' | 勝見秀知 | 石川県金沢市 | 1899年11月6日 | 1899年12月25日 | 第1種（橋梁用） |
| | 長惣右衛門<br>（勝見秀知代） | 石川県金沢市 | | | |
| 35 | 青木正保 | 石川県金沢市 | 1899年6月7日 | 1899年7月26日 | 第1種（橋梁用） |
| 36 | 津田秀次郎<br>（長永義治代） | 大阪市西区 | 1900年7月23日 | | |
| | 津田秀次郎<br>（小笹仙太郎代） | | 1900年8月25日 | | |
| 37 | 高木吉兵衛 | 神戸市楠町 | 1900年11月6日 | 1901年3月末日 | 第1種 |
| 38 | 岡田一良 | 広島県御調郡 | 1899年2月13日 | | 第1種 |
| | | | 1899年2月20日 | | 第1種 |
| 39 | 阿部吉太郎 | 鳥取県西伯郡 | 1901年3月4日 | | 第1種 |
| | | | | | 第1種 |
| 40 | 南　光蔵 | 鳥取県 | 1900年10月5日 | | |

注：*は納期延長願。第1種材はクリ・ヒバ・ヒノキ、第2種材は北海道材。
資料：「逓信省公文書 器械物品」巻1～9、1893～1902年（鉄道博物館所蔵資料）より作成。

を「一般競争入札」から「随意契約」に変更した[30]。その結果、枕木市場は、以下のような鉄道院と指定枕木商の取引が中心の市場へと変化した。

鉄道院は、まず地方(鉄道管理局および出張所)での鉄道資材の購入を制限し、中央(本庁)で一括購入する方針をとった。なかでも購入額の大きかった石炭と枕木の地方購入をいっさい禁止し[31]、これら「特殊材料品」の購入にかんする調査を実施したうえで購入計画を立案した[32]。調査の具体的な内容は不明であるが、鉄道院は当該年度の契約が終了すると、次年度の単価決定や生産数量の資料を収集するために枕木産地に出向き、詳細な視察や研究をおこなったという[33]。鉄道院はこの調査内容をもとに、指定枕木商が見積書に記載した生産原価(原木代、製材代、運搬費、利潤などから詳細に計算された価格)の高低を判断し、予算内で所要量の枕木を確保できるように契約数量を算定した。見積書には指定枕木商の希望納入数量は記載されておらず、鉄道院は見積書の提出後に希望買入数量を指定枕木商に指示することで、見積価格が相対的に高ければ契約数量が減らされる可能性を示唆し、指定枕木商による見積価格のつり上げを回避しようとしたと考えられる。こうして鉄道院は、指定枕木商に希望買入数量を指示した後に価格交渉をおこなって契約単価を決定し、最終的な購入計画を確定した。ここで決定された契約価格は、一年間の契約期間中、大きな変動がないかぎり変更されなかった[34](図2-2)。

鉄道院が取引相手に指定したのは、資力と信用があり、かつ山林を所有する枕木商であった[35]。指定枕木商の選定基準については不明であるが、たとえば材摠の鈴木摠兵衛や後述する長谷川商店の長谷川糾七はいずれも名古屋の有力な木材商で、多数の木材会社の重役および商業会議所役員などをつとめ、資産規模も比較的大きかった[36]。小林三之助は、資産規模や木材取扱量はこれらの木材商に比較して小さかったと推察されるが、一九〇八年に兵庫県神埼郡市川町で枕木商を創業し、一六年に岐阜県に移って同県を中心に枕木の生産・販売に着手し、二一年に鉄道省の指定枕木商になった[37]。鉄道院は、こうした指定枕木商と直接契約を締結し、その他の新規参入を容易に許可しなかっただけでなく、契約の不履行により一旦契約を解除された枕木商との再契約もほとんど許可しな

図2-2　鉄道院と指定枕木商の契約締結順序

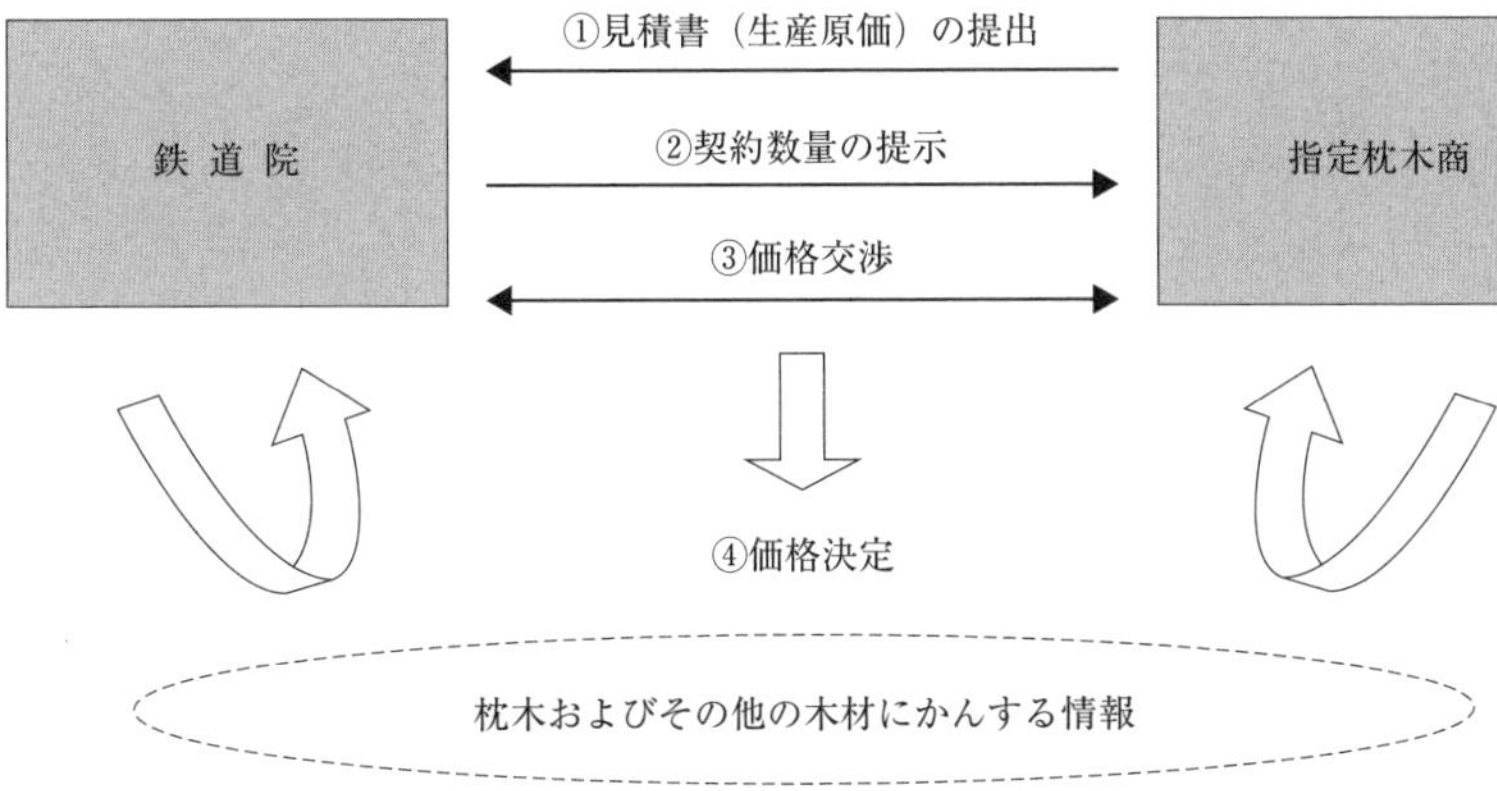


かった。与志本商店（一八八七年に開業、一九一〇年三月に資本金五〇〇〇円で与志本合資会社設立）は長野県佐久に本店をおく木材商で、木炭生産の片手間に枕木を生産し、〇五年から逓信省鉄道作業局長野運輸事務所に枕木を納入した。大正期以降、与志本合資会社は長野電鉄、伊那電鉄、東武鉄道など複数の私鉄へも枕木の販売を拡大し、年間の取扱数量は十数万挺にものぼった。しかし、与志本合資会社の国有鉄道への枕木納入は、理由は不明であるが二一年から途絶え、与志本合資会社はその後再三にわたり鉄道省経理局購買課に枕木納入の嘆願をしたが許可されなかった。[38] こうした鉄道院（省）の対応は、指定枕木商に対して契約履行と引き換えに翌年度の契約締結を保証したため、指定枕木商は安定した販売先を確保できた。このことに加え、請求より一週間以内の枕木納入代金の受取り、[39]他の木材販売市場における「鉄道院（省）御用達」という信用力の利用[40]は、指定枕木商にとって鉄道院（省）への枕木納入のインセンティブになった。

さらに鉄道院は、内地において使用樹種が主としてヒバとヒノキに限定されていた橋梁用・転轍用枕木の確保を目的に、一九一二年八月に長谷川鏡次（東京）、富士田寅蔵（大阪）、永田金三郎（名古屋）、小《こ》舘《だて》保次郎（青森）などの枕木商に[41]、大湊木材株式会社（資本金五〇万円）を設立させた。同社は、本社を青森大湊、事務所を東京深川におき、青森国有林からヒバ材の優先的払下げをうけて枕木生産を開始した。

国有林を利用した官営の枕木生産は、一九〇〇年代に青森や長野の官営製材所でおこなわれたが、明治末期から大正初期にかけて官営製材所は民業圧迫あるいは成績不良などの理由により廃止の動きが強まり、こうした状況下で鉄道院は、農商務省と交渉していた枕木製材工場の経営を断念し、枕木生産会社の設立を民間に委託した。(42)一三年五月に設立された名古屋枕木合資会社（資本金一二万円）も大湊木材株式会社と同様の目的で設立され、木曾御料林からヒノキの払下げをうけて橋梁・転轍用枕木を生産したと推察される。同社の出資者は、鈴木摠兵衛、永田金三郎、長谷川糾七、服部小十郎、早瀬健太郎、濱木屋合資会社で、いずれもの名古屋の有力な木材商であった。(43)

## （3）枕木商の活動

次に、枕木商の活動を、国有鉄道の指定枕木商のひとつであった長谷川商店を取り上げて考察しよう。長谷川家は、一六八一〜八八年（天和・貞享年間）頃から岐阜県加茂郡下麻生村（現在、岐阜県加茂郡川辺町）に居住して同村の庄屋をつとめ、明治期には綱場事業および伐採事業をおこなった。長谷川家は、下麻生綱場で飛騨・郡上の上流から流送されてきた木材をせきとめ、筏に組んで名古屋、桑名、犬山方面へ輸送し、一八七六年に集材の拠点であった桑名に、八一年に主要な輸送先であった名古屋に支店を各々開設した。さらに長谷川家は、八一年に東京出張所（八六年に東京支店に昇格）、九二年に大阪支店を開設し、東京、大阪へも販売網を拡大した。名古屋、東京、大阪の三支店のうち、名古屋支店は海軍や国有鉄道へ木材を納入したほか、土木建設請負、紡績、築港関係の会社へ木材を販売し、業績は東京、大阪両支店をしのいでいたという。(44)なお、一九一〇年九〜一〇月の調査によれば、所得税と営業税は名古屋支店長の長谷川糾七が八二五円、八九二円、東京支店長の長谷川鏡次が一三八円、三一二円、大阪支店長の長谷川勝助が二二三円、三三九円であった。(45)

名古屋支店の開設以来、同支店長であった長谷川糾七は、岐阜、長野、愛知、静岡、三重など九府県の山林を積極的に購入し、出張所を設置して木材の伐採・搬出をおこなった。こうした経緯から、一八九五年に長谷川家は名古屋支店内に中央本部を設置し、同本部が長谷川家の財産・営業を総掌するとともに各支店の営業を監督し、伐採事業と船舶に関する事務を統轄した。中央本部は、長谷川家本店と名古屋支店を通じ山林投資および木材の伐採・輸送・販売事業をおこなったが、明治末期から大正初期にかけて出材量に対して販売量が伸び悩んだために、一九一三年一〇月に同本部の廃止が決定され、各支店は独立した経営をおこなうようになった(46)。

次に、長谷川東京支店の経営活動について具体的に考察しておこう。東京支店は、東京における建築用材や道路・鉄道など交通インフラ整備のための土木用材などの需要増加を背景に、木材の委託販売をおこないながら、他方で自家出材の直売に重点をおいた。しかし、一八八七年の開店から数年間、東京支店は木場の入札問屋や角屋同盟などの木材問屋組合に加盟させてもらえず、経営は厳しく「商事の頓挫を招かん(47)」という状況であった。そこで長谷川本店は、東京支店を本店経理から切り離すことにし、九二年に東京支店に資本金一万円を割譲して同支店を独立採算制にした。しかし、日清戦争の勃発によって景気が好転し、建築用材の需要が増加したために東京支店は経営不振から脱し、九四、九五年の決算で各々一〇七五円、三九二三円の純利益を計上した（表2-2）。ところが、日清戦後不況期にふたたび木材需要が減少したことにくわえ、九七年の決算後に本店が東京支店への融資額をさらに一万円増加したために、東京支店の本店資本金に対する利子が増加し、九八年には赤字を計上した。そこで東京支店は、経営の安定化のために「宮内省御用達」の看板を利用して官庁への納材業務を拡大し(48)、一九〇〇年以降、東京支店の木材商品の売上高は同店の総収入の九〇％以上をしめた。

図2-3は、一八九五～一九一六年の東京支店の商品売上額の内訳をしめしている。東京支店は、官庁（国有鉄道、海軍工廠、宮内省、東京市水道部、土木監督庁）への木材納入と、清水組や私鉄への木材販売、および小売販売をおこなった。このうち官庁への納入額が多く、商品売上額全体にしめる割合は一八九七年に二五・五％、九八年に五〇・八％で、一九〇五～一五年には八〇～九〇％に達した。とくに国有鉄道への納入額の割合は、不

営業成績、1894～1916年

単位：円

| 支出の部 | | | | | | | 総差引 (c＝a－b) | 元入資本金利子本店納（d） | 純利益 (c－d) |
|---|---|---|---|---|---|---|---|---|---|
| 売上原価 | 販売費・一般管理費 | 掛売・貸付金損失 | 利子・割引料 | 諸税金・地代 | 雑　損 | 計（b） | | | |
| | | | | | | | | | 1,075 |
| 31,818 | 3,973 | 415 | 278 | | 809 | 37,292 | 4,590 | 667 | 3,923 |
| 56,106 | 5,345 | 479 | 665 | | 1,196 | 63,790 | 10,569 | 600 | 9,969 |
| 40,674 | 5,577 | 1,007 | 260 | | 641 | 48,158 | 9,359 | 1,204 | 8,156 |
| 36,057 | 3,728 | 158 | 453 | | 0 | 40,395 | 1,352 | 1,460 | △ 108 |
| | 7,211 | 184 | 1,002 | | 1,937 | | 5,095 | 1,464 | 3,631 |
| 76,569 | 10,780 | 354 | 2,805 | | 166 | 90,676 | 8,998 | 1,670 | 7,328 |
| 87,892 | 14,319 | 0 | 3,463 | 814 | 0 | 106,487 | 6,239 | 480 | 5,759 |
| 71,820 | 4,417 | 0 | 2,499 | 851 | 0 | 79,586 | 8,780 | 2,499 | 6,281 |
| 98,020 | 5,116 | 422 | 3,277 | 1,123 | 0 | 107,959 | 6,644 | | 6,644 |
| 120,761 | 8,676 | 0 | 813 | 1,585 | 0 | 131,835 | 9,036 | | 9,036 |
| 222,509 | 13,709 | 748 | 429 | 1,922 | 0 | 239,316 | 15,788 | | 15,788 |
| 228,573 | 19,419 | 5 | 1,823 | 2,684 | 0 | 252,504 | 12,051 | | 12,051 |
| 188,282 | 17,482 | 0 | 0 | 2,864 | 0 | 208,629 | 6,168 | | 6,168 |
| 237,166 | 16,356 | 0 | 4,713 | 1,396 | 0 | 259,630 | 6,008 | | 6,008 |
| 144,747 | 16,755 | 1,931 | 1,947 | 1,518 | 0 | 166,899 | 2,984 | | 2,984 |
| 112,952 | 12,881 | 1 | 3,298 | 286 | 0 | 129,418 | 6,578 | | 6,578 |
| | | | | | | | | | |
| 147,025 | 17,061 | 394 | 4,477 | 940* | 1,080 | 170,977 | 7,498 | | 7,498 |
| 159,772 | 14,450 | 0 | 3,488 | 851* | 0 | 178,561 | 6,621 | | 6,621 |
| 175,124 | 15,019 | 347 | 2,237 | 794* | 4,171 | 197,692 | 4,571 | | 4,571 |
| 92,139 | 15,618 | 0 | 1,805 | 799* | 0 | 110,361 | 3,384 | | 3,384 |
| 119,059 | 13,179 | 0 | 4,467 | 779* | 0 | 137,483 | 7,005 | | 7,005 |

払額との差益。*は「諸税金」と記載されていたもの。
会社長谷木所蔵資料）より作成。

明な年をのぞくと一九〇五～一四年まで商品売上額全体の約半分をしめ、〇六年には六〇％を上回った。このほかに重要だったのは小売販売で、商品売上額にしめる割合は七～五〇％と大きく変動したものの、それは「商品利益」（売上高から売上原価を差し引いたもの）の変動と一致していた[49]。すなわち、長谷川東京支店にとって国有鉄道への木材納入は、契約締結後に原木価格や労賃が上昇すると損失が発生する可能性が高かったが、一般木材の需要が減少する不況期には利益確保のための重要な業務となった。一方、小売販売は、不況期には拡大はむずかしいが、好況期には拡大が期待できる業務であった。いいかえれば、東京支店にとって枕木市場は毎年一定の利益を確実に確保できる市場であり、小売市場は景気の変動をうけるものの好況期には高い利益が追求できる市場であった。こうした複

表2-2　長谷川東京支店の

| 年 | 収入の部 | | | | | | |
|---|---|---|---|---|---|---|---|
| | 売上高 | 委託販売手数料 | 桟取賃 | 合併事業 | 利　子 | 雑収入 | 計 (a) |
| 1894 | | | | | | | |
| 1895 | 36,638 | 4,247 | 128 | 352 | 501 | 17 | 41,882 |
| 1896 | 65,019 | 6,867 | 308 | | 2,165 | | 74,359 |
| 1897 | 47,326 | 1,017 | 358 | 7,319 | 1,497 | | 57,517 |
| 1898 | 38,835 | 491 | 93 | 993 | 1,336 | | 41,748 |
| 1899 | | 1,992 | 87 | 1,128 | 1,372 | 1,174 | |
| 1900 | 94,692 | 2,450 | 387 | | 429 | 1,717 | 99,674 |
| 1901 | 108,863 | 1,860 | 16 | | 1,069 | 919 | 112,726 |
| 1902 | 79,739 | 2,652 | 175 | | 952 | 4,848 | 88,366 |
| 1903 | 106,673 | 4,057 | 27 | | | 3,845 | 114,602 |
| 1904 | 134,945 | 1,017 | 27 | | | 4,882 | 140,871 |
| 1905 | 245,236 | 6,518 | 146 | | | 3,204 | 255,104 |
| 1906 | 244,494 | 7,373 | 272 | | | 12,416 | 264,555 |
| 1907 | 210,503 | 861 | 164 | | | 3,269 | 214,797 |
| 1908 | 261,046 | 3,304 | 0 | | | 1,288 | 265,639 |
| 1909 | 168,497 | 1,385 | 0 | | | | 169,882 |
| 1910 | 131,656 | 160 | 0 | | | 4,180 | 135,996 |
| 1911 | | | | | | | |
| 1912 | 176,649 | 0 | 922 | | | 904 | 178,475 |
| 1913 | 178,674 | 2,989 | 2,305 | | | 1,215 | 185,182 |
| 1914 | 191,262 | 5,354 | 2,726 | | | 2,921 | 202,263 |
| 1915 | 109,352 | 1,798 | 2,286 | | | 309 | 113,745 |
| 1916 | 140,806 | 765 | 2,253 | | | 664 | 144,488 |

注：各期決済期間は1～12月。「桟取賃」は、船積料金や置場料金など荷主からの受取額と実際の支
資料：「長谷川東京支店各期精算書（表）」第3～18、22、24回、1895～1910、1914、1916年度（株式

数の販売先を確保しているという特徴は、名古屋の材摠、青森の小舘木材などの指定枕木商にも共通してみられた(50)。

鉄道国有化以降、枕木は、以上のような鉄道院と指定枕木商の取引を通じて全国各地の山林から供給され、枕木市場は両者の相対取引を中心とする市場に変化した(51)。

## 3　第一次世界大戦期における枕木価格の高騰

一九一四年後半に日本経済は不況下にあったが、一五年になるとアジアやアメリカ向け輸出が拡大して「大戦ブーム」が到来した。産業発展にともなって木材需要が急増し、国内の森林伐採が急速にすすんだが、供給は需要においつかず、木材価格は高騰した。多様な用途に利用

図2-3　長谷川東京支店の商品売上額の内訳と「商品利益」、1895〜1916年

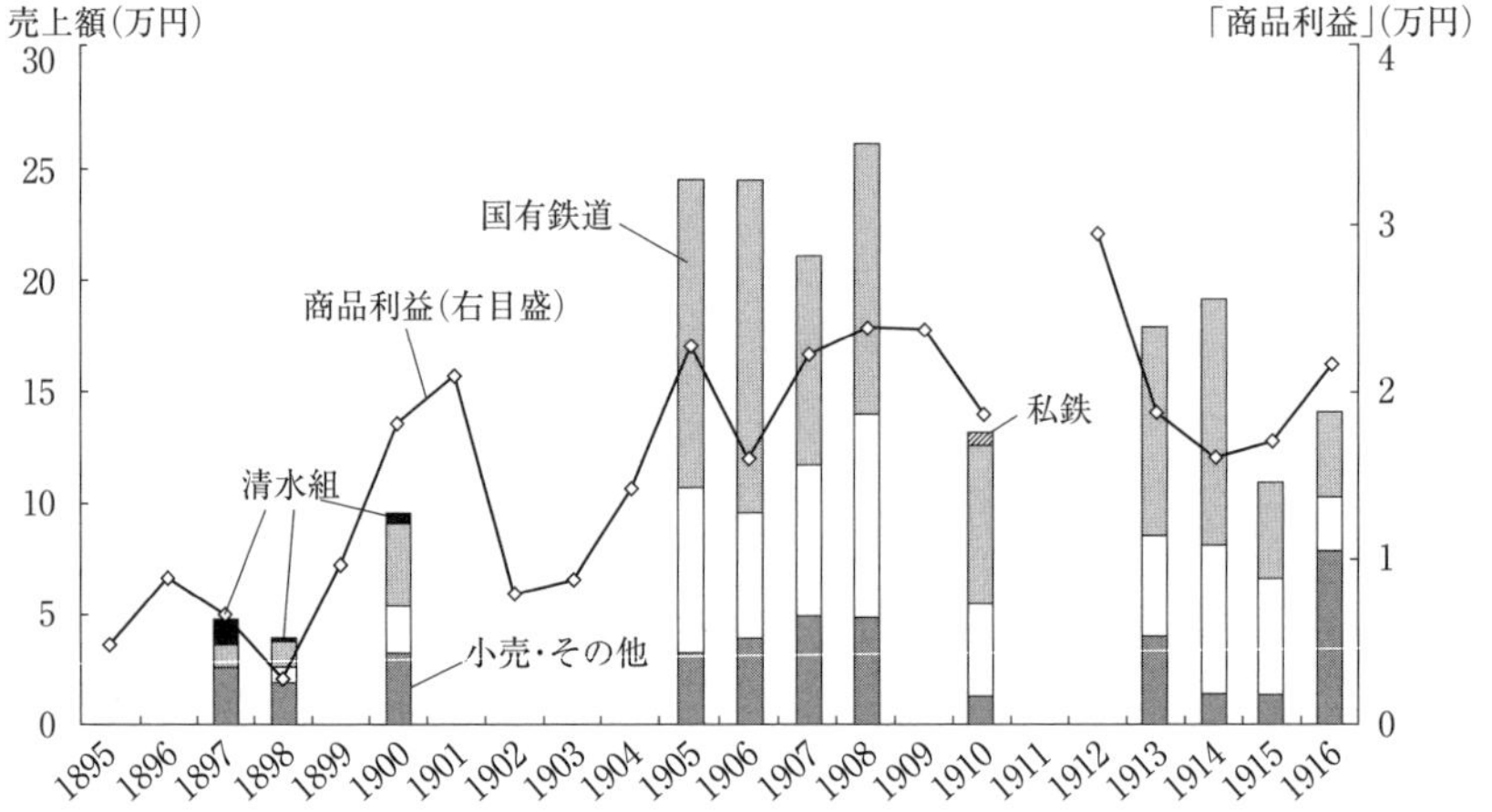


資料：「長谷川東京支店各期精算書（表）」第5〜6、8、13〜18、22、24回より作成。

可能な木材は、少しでも高く売れる市場で販売され、他の用途市場の木材価格の動きに牽引されて枕木価格は上昇した。鉄道院の並枕木（転轍用・橋梁用をのぞく一般的な枕木）の平均購入単価は、一五年度の〇・六二円から一六年度の〇・七六円に上昇し、[52] 鉄道院は一七年度初めには「従来通リ某製材業者ヨリ直接ニ供給ヲ受クル方法」で「前年度ト殆ンド同一ノ価格ヲ以テ供給契約ヲ締結シ得タ」ものの、同年度中頃から「労銀騰貴ノ為搬出遅延シ或ハ契約ノ解除ヲ出願スル者続出シ事業ノ進歩上支障ヲ来スノ点アリタルヲ以テ出材ヲ奨励スルノ方法トシテ各契約数量ノ半数ニ対シ契約価格ノ二割ニ相当スル額」の奨励金を交付しなければ、所要量をみたすことができなくなった。[53]

北海道では、内地・道内における木材需要の急増と海上運賃の上昇により木材輸出量は減少傾向にあったが、輸出用枕木（八尺）価格は「道内若くは内地鉄道用に供給さるるものより割高の関係上木材当業者は好んで朝鮮及満洲鉄道用の八尺物を造材供せる為め地元鉄道用のもの常に不足」の状態であった。枕木輸出量は年間一五〇万挺以上にのぼり、鉄道院はとくに一九一六〜一七年の道内での枕木調達において「苦き経験」をし、一八年度の道内所要量（約五〇万挺）を確保

するために「枕木購入予算を大々的に奮発」せざるをえなかった[54]。その結果、札幌鉄道管理局の枕木購入単価は一六年度の〇・四〇～〇・四五円、一七年度の〇・四五～〇・五五円から一八年度には〇・六五～〇・七〇円に上昇したが[55]、輸出用枕木価格（小樽港）が一八年度の一・二五円から一九～二〇年度の一・九〇～二・二五円にさらに高騰すると、鉄道院へ「規定の違約金を納付して破約するものが頻出」した[56]。とくに三井物産のように海外および国内市場において大規模な木材販売を展開した木材商にとって、鉄道院への枕木納入のもつ意味は小さく、同社の支店長会議における三池支店長の報告によると、同社にとって鉄道院への枕木納入は「殆ト名義丈ケ貸シ居ルモノト云フモ可ナル程ニテ、全ク危険モナク一挺ニ付一定ノ口銭ヲ収受シ居ル商売」であった[57]。

長谷川商店の東京支店の場合には、鉄道院への納入額は一九一三年に九万三三八五円、一四年に一一万七五円であったが、一六年には三万八四一二円に低下し、反対に小売売上額は一三年の三万九八九七円、一四年の一万三九五七円から一六年には七万八三七四円に増加し、同様に「商品利益」も一三年の一万八九〇二円、一四年の一万六一三八円から一六年に二万一七四七円に上昇した（図2-3）。鉄道院との契約を破棄すれば翌年度以降の取引が保証されず、とくに他の木材販売の需要が減少する不況期に販売先を確保できなくなる可能性があるため、販売額にしめる鉄道院への納入額が比較的高かった長谷川東京支店は、鉄道院との契約を解除せずに納入量を減少させ、他方で「鉄道院御用達」という信用力を利用して、他の木材用途市場でより高い利益を追求した。

以上のように、木材需要の急増にともなって枕木市場は逼迫した。伐採可能な国内山林からの供給は限界近くに達し、とくに内地では枕木用材をふくめ産業用材の不足が顕著になった。鉄道院は、内地の枕木不足をおぎなうために、一九一八年度に約二〇万挺、一九年度に約二五万挺の北海道産枕木を移入せざるをえなかったが、二〇年度には東京鉄道管理局は、年間需要量六〇万挺に対し三三万挺を確保できたにすぎなかった[58]。

## 4 適材不足と使用樹種の多様化

一九二〇年代になると、戦後の反動不況によって木材需要は減少した。しかし、第一次大戦期の木材需要の急増をうけて大戦後に木材関税が引き下げられたために木材輸入量が増加し、さらに樺太材の移入量も増加して、国内の木材市場は供給過剰となった。こうした木材市場の変化により、枕木価格は二一年には前年に比して約二〇%低下し、その後も継続的に下落した[59]。鉄道省や私鉄各社は枕木難から解放され、当時、約三〇〇名におよんだ鉄道省の指定枕木商[60]は、販売先を確保しようと契約通りに枕木を納入した。

しかし、一方で鉄道国有化前後から懸念されていたクリ・ヒノキ・ヒバなどの枕木適材の不足が表面化し[61]、それ以外の樹木の枕木利用が拡大した。たとえば、鉄道省の使用樹種は、第一種材(クリ・ヒバ・ヒノキ・シイ)と第二種材(北海道では防腐処理をおこなわずに敷設する樹種、主に北海道材)に分類されていたが、第三種材としてその他の使用可能な樹種が指定された。第三種材の指定範囲は年々拡大され、一九〇〇年に九種、一〇年に一七種であったが、三〇年代後半までに四〇種以上になった[62]。しかし、第一種材の耐久年数が八~一二年であったのに対し、第三種材の耐久年数は三~五年と短く、鉄道省は取替頻度の上昇を回避するために第三種材にクレオソート油などの防腐剤を注入して利用した。国有鉄道の木材防腐技術の研究は、鉄道国有化後から積極的にすすめられ、鉄道院は一〇年に業務調査会を設置し、同会第一一分科に枕木の調査研究を担当させて防腐剤の種類・注入量・注入方法などの比較実験をおこない、一三年には防腐に適した樹種研究のために木材研究室を設置した。鉄道院(省)は、一九年一二月より北海道鉄道管理局砂川木材防腐工場(〇九年に設置、注入作業は東洋木材防腐株式会社に委託)と宇都宮防腐工場(一九〇〇年に日本鉄道株式会社が設置し鉄道国有化とともに鉄道院へ移管)の設備を東京の深川区汐浜町に移転して枕木の防腐処理を開始し、二六~二九年には年間約四〇万挺の防腐枕木を生産した[63]。民間の防腐工場は、一〇年代初めに日本防腐木材株式会社と東洋木材防腐株式会社の二社のみであったが、二〇年代半ばには一二工場を数えるようになり、民間工場で防腐処理をほどこされたマツ、ブナなどの国産材および米材、樺太材などの枕木が、鉄道省や私鉄各社で利用された[64]。

こうした防腐枕木の価格は、鉄道省の出納単価から判断すると、一九二〇年代後半に第一種枕木より〇・三～〇・五円高価格であった。しかし、防腐枕木の耐久年数は第一種枕木より二～三年長いだけで、大径木の減少と小径木の利用拡大によって亀裂のはいりやすい芯部をふくむ枕木が増加したために、費用対効果は低下した[65]。また第一次大戦後には鉄鋼材価格は下落したものの、二〇年代半ばにようやくレールの自給を達成した状況で、鉄鋼製枕木は利用されなかった。枕木市場は、多様な樹種取引の増加と品質低下をともないながら拡大し、二〇年代末から三〇年頃には鉄道省の枕木購入量の約三〇％を防腐枕木がしめるようになった[66]。

ただし、鉄道省の場合、低品質な枕木用材を利用せざるをえなかった要因として、単年度主義の予算編成という事情もあり、予算不足時には枕木難に拍車をかけた。鉄道省予算は、翌年度の営業収入の予測をもとに編成され、資本、収益、用品の三勘定として管理された。資本勘定の収益科目は「益金繰越」、「公債」、「借入金」、主な費用科目は新線工事費にあてられる「建設費」と、線路の複線化や勾配改良工事などに利用される「改良費」であった。また収益勘定の収益科目は「運輸収入」と「雑収入」、費用科目は「作業費」と「補助費」に区分され、この収益勘定収支の差引利益（「益金」）は資本勘定の歳入に繰り越され、主として「改良費」にあてられる仕組みになっていた。図2-4によれば、これらの科目（すべて「項」科目）のうち、「建設費」は一九二一年度の五八〇〇万円から二五年度に四五〇〇万円に減少したのち増加に転じ、「改良費」は二一年度の一億二五〇〇万円から漸増して二七年度の一億五六〇〇万円に達した。一方「作業費」は、二一年度の三億四九〇〇万円から二九年度の四億九七〇〇万円に増加し、同期間に収益勘定の歳入計は四億六六〇〇万～六億二三〇〇万円で推移したので、「益金」は一億一一〇〇万～一億四〇〇〇万円にとどまり、「益金」を主な財源とした「改良費」において

図２－４　鉄道省の経営状況、1921〜37年度

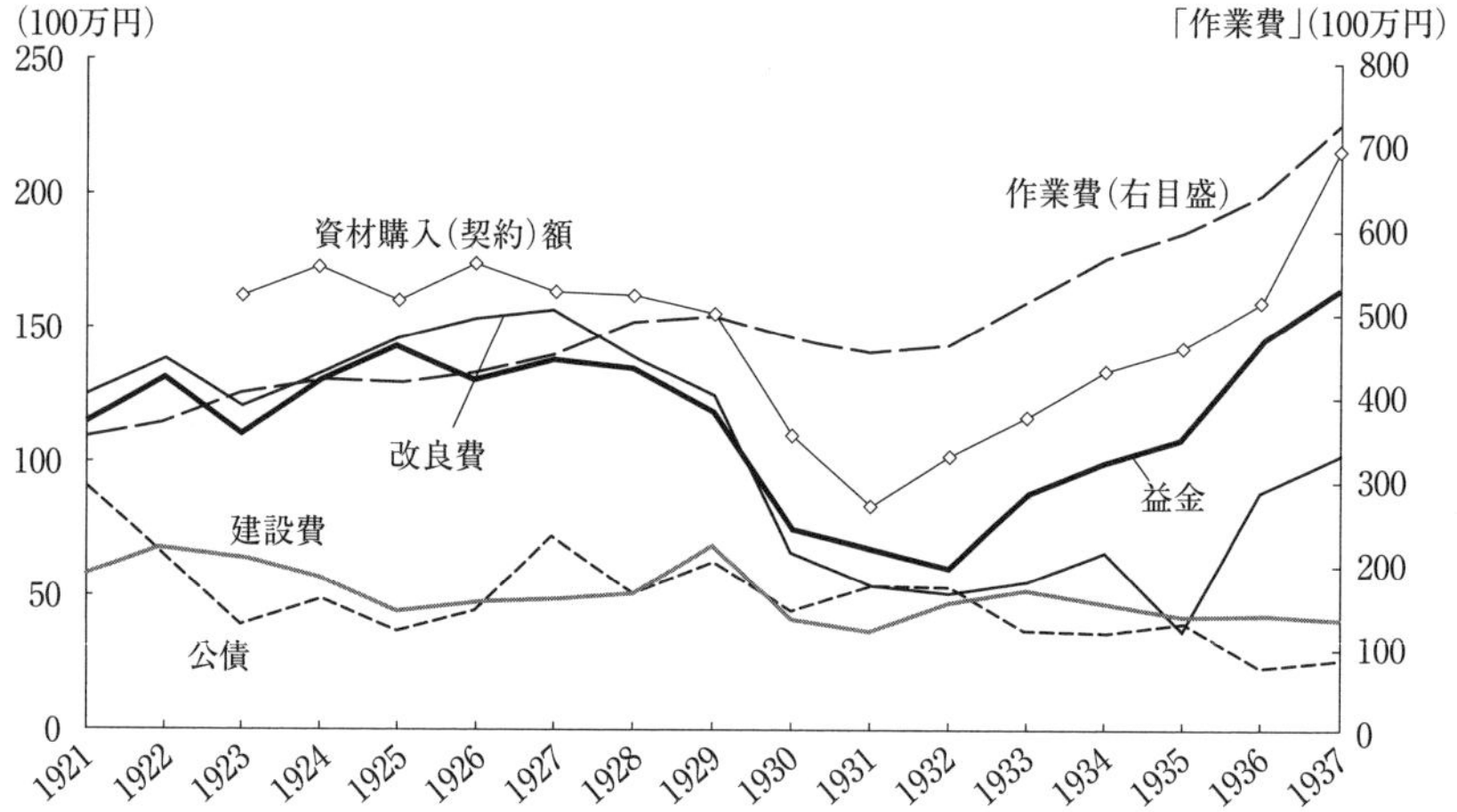


資料：鉄道省編『鉄道統計』第１編、1941年度版、付録22〜30頁；『日本国有鉄道百年史』第７巻、511〜514頁より作成。

は二一五万〜五四〇〇万円の不足が生じた。こうした状況下で三〇年度以降は、緊縮政策の実施により積極的な建設・改良事業は不可能になった。また同年一〇月には、「運輸収入」の減少により年度末までに約四〇〇〇万円の減収が見込まれた結果、「改良費」予算約三〇〇〇万円の削減が決定され、三一、三二年度には「建設費」も抑制された。(67)

これにともなって資材の一部購入中止や資材購入費の削減が実施されたが、鉄道省は「項」科目間の資金振替を認められていなかったので、資材購入予算の不足に対して貯蔵品の利用か契約価格の引下げのいずれかで対応せざるをえなかった。しかし、鉄道省は、年度初めの事業遂行の支障の回避と資材の有効利用を目的に、建設・改良事業用の資材を「用品資金」三三〇〇万円を運用して一括購入したうえ、「建設費」、「改良費」、「作業費」から使用額を用品勘定に振り替えて管理した。同時に鉄道省は、年度末の貯蔵品および工場勘定（被服工場、木材防腐工場など）残高を三二〇〇万円以内におさえなければならなかったために、年間一億〜一億七〇〇〇万円にのぼる資材を長期間貯蔵することはできなかった。(68)また五年先まで「翌年度に亙る契約」の締結も可能ではあったが、枕木はひび割れや腐食の

問題から長期保存に適さず、「或程度」可能であった「目」以下の科目間の資金振替では石炭購入が最優先されたと推察される[69]。つまり、鉄道省は単年度主義の予算編成により、低品質な枕木用材の買入契約により契約価格を引き下げる以外に、予算不足に対応する方法がなかったのである。

こうして枕木市場における適材不足の進行にくわえ、単年度主義の予算編成によって枕木難に拍車がかかり、一九三〇年一〇月に「改良費」予算の削減と枕木の一部購入中止が決定されると、鉄道省は翌年度の枕木の契約価格をさらに引き下げざるをえなくなった。そこで鉄道省は、「随意契約」ではなく「指名競争入札」による契約価格の引下げをはかり、入札参加者三六〇名のうち三三〇名と合計三〇三万挺の枕木購入契約を締結した[70]。この「指名競争入札」の実施により、鉄道省は予算内で枕木所要量を確保すると同時に、新規の有力な木材商の取り込みにより適材不足の解消をはかったと推察される。納入契約を締結した枕木商のなかには、二一年から納入が途絶えていた与志本合資会社もふくまれ、同社は、最低価格で枕木三万挺の納入を許可された。与志本合資会社は、二〇年代後半に岩手、福島、長野、群馬の各県で山林・立木を買い付けて私鉄向けの枕木生産を拡大し、三一年には約四〇万挺にのぼる枕木を取り扱う大規模な枕木商に成長していた[71]。

不況期における木材需要の減少と鉄道省の「指名競争入札」の実施の結果、鉄道省の並枕木一挺当りの平均契約価格は、一九二四年度の二・〇六円から三〇年度の一・四八円、三二年度の〇・八八円に下落し、また枕木購入額も二四年度の九〇〇万円から三〇年度に七九〇万円、三二年度に四八五万円まで低下し[72]、鉄道省の枕木購入予算の問題は一応解決された。しかし、木材価格の下落する状況下でコストの高い奥地山林の伐採は進展せず、枕木市場の適材不足は緩和されなかった。枕木商は、「指名競争入札」において販売先の確保のために低価格で落札したうえ在庫品を納入したが、在庫品で対応できなくなると不良品を納入せざるをえなくなり、三二年度には契約違反者が続出し、枕木の品質はいっそう低下した[73]。

## 5 枕木不足の深刻化

一九二〇年代末以降木材の輸移入量は減少し、三三年以降は木材需要の増加にともなって国産材の利用が拡大し、奥地の森林伐採がすすんだ。産業発展により多様な木材需要が増加し、枕木市場は適材不足の進行と取引樹種の多様化にともなって、他の木材用途市場の影響を強くうけるようになった。枕木価格は高騰し、鉄道省はまたもや調達方法の変更を余儀なくされ、「益金」が回復した（図2-4）こともあって「指名競争入札」を「随意契約」にもどした。

しかし、枕木市場では適材不足が進行し、鉄道省や私鉄各社は「枕木調達数量を圧縮、著減して山林状態に対応せしむる最小の消費に止むる」[74]ためには、枕木の乾燥や防腐剤の注入量の調整による防腐枕木の改良を継続するほかなかった。[75]鉄道省は、一九三〇年に深川区汐浜町から品川駅に隣接する芝浦埋立地に移転した経理局木材防腐工場で、防腐の実験調査をおこなうとともに、使用する防腐枕木の一〇%以上を生産し、主として東京鉄道管理局管内で利用した。[76]三六年一月の工務局保線課の調査によると、全国の敷設枕木（二七〇四万挺）の四四・六%が防腐枕木で、とくに東部鉄道管理局管内の防腐枕木敷設率は九三・〇%（四二三万挺）にも達した。[77]

防腐用枕木には、国内山林に比較的広く分布したマツが多く利用され、適材不足が深刻化する状況下で枕木市場ではマツの取引が増加した。マツは、枕木商にとって経営上「有利」で、[78]たとえば小舘木材株式会社は、青森のヒバ伐採量の減少と入手競争の激化による公売価格の高騰により、マツを「補充材」として仕入れた。[79]マツは、防腐枕木用材のなかでも耐久年数が六・四年と最も短く、枕木には適さなかったが、枕木市場からはマツ以外の樹種が減少し、鉄道省の防腐枕木購入量にしめるマツ枕木の割合は、一九二七年の九・三%（一四万挺）、三六年の三七・九%（七四万挺）から三九年には六〇・〇%（一九一万挺）に増加した。[80]そのうえ、大径木や良材の減少により枕木耐久年数がさらに短縮した結果、枕木需要は依然として減少しなかったために、枕木市場は逼迫した。

以上のように、枕木需要の増加にともなって全国各地で枕木用材の伐採が進行した。枕木には大径木が需要されたため、伐採可能な山林はかぎられていたうえ、植林後、成木になるまでには半世紀以上の期間が必要であった。また枕木と競合関係にあった建築用材や土木用材などの需要の増加や鉄鋼材の利用制約も影響し、国有鉄道をはじめ枕木需要者は木材の供給制約から常に自由ではなかった。枕木用材の伐採量からみると、枕木消費量は用材消費量全体の一～二％をしめるにすぎなかったので、建築業や土木事業などの他産業と比較して鉄道業による山林への負荷が大きかったわけではないが、鉄道ネットワークの拡充は、適応樹種の伐採のために森林開発をうながし、その意味で枕木としての木材利用は消費量以上に山林負荷を高めることにつながったのである。

## 注

（1）大島藤太郎『国家独占資本としての国有鉄道の史的発展』伊藤書店、一九四九年、島恭彦『日本資本主義と国有鉄道』日本評論社、一九五〇年、中西健一『日本私有鉄道史研究』日本経済評論社、一九六三年など。

（2）石井常雄「両毛鉄道会社の経営史的研究」『商学研究年報』第四集（一九五九年七月）、青木栄一「下津井鉄道の成立とその性格」『地方史研究』一九巻一号（一九六九年二月）、青木栄一「第一次産業地域における局地鉄道の建設」『歴史地理学紀要』一一巻（一九六九年七月）など。鉄道業全体の資金調達構造を明らかにした研究として野田正穂『近代日本証券市場成立史』有斐閣、一九八〇年がある。

（3）老川慶喜『明治期地方鉄道史研究』日本経済評論社、一九八三年、老川慶喜『産業革命期の地域交通と輸送』日本経済評論社、一九九二年、三木理史『近代日本の地域交通体系』大明堂、一九九九年、三木理史『地域交通体系と局地鉄道』日本経済評論社、二〇〇〇年など。

（4）中村尚史『日本鉄道業の形成』日本経済評論社、一九九八年。
（5）松下孝昭『近代日本の鉄道政策』日本経済評論社、二〇〇四年、小風秀雅「明治前期における鉄道建設構想の展開」山本弘文編『近代交通成立史の研究』法政大学出版局、一九九四年、小風秀雅「明治中期における鉄道政策の再編」野田正穂・老川慶喜編『日本鉄道史の研究』八朔社、二〇〇三年、老川慶喜『近代日本の鉄道構想』（近代日本の社会と交通三）日本経済評論社、二〇〇八年など。
（6）高村直助編『明治の産業発展と社会資本』ミネルヴァ書房、一九九七年、第Ⅱ部、渡邉恵一『浅野セメントの物流史』立教大学出版会、二〇〇五年。
（7）沢井実『日本鉄道車輌工業史』日本経済評論社、一九九八年。このほか鉄道資材を取り上げた研究として、坂口誠「創業期京阪電鉄の資材輸入」『鉄道史学』二九号（二〇一一年一二月）がある。
（8）鉄道管轄・運営機関は、民部・大蔵省鉄道掛（一八七〇年四月設置）、民部省鉄道掛（七〇年八月設置）、工部省鉄道掛（七〇年一二月設置）、工部省鉄道寮（七一年九月設置）、工部省鉄道局（七七年一月設置）、内閣鉄道局（八五年一二月設置）、内閣鉄道庁（九〇年九月設置）、内務省鉄道庁（九〇年一〇月設置）、逓信省鉄道庁（九二年七月設置）、逓信省鉄道局（九三年一一月設置）、逓信省鉄道作業局（九七年八月設置、逓信省鉄道局は私鉄の監督行政機関として存続）、帝国鉄道庁（一九〇七年四月設置）、内閣鉄道院（〇八年一二月設置、帝国鉄道庁と同時に逓信省鉄道局も廃止）、鉄道省（二〇年五月設置）と変遷したが、本章ではこれらを総称して「国有鉄道」とよぶ。
（9）鉄道院編『鉄道院年報』一九一一～一五年度版、鉄道院編『鉄道院鉄道統計資料』一九一六～一九年度版、鉄道省編『鉄道省鉄道統計資料』一九二〇～二五年度版、鉄道省編『鉄道統計資料』第一編、一九二六～三六年度版。
（10）野田正穂・原田勝正・青木栄一・老川慶喜編『日本の鉄道』日本経済評論社、一九八六年、五九～七〇、一〇一～一二五頁。
（11）野田ほか編『日本の鉄道』一八九～一九九頁。
（12）『農商務統計表』第二八、三二、三八次、一九一一、一五、二一年。樹種別伐採量は『農商務統計表』（第二二～二八次、一九〇五～二一年）による。
（13）中村『日本鉄道業の形成』二六頁。
（14）野田ほか編『日本の鉄道』二二頁、日本国有鉄道『日本国有鉄道百年史』第一巻、一九六九年、三九〇頁。
（15）「鉄道寮事務簿」第七巻　会計本寮及京浜、一八七二年一～八月（鉄道博物館所蔵資料）、「鉄道寮事務簿」第五巻　阪神ノ部、一八七二年（鉄道博物館所蔵資料）、「鉄道寮事務簿」第一二巻　京坂、一八七三年（鉄道博物館所蔵資料）。

(16)『日本国有鉄道百年史』第一巻、三九四頁、老川慶喜・中村尚史編『日本鉄道会社』（明治期私鉄営業報告書集成一）第一巻、日本経済評論社、二〇〇四年、一六、七九、二四七頁、野田正穂・原田勝正・青木栄一編『明治期鉄道史資料　第二集』第一巻、日本経済評論社、一九八〇年、一四三頁、「〔広告〕日本鉄道会社　枕木買い入れ　鉄道線路用一〇万本」『読売新聞』一八八二年六月一日、「青森に良質の枕木、日本鉄道会社が大量買い入れ」『読売新聞』一八八三年五月二二日。

(17)「〔広告〕山陽鉄道会社創立事務所　檜材枕木入札案内」『大阪朝日新聞』一八八七年八月二七、三〇日、「〔広告〕福岡九州鉄道会社創立事務所　鉄道用枕木売込み希望者募集」『大阪朝日新聞』一八八八年一月五～七日、「〔広告〕讃岐鉄道会社鉄道用枕木購入案内」『大阪朝日新聞』一八八八年三月二二、二五、三一日、「〔広告〕大阪鉄道会社　枕木購入」『大阪朝日新聞』一八八八年四月五日。

(18)内閣官報局『法令全書』一八八九年、法律、五〇～五六頁、勅令、一二六～一二八頁、「〔広告〕鉄道庁　購買入札 檜 栗 枕木」『東京朝日新聞』一八九〇年九月二一、二五日、「〔広告〕逓信省鉄道局計理課　物品購買 丸太 枕木」『読売新聞』一八九七年七月一日など。一八九七～一九〇八年までの『読売新聞』には、ほぼ毎月枕木入札広告が掲載されている。

(19)太政官文書局『官報』二二七七号（一八九一年二月四日）、六頁。

(20)一八九七年八月以降、枕木納入契約の解除願は、逓信省鉄道作業局計理部へ提出された。

(21)『官報』六〇八四号（一九〇三年一〇月一〇日）、二〇頁。

(22)一八九三年に逓信省鉄道庁長野出納所で実施された入札では、一口五〇〇〇挺で契約が締結された。また逓信省鉄道庁長野出納所は、納期を三回（六月三〇日、七月二〇日、八月二五日）にわけ、持ち込まれた製品を検査した後、納期ごとに請求書の差出日より一〇日以内に代金を支払った（「鉄道庁事務書類」第一二巻、一八九三年、鉄道博物館所蔵資料）。

(23)内地ではすでに一八九七年に四八万三八〇〇挺余りの北海道産枕木を移入していた（白仁武「鉄道枕木と北海道」『太陽』五巻二六号、一八九九年一二月、一七七～一八三頁）。

(24)一八九九、一九〇〇年度の「一般競争入札」による枕木購入額は、枕木購入額の各々九七・三％（二一万六四一一円）、九八・九％（五八万六四三三円）をしめた（鉄道作業局『鉄道作業局年報』一九〇〇年度、二九五～二九六頁）。

(25)入札参加条件は、一口につき見積代金五〇〇〇円未満の場合は直接国税年額一〇円以上の納税者、同じく五〇〇〇円以上一万円未満の場合は二〇円以上、一万円以上二万円未満の場合は五〇円以上、二万円以上五万円未満の場合は八〇円以上、五万円以上の場合は一〇〇円以上の納税者とされた。また合名会社はその社員一名が、合資会社は無限責任社員の一名が前記の条件をみたしていること、株式会社は合資会社と同様の資格をもつか、あるいは株金の払込完了額が見積代金の二倍以上であることとされた（『法令全書』一九〇〇年、省令、三二九～三三二頁）。

(26)「名鉄工務課保線掛主催の施薬枕木に関する座談会（二）」『鉄道時報』一九二二号（一九三六年八月八日）。

(27) 逓信省編『逓信省年報』第一七、一九〇四年、六五頁、『逓信省年報』第一八、一九〇五年、六一頁。

(28)『農商務統計表』第二二～三二次、一九〇七～一六年。

(29) 鉄道省編『国有十年』一九二〇年、二七五頁。

(30) 帝国鉄道大観編纂局編『帝国鉄道大観』運輸日報社、一九二七年、第三編、六九九頁、鶴見祐輔『後藤新平』第三巻、勁草書房、一九六六年、一五〇～一五一頁。国有鉄道の資材購入額（国内注文のみ）にしめる「随意契約」による購入額シェアは、一九〇六年度の二一・六％から〇七年度の五八・二％、〇九年度の七四・四％に上昇した（『鉄道作業局年報』一九〇〇～〇五年度版、帝国鉄道庁『帝国鉄道庁年報』一九〇六、〇七年度版、鉄道院編『鉄道院年報　国有鉄道之部』一九〇八、〇九年度版）。

(31) 一九〇七年に各地方の鉄道管理局長と出張所長は一〇〇〇円以内（鉄道管理局長は一九〇八年に五〇〇〇円以内、一二年に一万円、出納局長は〇八年に一〇〇〇円以内に変更）、営業事務所長は五〇〇円以内の資材購入を許可されていた（『帝国鉄道大観』第三編、六九九頁）。

(32)『帝国鉄道大観』第三編、六九九頁。

(33) 日本枕木協会『まくらぎ』一九五九年、八頁。

(34)『日本国有鉄道百年史』第七巻、一九七一年、六四三頁、日本枕木協会『まくらぎ』八頁、冨山清憲「鉄道用品」鉄道研究社『経理・会計・用品・調査』一九三四年、五一～五七、六九～七一頁。

(35) 山田彦一「鉄道枕木に就て」『岐阜県山林会報』六号（一九一一年二月）、一六～一八頁、「森林荒廃の恐怖　鉄道枕木の影響」『横浜貿易新報』一九〇九年一〇月九日。

(36) 一九〇八年の長谷川糾七の所得税、営業税は各々一五〇一円、七五二円で、一六年に愛知電鉄、明治銀行、名古屋電灯の株式を計一〇五五株所有していた。〇八年の鈴木摠兵衛の所得税、営業税は各々三八三八円、六一一円であった（交詢社編『日本紳士録』第一三版、一九〇九年、ダイヤモンド社編『全国株主要覧』一九一七年版、五四頁。鈴木摠兵衛の活動については、鈴木恒夫・小早川洋一・和田一夫『企業家ネットワークの形成と展開』名古屋大学出版会、二〇〇九年、三〇五～三〇七頁を参照。

(37)『岐阜新聞』一九九五年一二月三日（小林三之助インタビュー記事より）。
(38)由井常彦編『与志本五十年のあゆみ』与志本林業株式会社・与志本合資会社、一九六一年、四四〜四五、六八〜七〇、九四〜九九、一〇九〜一一九頁。
(39)冨山「鉄道用品」二一〜三六頁。
(40)吉次利次『国鉄の資材』一橋書房、一九五一年、九八頁。
(41)一九一三年九〜一〇月の調査によると、所得税および営業税は、長谷川鏡次が九二円、三三二円、富士田寅蔵が三四五円、四七〇円、永田金三郎が三三円（営業税は不明）で、大湊木材株式会社設立にたずさわったその他の木材商も比較的規模の大きな者が多かった（交詢社編『日本紳士録』第一八版、一九一四年）。
(42)一九〇九年度に青森大林区署は、鉄道院納入用枕木一七万挺を県内四ヵ所の製材所で製材した（青森県史編さん近現代部会編『青森県史』資料編近現代二、二〇〇三年、三八八〜三八九頁）。松波秀実『明治林業史要』後輯、大日本山林会、一九二四年、八九〇〜八九二頁、長谷川木材工業株式会社・丸長木材株式会社『長谷川鏡次商店八拾年史』一九六七年、九九〜一〇〇頁、林業発達史調査会編『日本林業発達史』上巻、林野庁、一九六〇年、四一五〜四一八頁。
(43)『名古屋商業會議所月報』八三号（一九一三年一二月）、小舘狐芳述『ヒバ材昔ばなし』私家版、一九五九年、三八頁、日本交通協会編『国鉄の回顧』日本国有鉄道総裁室文書課、一九五二年、三九頁、名古屋木材組合創立百周年記念誌編纂委員会編『二十一世紀への年輪』名古屋木材組合、一九八四年、一〇頁。
(44)『長谷川鏡次商店八拾年史』三〜一三頁、長谷木『長谷川家木材百年史』木材研究資料室、一九八八年、一九〜二二、四五〜四六、八五〜九三頁。桑名支店は一八九〇年に廃止された（『長谷川鏡次商店八拾年史』三九頁）。
(45)交詢社編『日本紳士録』第一五版、一九一一年。
(46)『長谷川家木材百年史』六三〜七五、一〇九〜一二一、一六一〜一七一頁。
(47)「長谷川支店経歴」（『長谷川鏡次商店八拾年史』三九頁）。
(48)『長谷川鏡次商店八拾年史』一九〜四〇、六五〜六六頁。
(49)例外的に、一九〇五年に小売販売額は前年より減少したが、純利益は三五〇〇円以上増加している。これは、軍需用材需要の急増により木材価格が高騰した日露戦時期に、東京支店がそれ以前に購入し貯蔵していた木材を海軍および陸軍へ納入した結果であると推察される。
(50)材摠木材株式会社材摠三百年史編纂委員会編『材摠三〇〇年史』材摠木材株式会社、一九九一年、小舘木材株式会社「営

業案内」出版年不明、小舘木材株式会社『営業報告書』第八～二二回、一九二七～四〇年。明治期の北海道では枕木生産に特化した木材商もいた（北海道庁第三部『北海道工業概況』一九〇八年、一一七～一一九頁）。

(51) 私鉄の枕木調達については不明であるが、鉄道省の枕木買入価格を基準に、木材業者と契約を締結して枕木を調達していたと考えられる（三田武治「日本国有鉄道の資材調達を続つて（座談会）」『公会計時報』二巻一八号、一九五四年一二月、七～八頁、吉次『国鉄の資材』三頁）。

(52)『鉄道院鉄道統計資料』一九一六～一九年度版。並枕木の平均購入単価は、購入額を購入数量で除して算出した。

(53) 鉄道院編『大正七年度鉄道院鉄道統計資料』経理、一九一九年、三頁。

(54)「枕木輸出状況数量七十万挺請負業者苦痛」『神戸又新日報』一九一八年一〇月一六日。

(55)「鉄道枕木購買　北管明年度六十万挺」『北海タイムス』一九一八年一二月二八日。

(56)「鉄道枕木購買　北管明年度六十万挺」、大蔵省主税局編『外国貿易概覧』一九〇六～二一年版、『日本国有鉄道百年史』第七巻、六四四頁。台湾の鉄道枕木も内地材が利用され、砂糖・肥料につぐ主要な船舶貨物であった（「台湾輸送木材競争結局山下汽船引受」『東京朝日新聞』一九二一年八月二四日）。

(57)「第五回（大正六年）支店長會議議事録（其七）」三井物産（三井文庫監修）『三井物産支店長会議議事録』一一（復刻版）、二〇〇四年、二二八頁、「北門事業界の権威　三井物産小樽支店の業況」『読売新聞』一九二一年一〇月二一日、林業発達史調査会編『三井物産株式会社木材事業沿革史』（林業発達史資料第七一号）一九五八年。

(58)「鉄道枕木購買　北管明年度六十万挺」、「枕木之大欠乏」『大日本山林会報』四四八号（一九二〇年三月）、四六頁。

(59)『日本国有鉄道百年史』第五巻、一九七二年、六四五頁。

(60)「鉄道材料購入　枕木軌條其他」『読売新聞』一九二四年四月二三日。一九二四年度の契約数は三六〇万挺で、このうち一〇～一五万挺を納入した枕木商は四名、その他に約三〇〇名の枕木商がいたという。

(61)「森林荒廃の恐怖　鉄道枕木の影響」、農商務省山林局『鉄道枕木』（山林公報第二二号号外）一九一〇年、二頁、「鉄道用枕木材欠乏」『東京朝日新聞』一九一三年三月二四日、松縄信太郎「『ブナ』枕木の擬心材に就いて」『鉄道時報』一五八〇号（一九三〇年一月一八日）、笠井幹夫「施薬枕木の矛盾」『土木建築雑誌』一〇巻九号（一九三三年九月）、二四頁。

(62) 鈴木市五郎『鉄道枕木需給状況』農林省、一九三八年、一～二頁、『帝国鉄道大観』第三編、五五七、五五九頁。

(63) 日本交通協会編『国鉄の回顧』三七頁、『鉄道枕木』九五～一〇二頁、木材保存史編纂委員会編『木材保存の歩みと展望』日本木材保存協会、一九八五年、一四、一七～一八、二九～三一頁、「鉄道枕木購買　北管明年度六十万挺」、「鉄道省経理局木材防腐工場現況（三）」『鉄道時報』一一五七号（一九二二年一一月一九日）、「鉄道業務調査概要」『東京朝日新聞』一九一〇年三月三〇日、『日本国有鉄道百年史』第五巻、六五五頁。

(64)『木材保存の歩みと展望』三〇～三四頁、南洋経済研究所編『内地に於ける米材用途目録』（南洋資料二〇九号）一九四三年、四、七～一二頁、鉄道省敦賀建設事務所編『小浜線建設工事概要』一九二三年、二六頁、鉄道省大分建設事務所編『日豊北線建設概要』一九二四年、三四頁。

(65) 上村義夫『枕木改善の急務』鉄道省工務局枕木改善委員会、一九三五年、二頁、「枕木劣化の聲に対し画期的大調査完成」『鉄道時報』一九二五号（一九三六年八月二九日）。

(66) 冨山「鉄道用品」二一～二八頁、松縄「『ブナ』枕木擬心材に就て」。鉄道国有化直後の防腐枕木購入率は、約一〇％であった（『鉄道枕木』一二〇～一二二頁）。

(67)『日本国有鉄道百年史』第七巻、四六七～五一四頁、「鉄道の減収で用品購入取止め」『読売新聞』一九三〇年一〇月三〇日。

(68) 平山孝・富川福衛『鉄道会計』春秋社、一九三六年、一九～六七、一〇七～一一一、一三一～一三三頁、河合好人「鉄道会計」鉄道研究社『経理・会計・用品・調査』、一五三～一五六頁。

(69) 資材購入費全体にしめる枕木の割合は、一九二九年に六・三％、三一年に五・三％であったのに対して、石炭は二九年度の二六・四％から三一年度には三七・八％に上昇した。三〇年度に資材購入が一部中止された際には、枕木契約数量六〇〇万挺のうち未納であった一三〇万挺の購入が中止された（「鉄道の減収で用品購入取止め」）。

(70)「鉄道の減収で用品購入取止め」、「鉄道枕木の暴落」『鉄道時報』一六二三号（一九三〇年一一月一五日）、日本枕木協会『まくらぎ』七頁、日本交通協会編『国鉄の回顧』三九頁、日本枕木協会『二十年の歩み』一九六五年、五～六頁。

(71) 由井編『与志本五十年のあゆみ』一〇二～一〇六頁。

(72)『鉄道省鉄道統計資料』一九二〇～二五年度版、『鉄道統計資料』第一編、一九二六～三〇年度版、『日本国有鉄道百年史』第七巻、六四五頁。

(73) 日本枕木協会『二十年の歩み』五～六頁。指定枕木商の増加により適材不足を緩和できた可能性はあるが、三〇〇名以上の指定枕木商の数をさらに増加させて契約交渉を繰り返すことは容易ではなく、また鉄道省の枕木需要量が飽和点に達した三〇年代以降において、一人当り契約数量の減少は鉄道省への枕木納入のインセンティブの低下につながったと考えられる。

(74) 上村義夫「名鉄の枕木座談会記録を通覧して」『鉄道時報』一九二二号（一九三六年八月一日）。

(75) 一九三七年度の鉄道省の枕木購入量のうち、クリとヒノキは各々三・七％、四・二％にすぎなかった（南満州鉄道株式会

社『日本並満州ニ於ケル鉄道枕木需給概況』満鉄調査部、一九三九年、二一～三頁）。
(76)『日本国有鉄道百年史』第九巻、一九七二年、六四三、六七八頁。
(77) 鈴木『鉄道枕木需給状況』四～五頁、「枕木劣化の聲に対し画期的大調査完成」。その他の鉄道局管轄内における防腐枕木敷設率は、名古屋四二・六％、大阪五一・六％、広島四九・七％、門司四五・九％、仙台二二・九％、札幌一一・一％であった。
(78)「名鉄工務課保線掛主催の施薬枕木に関する座談会（六）」『鉄道時報』一九三〇号（一九三六年一〇月三日）。
(79) 小舘木材株式会社『営業報告書』第一四～一九回、一九三三～三八年。
(80) 日本枕木協会『まくらぎ』四頁。

# 第3章　電信事業の発展と電柱

電信にかんする研究は、一九六〇年代以降政治的・軍事的側面からの考察を中心にすすめられてきたが、[1]一九八〇年代になると経済発展と情報の関係に関心があつまるようになった。なかでも、電信・電話・郵便の制度の発展[2]と利用数およびその社会的影響や地域差、[3]産地や企業活動における電信・電話利用[4]などが明らかにされ、こうした経済的な実証研究を通じて「情報の経済史」[5]という新たな研究領域が開拓された。一方、電信・電話線路の建設や関連資材にかんしては、通信機器の製造・調達を考察した研究[6]や道路占有問題との関連で電柱を取り上げた研究[7]もあるが、都市史[8]や電力業の研究[9]においても、電線の建設・改修用資材の調達や利用についてはほとんど明らかにされていない。

電信事業において木材は、電信柱、支柱、腕木のほか電信取扱所の建設などに利用された。とくに電信柱としての需要は大きく、電信線路の新設建設では、電柱費は総工事費の五〇%に達することもあった。[10]本章では、逓信省の電信・電話事業および電力業にかんする統計・雑誌資料や木材防腐会社の関係資料などを利用し、電信事業における木材の主要な用途であった電信柱の利用を、電話柱と電気柱の利用にも注意をはらいながら明らかにする。

## 1 電柱消費量の推移

図3-1は、一八六九〜一九四五年度の電信柱、電話柱、電気柱（電力用・電燈用）の年度末現在の使用本数をしめしている。電信柱と電話柱は逓信省の建設・所管によるもの、電気柱は電力・電燈会社が建設し、逓信省の管轄下にあるものの合計値で、このほかに鉄道省や警察の建設および私設の電信柱・電話柱・電気柱があったが、一九三〇年代後半の調査[11]などから判断すると、図3-1の電柱数は電柱総数の八〇％以上をカヴァーしていると考えられる。使用された電柱規格や柱間距離は官庁や企業によって異なったが、逓信省の場合、電信線二〜八本の架設には長さ二〇〜二二尺（六〜七メートル）、直径四・五寸（一四〜一五センチメートル）の丸太が、電信線一二〜三六本の架設には長さ二四〜三四尺（七〜一〇メートル）、直径五〜六・五寸（一五〜二〇センチメートル）の丸太が、四五〜六五メートル間隔でたてられた。[12]建設後の電柱は、主に腐食が原因で取り替える必要があったため、建設用の電柱需要だけではなく、改修用の電柱需要も電線の延長距離に比例して増加した。図3-1は年度末現在の電柱使用本数をしめしているので、電柱数の増加は建設用電柱の消費量の増加を意味し、電柱数が一定であることは改修用電柱が継続して消費されたことを意味している。

電信ネットワークの整備は、官営方針のもと外資を排除して早期にすすめられた。一八六九年の東京—横浜間の公衆通信取扱の開始以降、七一年に東京—長崎間、東京—青森間の電信線路の建設が着工され、七五年には九州から北海道までの電信線路が開通した。財政的制約はあったものの受益者負担による電信網の整備もすすみ、八〇年代には主要地間の電信ネットワークが形成され、それ以降は支線の拡張や整備が中心におこなわれた。電信柱の年度末現在使用数は、七〇年度の一三三七本から九〇年度に二二万六二七〇本に増加し、一九一一年度には五五万本を凌駕した。一方、電話は、一八七〇年代に佐渡や足尾などの鉱山電話や警察電話などが利用されて

**図3－1　電柱数（年度末現在）、1869～1945年度**

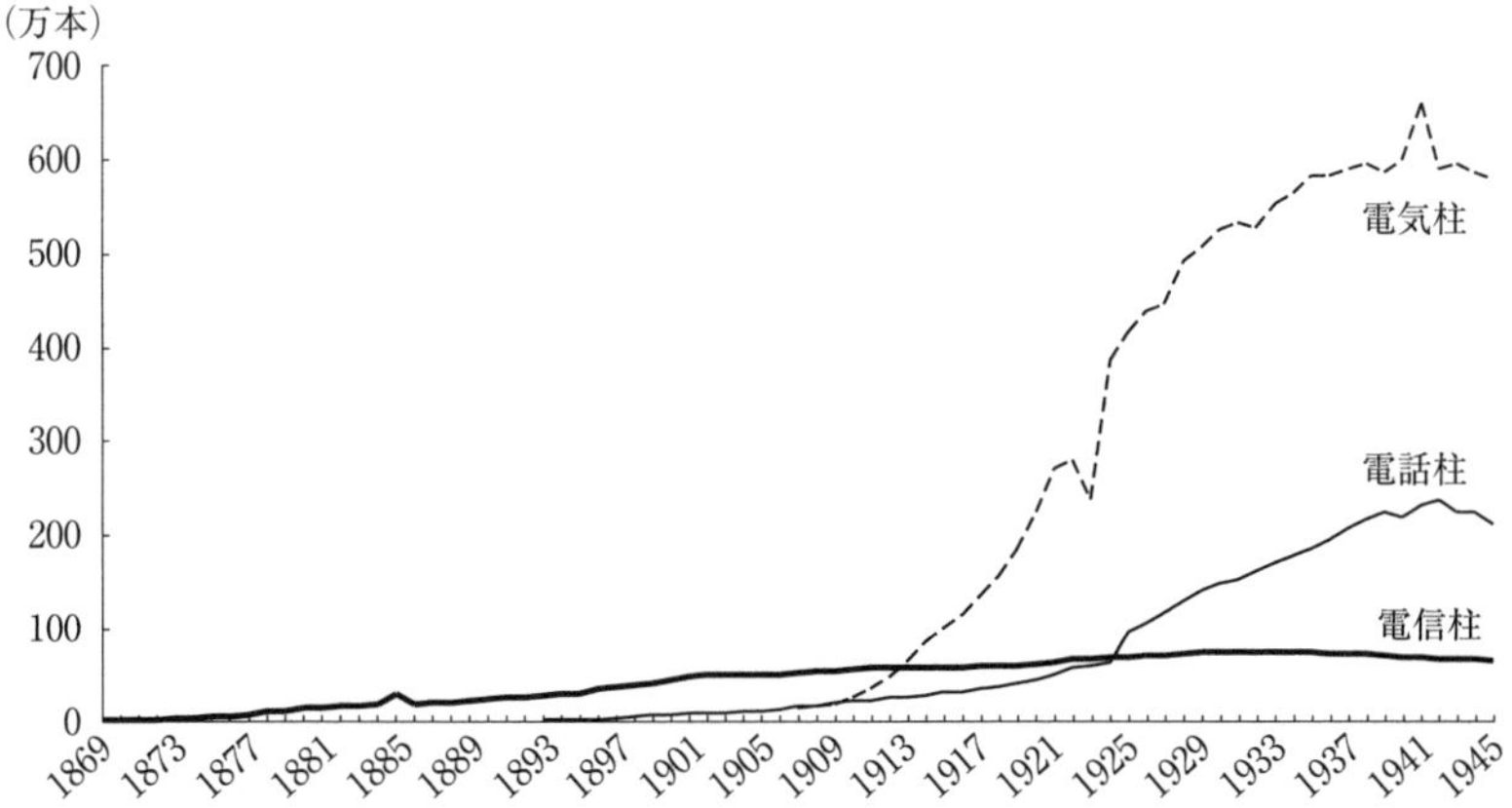


注：電信柱・電話柱は支柱もふくむ（1936年度以降の支柱数は、前年度までの本柱と支柱の比率をもとに、本柱に各々3％、2.5％を乗じて算出した）。電気柱に支柱がふくまれているかは不明。1943、44年度の電信柱・電話柱数は、1942、45年度の平均値。

資料：逓信省『逓信事業史』第3巻、1940年、449～452頁；逓信省通信局編『通信統計要覧』1898～1939年度版；逓信省工務局編『工務統計要覧』1947年度版、通商産業省公益事業局編『電気事業要覧』第35回、1953年より作成。

いたが、九〇年に逓信省の管轄となった。日清戦後に実施された第一次電話拡張計画は、財政的制約から規模が縮小されたものの、加入者負担の特設電話制度の適用が小都市から中規模の都市に拡大され、また日露戦後には第二次拡張計画が実施され、電話ネットワークの拡張とともに電話柱の消費量が増加した[13]。

こうして二〇世紀初頭までは電信柱と電話柱が電柱市場の八〇％以上をしめ、とくに電信柱は中心的位置にあった。しかし、日露戦後の大規模水力発電と長距離高圧送電の開始による配電網の拡大にともなって、電気柱消費量が急速に増加した[14]。第一次大戦期には、第三次電話拡張計画の実施により電話柱の需要が増加したが、一方で電燈需要にくわえ、石炭価格の高騰から産業用動力エネルギーとしての電力需要が増加し、電気柱の年度末現在使用数は一九〇七年の一三万本から二〇年には二二二万本に急増し、第一次大戦期を契機に電柱市場における電信柱・電話柱と電気柱の位置が入れ替わった[15]。大戦後には、第三次電話拡張計画の継続により電話柱の消費量が増加したが、電気柱消費量はそれを上回る勢いで増加し、二〇年代末には年度末使用数が電話柱の約三・五倍、電信柱の約七倍に相当する五〇七万本に達し、電柱市場の約七〇％をしめた。

以上のように、電信ネットワークが比較的早期に整備されたために、一九一三年度以降の電信柱の年度末現在の使用数は五六万本から七四万本への緩やかな増加にとどまり、日露戦後からは電信柱総数の約五〜八％に相当する量が、主に改修用として消費されたと考えられる[16]。

## 2　電柱市場の拡大と防腐電信柱の利用

電柱には、少なくとも樹齢三〇〜四〇年の真っ直ぐなスギ丸太が多く利用された。スギの他にはヒノキやマツなども利用されたが、ヒノキはスギよりも一五〜二五％高価格で、またマツはスギより湾曲が多かったので、一九一九年の調査によるとスギが電柱市場の約八〇％をしめていた[17]。電柱用材は、建築用材や土木用材（杭用丸太）などと競合関係にあったものの、需要者間で異なる規格におうじて伐採されたため、伐採後、その他の用途に転用されることはほとんどなかった。また規格に適した立木を選定しても、ヒビ割れ・腐食のほか製造・運搬過程における不良品の発生により、立木の段階から最終的に電柱として利用できたのは六〇％にみたず[18]、電柱用材の供給制約は小さくなかった。

初期の電信線路の建設に利用された木材がどのように伐り出されていたのかについては不明な点が多いが、おそらく鉄道枕木と同様に、官林が利用されていたと考えられる。一八六九年の東京—横浜間の電信線路の建設では、イギリス製の鉄柱とあわせて五九三本の電信柱が利用された。その後の電信線路の建設は急速にすすんだが、鉄道建設が十分に進展していない状況下で電柱用材を切り出せる山林はかぎられており、電信線路の建設付近の山林からは電信柱に相応する木材が急速に減少した。そのうえ電信柱の耐久年数はわずか七～八年であったため、工部省は電信柱の下部を焼き、その上に松脂を塗布して耐久年数を延長しようとしたが、効果はほとんどなかった。[19]

そのため工部省は、一八七九年に東京―甲府間の電信線路の建設において、硫酸銅（丹礬《たんばん》）を注入した防腐電信柱を試験的に利用した。その結果が良好であったので、翌年には硫酸銅注入電信柱の採用を決定し、生産を開始した。工部省の硫酸銅注入電信柱の生産量は、八〇年度に二一八六本で、電信事業の管轄が工部省から逓信省に移行した八五年度には二万七四〇〇本に増加した。しかし、硫酸銅の注入は、立木の伐採後二四～七二時間以内におこなわなければならなかったので、電柱用材を供給できる山林が限られたうえ、注入時期が樹液流動性が高く、しかも注入液の凍結しない四～一〇月に限定されるという難点があった。コークス製造の副産物であるクレオソート油はこうした制約をうけなかったが、輸入に依存しなければならず、逓信省は硫酸銅の注入装置を電柱用材の伐採地に移動させつつ設置して、伐採後の丸太に注入せざるをえなかった。[20]

一八九〇年の「会計法」施行以降、電信柱用の丸太は「一般競争入札」を通じて調達された。逓信省の電信柱や電話柱の入札は、官報や新聞で公告された後、同省の地方局で実施された。入札を担当したのは、おそらく一等郵便電信局（全国一八カ所に設置、一九〇三年四月～一〇年三月は一等郵便局、一等電信局）で、同局において管轄区域の電信・電話線路の建設工事や改修工事に必要な電信柱・電話柱や腕木などの入札が実施され、一九一〇年三月に当該業務は全国一三の逓信管理局（一三年六月に五逓信局、一九年五月に七逓信局に再編）に引き継がれた。[21]

たとえば東京郵便電信局は、一八九九年六月二日の『官報』に電柱用スギ丸太（二尺八寸～五尺）三五〇本の購買公告を掲載し、入札参加希望者は六月一七日の午前九～一一時に同局会計課に営業証明書と入札保証金とともに入札書を提出するように公示した。納入場所には、電信（あるいは電話）線路の建設予定区間であったと考えられる栃木県小金井ほか三カ所が指定された。[22]

**図3－2　種類別電信柱数（年度末現在）、1869～1939年度**

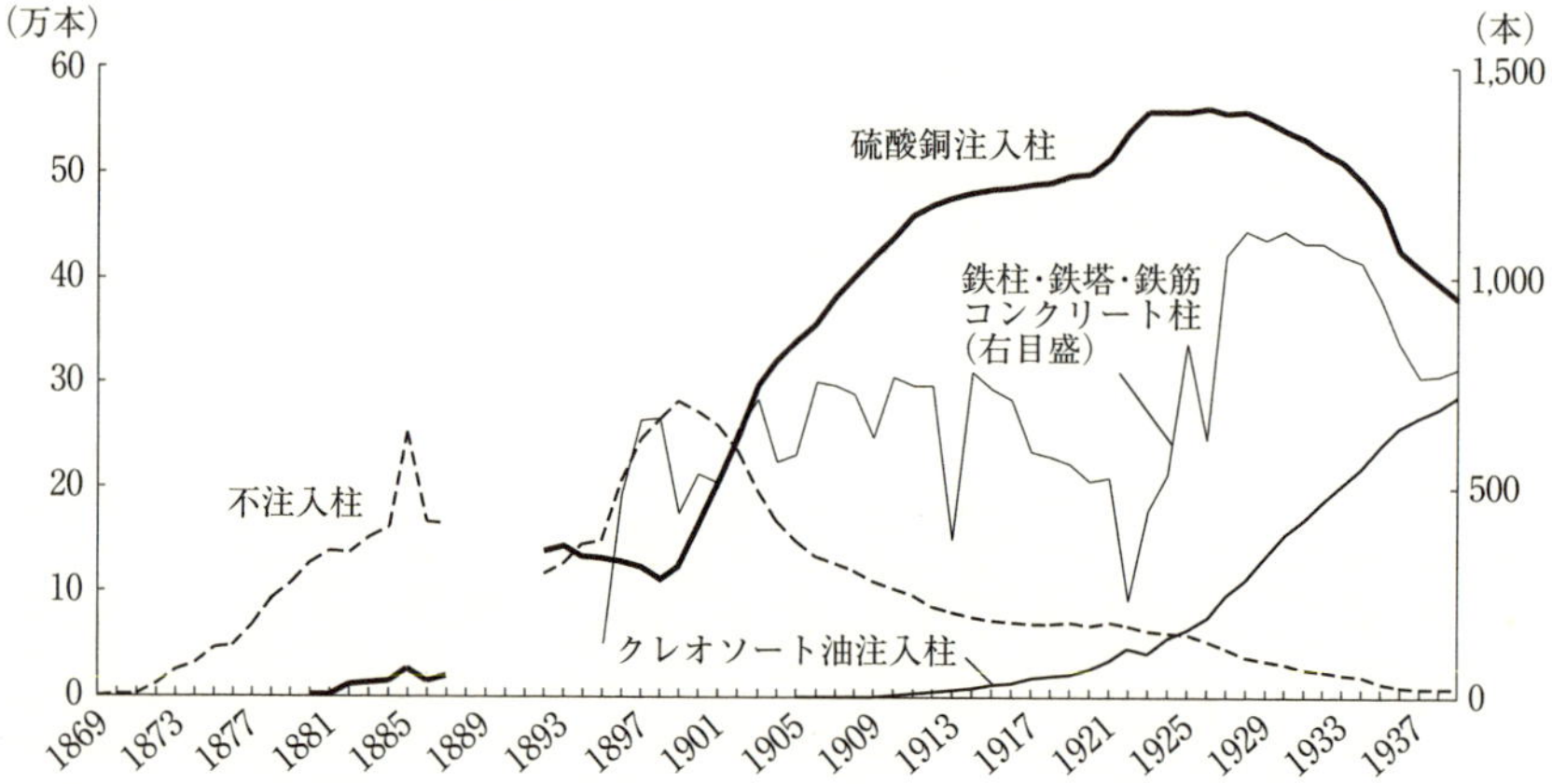


注：1935年度まで支柱をふくむ。不注入柱には立木をふくむ。1888～91年度は不明。
資料：『逓信事業史』第3巻、449～452頁；『通信統計要覧』1898～1939年度版より作成。

「一般競争入札」の実施によって電柱用材の供給可能な地域が一気に拡大したわけではなかったが、電信柱の価格は下落し、逓信省の電信柱用材の調達難は一時的に緩和されたと推察される。一八九三年頃から逓信省の硫酸銅注入電柱の利用数は緩やかな減少傾向をしめしており、逆に不注入の電柱用材の利用数は急増した（図3-2）。しかし、雨風や積雪などの損害による改修用の電信柱の需要は多く、[23] また第一次電話拡張計画の実施により電話柱の需要も増加すると、一八九九年以降ふたたび硫酸銅注入電柱の利用が急増し、伐採可能な地域からは良質な電柱用材が急速に減少した。逓信省は、「会計規則」に規定された入札参加条件（当該業務への二年以上の従事、および見積代金の一〇〇分の五以上の入札保証金と一〇〇分の一〇以上の契約保証金の納付）にくわえ、枕木の場合と同様に、一九〇〇年五月発布の「逓信省令第一九号」の適用により直接国税納付額を参加条件に追加し、入札参加者を資産規模の比較的大きな木材商に制限して電柱用材を確保しなければならなかった。また〇三年には電柱節約の訓示をだし、同省電気試験所（〇一年設置）で硫酸銅注入技術の研究を継続せざるをえなかった。[24]

日露戦後になると、大規模水力発電による長距離高圧送電が開始され、電力・電燈利用の拡大にともなって電気柱の需要が急増し、電柱市場は拡大した。電信柱と電話柱の電柱市場シェアは漸減したものの需要は減少しなかったので、逓信省は、硫酸銅注入経費は高額であったにもかかわらず、全国一〇〇カ所以上におよぶ硫酸銅の注入場所で電柱用材に硫酸銅を注入した。たとえば、一九〇七年度の逓信省の各地方局における電柱平均購入単価と硫酸銅注入経費は、長さ二二～二四尺（六・六～七・二メートル）、直径五・五寸（一六・五センチメートル）のスギ電柱の場合、各々四・一円、一・四円、長さ二四～二六尺（七・二～七・八メートル）、直径五・五寸（一六・五センチメートル）のスギ電柱の場合、各々六・三八円、二・一三円で、硫酸銅の注入経費は電柱用材価格の約三分の一に相当した。[25] また逓信省は硫酸銅注入用の良材を確保するために、〇八年五月発布の「逓信省令第二四号」を適用し、「逓信省令第一九号」で規定していた直接国税の最低納付額を引き上げて、電柱用材の入札参加条件を厳格化した。[26] 一方で逓信省は、日本防腐木材株式会社（〇二年設立）や東洋木材防腐株式会社（〇七年設立）でクレオソート油の注入が可能になったので、〇九年度以降はクレオソート油を注入した電信柱や電話柱も利用するようになった。[27] ただし、クレオソート注入電柱は、耐久年数が硫酸銅注入電柱の約二倍（一〇～二〇年）であったものの、硫酸銅注入電柱より高価格であったために需要は増加せず（図3-2）、また薬液の浸出による外観上の問題にくわえ皮膚炎を発症させるという問題もあった。

こうして電信・電話事業では、硫酸銅注入電信柱・電話柱の生産と利用が拡大したが、電力業においては硫酸銅注入、クレオソート注入のいずれの電気柱の利用もすすまなかった。電気柱に防腐処理がほどこされる場合には、腐食しやすい電柱の下部と頭部および腕木の接続部分にコールタールが塗布される程度であった。[28] 電力会社や電燈会社は、急増する電気柱の需要に対し、防腐処理能力やコストの問題から十分な防腐処理をほどこさずに木材を利用せざるをえなかったと考えられるが、需要者間で規格の異なる電柱は、売買当事者間で「特種の契約」が締結されたために一般木材市場のような相場は成立せず、[29] 電力会社や電燈会社が逓信省より安価に電柱用材を買い入れていた可能性もある。[30] また硫酸銅注入電柱の場合、不注入のものより価格は二～四割高であったのに対し、耐久年数は約二倍であったが、生産地域の制約が大きく緊急の需要に対応できなかったうえ、不十分な防腐処理から数年で腐朽するケースもあり[31]、こうしたことも電力会社や電燈会社の防腐電柱の利用の抑制につながったと考えられる。いずれにしても、逓信省は「電柱調製仕様書」にもとづいて防腐処理をほどこした電柱を利用し、第一次大戦前に逓信省管轄の電信柱と電話柱は、各々約八〇%、九〇%が防腐電柱になった[32]。

## 3 第一次世界大戦期における電柱価格の高騰

第一次大戦期には、電信柱の需要は一定であったものの、一九一六年度から第三次電話拡張計画が実施され、電話柱の需要が増加した。一方で石炭需要の急増により炭価が高騰した結果、産業用動力エネルギーの石炭（蒸気力）から電力への転換がすすみ、さらに電燈需要も増加したので、配電線の建設の進展にともなって電気柱の需要が増大し、電柱市場は拡大した。東京市や大阪市などの大都市では、市電の建設や電話ネットワークの拡充もすすんだために電気柱や電話柱が急増して電柱乱立問題が深刻化し、都市部を中心に電柱や電線の整理が交通および保安上の大きな課題となった[33]。

こうした電柱用材の需要の増加により、電柱市場は逼迫した。また大戦期にはその他の木材需要の増加も著しく、建築用材や土木用材などの需要増大の影響もうけて電柱用材の価格は上昇した。一九一七年には木材価格の上昇が顕著になり、逓信省では電信柱や電話柱の価格が前年度の五二%（支柱は九七%）も高騰し、資材不足と賃金暴騰による人員不足から電信・電話線路の建設計画の実施がむずかしくなった[34]。逓信省は、硫酸銅注入電信柱・電話柱の生産を継続せざるをえなかったが、木材生産地の奥地化にくわえて銅の国内需要が増加したために銅価格が高騰し、硫酸銅注入電柱の生産は停滞した。

一方、第一次大戦期には輸入が減少したクレオソート油の国内生産量が増加し、クレオソート注入電柱の利用が拡大した（図3-2）。東洋木材防腐は、大戦前にはクレオソート注入材の国内需要が小さかったために、主に台湾の製糖工場向けの輸移出用防腐枕木を製造・販売していたが、木材価格と海上輸送費の高騰および国内需要の拡大にともなって、国内向けクレオソート注入電柱の生産を拡大した[35]。クレオソート注入電柱は電力会社でも利用されはじめ、たとえば広島電気は、大戦前には山陽合名会社（一八八四年創立、一九二〇年に木材防腐部門を分離独立して山陽木材防腐株式会社）などの木材商から防腐処理をほどこしていない電気柱を購入していたが、大戦期には東洋木材防腐から防腐電気柱も購入するようになった[36]。こうして第一次大戦期の電柱用材価格の高騰とクレオソート油価格の相対的低下は、クレオソート注入電柱の利用拡大の契機となった。

## 4　防腐電柱と代替財の利用

第一次大戦後も、電力業の発展と市内電話ネットワークの拡張により電気柱と電話柱の需要は継続して増加し、電柱市場は拡大した。しかし、米材輸入量と樺太材移入量の増加により国内の木材市場は供給過剰となり、木材価格は低下した。輸移入材は電柱用材としても利用されたが、電柱用材と同樹種の国産材を利用した建築用材や土木用材（杭用丸太）としての利用が拡大したので、国内山林で減少しつつあった電柱用材の供給難は緩和された。

しかし、第一次大戦期の国内山林の急速な伐採により電柱用材の生産地はさらに奥地化し、伐採から注入までの時間的制約がある硫酸銅注入用の電柱用材を、短時間かつ経済的に搬出するのはむずかしくなった。一九二〇年代半ばに逓信省は、防腐処理事業を完全に民間に委託し[37]、同省の硫酸銅注入電信柱の使用数（年度末現在）は二一年度二四～二六年度の五四万本をピークに減少し、他方クレオソート注入電信柱の使用数（年度末現在）は二一年度の三万本から継続的に増加した（図3-2）。クレオソート注入電柱の生産は、タール製品の需要の変化によりクレオソート油価格が不安定なことや、二〇年代前半には硫酸銅注入電柱の六〇％高という欠点があったものの、硫酸銅のような伐採から注入までの時間的制約がなかったので、輸移入材の利用も可能であった[38]。広島逓信局のように、当初はクレオソート注入の電信柱や電話柱の利用を躊躇した地方局もあった[39]が、大戦後はクレオソート注入の電信柱と電話柱の利用数が全国的に増加した。

逓信省のクレオソート注入の電信柱と電話柱は、地方局で「指名競争入札」を通じて調達されたが、実際には納入実績をもとに納入者が決定され、木材防腐業者間で習慣的に割当協定ができていたという[40]。しかし、第一次大戦期のクレオソート注入材の需要の増加をうけて、大戦後には山陽合名会社のように新たに木材防腐事業に参入する木材業者があらわれた。東京や大阪では東洋木材防腐や富士山商会など既存の防腐企業が地盤をきずいていたので、山陽合名は広島電気を中心に名古屋逓信局にもクレオソート注入電柱を販売・納入するとともに、鉄道省への防腐枕木の納入もおこなった。山陽合名は、一九二三年には広島県山県郡加計町に出張所を開設し、同地域および愛媛県宇和島、山口県岩国地域からも木材を買い入れ、翌年には山口県萩市、宮崎県油津町、島根県隠岐、兵庫県網干町の木材商と契約して仕入網を整備した[41]。

こうしてクレオソート注入電柱の生産量は増加したが、第一次大戦後の電力業においてはクレオソート注入電柱の利用はほとんど拡大しなかった。電力会社や電燈会社にとって、一九二〇年代以降も需要が急増した電気柱に十分な防腐処理をほどこすのは困難であった。電力・電燈会社は、電気柱の腐食しやすい部分にのみクレオソート油を塗布し、頭部や腕木の接続部分が腐食した場合は新しいものと取り替えたが、根本が腐食した場合には腐食部分を削り取って再度クレオソート油を塗布し、さらに支柱を設置して耐久年数を二～三年延長した[42]。また国内山林において電柱適材は減少していたにもかかわらず、輸移入材の増加による木材価格の低下（前掲図1-6）が、電力業におけるクレオソート注入材の利用の抑制をもたらした。たとえば、関東や関西における不注入電柱（長さ六・五〜七・二メートル、直径一二〜一四センチメートル）の単価は、二三年の八〜九円から二九年には約半額に下落しており、[43] こうした状況下で「電力戦」を繰り広げていた電力会社がクレオソート注入電柱を選択する余地は少なかったと考えられる。その結果、電柱市場の七〇％以上をしめるようになっていた電気柱では防腐材の利用は拡大しなかったために、クレオソート注入電柱の需要は全体として伸び悩み、防腐電柱市場では「需要が供給を追いかけていた感」があったという。[44]

一九二〇年代後半になると木材防腐業者間の競争が激しくなり、三〇〜三二年の恐慌期には木材価格の低下にくわえてクレオソート油の価格も下落したので競争がさらに激化し、クレオソート注入電柱の価格は低下した。[45] 三一年度の東京逓信局の調査によると、クレオソート注入電柱、硫酸銅注入電柱、不注入電柱の標準価格は、長さ六・五メートル、直径一四センチメートルのスギ電柱の場合、各々六・〇円、五・九円、四・一円、長さ八メートル、直径一七センチメートルのスギ電柱の場合、各々一二・〇円、一三・〇円、九・〇円で、クレオソート注入電柱の標準価格は硫酸銅注入電柱の標準価格とほぼ同じかそれを下回るようになり、[46] 逓信省のクレオソート注入電信柱の使用数（年度末現在）は増加して、三二年度には一八万本を凌駕した（図3-2）。しかし、木材価格も継続して下落し、また二九年三月と三二年五月の木材の関税改正で、電柱用材や杭木に利用された米マツ長丸太の税率が低率あるいは無税になったので、電力業ではクレオソート注入電柱の利用がすすまず、三〇〜三二年の電気柱消費量にしめるクレオソート注入電柱の割合は、推計で二五％程度にとどまった。[47]

こうした電柱利用の変化と並行して、一九二〇年代には鉄鋼材価格の下落により鉄柱・鉄塔・鉄筋コンクリート柱の建設数が増加した。第一次大戦期には電信線・電話線・送電線が蜘蛛の巣状に張り巡らされるようになり、都市部では電線の過重が保安上の問題になっていた。とくに関東大震災後から二〇年代後半にかけて鉄柱・鉄塔・鉄筋コンクリート柱の建設がすすめられたが、すでに新設工事がほぼ終了していた電信事業では、鉄柱・鉄塔・鉄筋コンクリート柱の利用数は二三〜二七年に倍増したものの、一〇〇〇本程度にとどまった[48]（図3-2）。電力業においては二二年度の三万本から三〇年度の二六万本に急増したが[49]、それでも電気柱全体の五%にみたず、電気柱用材の需要はそれを上回る勢いで増加した。また都市の美観の視点から電線の地下化も推進されたが、莫大な工事費がかかるため、電信線路の地下化については東京—横浜間や名古屋—神戸間をのぞいてほとんどすすまず、地下ケーブルの延長は電信線路全体の一~二%にとどまった[50]。こうして木材の代替財の利用や電線の地下化は、電柱用材の大幅な需要の減少にはつながらなかった。

## 5　電柱用材不足の深刻化

一九三三年以降、経済の回復とともに木材需要が増加し、国産材の伐採量が急増した。電柱用材や建築・土木用材に利用された長丸太は、輸入関税引上げの対象外にされていたが、三三年六月に朝鮮産カラマツの保護を目的に米マツ長丸太の一部に課税されることになったために輸入量が減少し、電柱用および建築・土木用の国産スギの需要が増加した。また樺太における森林資源の減少にともない、樺太材(エゾマツ・トドマツ)の内地移入量が減少したため、樺太材を主要な原料としていた製函材や包装用材の一部にスギが利用されるようになり、電柱市場に影響をおよぼした。電信柱については、三〇年代半ば頃には防腐剤不注入柱の注入柱への置換えはほぼ終了し、需要は減少傾向にあったが、電話柱や電気柱の需要は増加し、大分、宮崎、和歌山、栃木、群馬、茨城、兵庫、静岡などの山林を中心に各地で電柱用材が伐り出された[51]。

電柱用材の価格は継続して上昇し、一九三六年に逓信省は硫酸銅注入電柱の一部をのぞく電信柱と電話柱の入札を中央(本省)で実施し、購入価格の引下げをはからざるをえなくなった。この変更は、同年から開始された電話事業の一〇カ年計画[52]への対応とも考えられるが、硫酸銅注入電柱の購入量の減少によりはじめて可能になったと推察される。硫酸銅注入電柱は、注入の時間的制約や防腐工場の処理能力の問題などにより、地方局における入札の実施以外に安定的に調達することはむずかしかったと考えられる[53]。

また電柱用材の価格の高騰を背景に、電力会社や電燈会社もクレオソート注入の電気柱の利用を拡大せざるをえなくなった。一九三〇年代半ばには、クレオソート油の価格が二〇年代前半の半分以下に低下していたことも防腐電気柱の利用拡大につながり、電気柱消費量にしめるクレオソート注入柱の割合は、三〇～三二年の約二五％から約三五％に上昇した。たとえば、東京電燈とならび電気柱使用数の多かった東邦電力は、二九年以降にクレオソート注入の電気柱の利用を開始し、三六年には同社のクレオソート注入電気柱の利用率は、同社の営業地域であった関西地方と九州地方で各々約四四％（二三万本）、八一％（一三万本）に達した[54]。

こうして電柱用材の不足が懸念されるなかで、クレオソート注入電気柱の利用の拡大により、電柱市場の防腐電柱の割合が上昇した。一九三〇年代半ばにクレオソート注入の電信柱・電話柱・電気柱の年間生産量は合計約四〇万本（大阪以西地域二五万本、名古屋以東地域一五万本）にのぼり、三六、三七年頃には年間所要量八〇万本のうち四八万本（六〇％）をクレオソート注入電柱がしめた。しかし、早くから防腐電柱を利用していた逓信省では、年度末現在使用本数に対する改修用電柱の割合は一・九％にとどまったものの、防腐電柱の利用開始が遅かった電力会社や電燈会社では七・四％と高く[55]、電気柱需要の継続的増加は電柱市場を逼迫させた。三〇年代後半には木材と鉄鋼材の価格の上昇により、鉄柱より鉄鋼材消費量が少ない鉄筋コンクリート製電柱の需要が増加したが、量産はむずかしく[56]、電信柱の需要は一定であったものの、電柱市場では良材の減少と供給不足が進行した。

以上のように、電信事業の発展にともなって電信柱の利用がすすみ、さらに電話柱や電気柱の利用も拡大した。電信事業の発展により、とくに明治前期に山林負荷が高まり、また電気柱需要が急増した日露戦後には、電柱市場が急速に拡大して国内山林における電柱用材の伐採が進行した。電柱消費量の用材消費量にしめる割合は三〜五％（うち電信柱一〜二％）程度であったが、真っ直ぐな良材が需要されたので、電柱用材の賦存量の減少は速かった。電信柱と電話柱は良材の減少に直面して早くから防腐処理がほどこされたものの、電柱需要が急増した電力業においては防腐電柱の利用は拡大せず、競合関係にあった建築用材や土木用材をふくめた輸移入材の利用がなければ、枯渇を回避することはむずかしかった。

## 注

（1）村松一郎・天澤不二郎編『運輸・通信』（現代日本産業発達史二二）交詢社、一九六五年。

（2）逓信省編『通信事業史』全七巻、一九四〇年、郵政省編『続逓信事業史』全一〇巻、一九六〇〜六三年、日本電信電話公社編『電信電話事業史』全七巻、一九五九年、郵政省編『郵政百年史』逓信協会、一九七一年など。このほか日本電信電話公社の地域別社史（一九五八〜七三年）もある。

（3）杉山伸也「明治前期における郵便ネットワーク」『三田学会雑誌』七九巻三号（一九八六年八月）、杉山伸也「情報革命」西川俊作・山本有造編『産業化の時代』下（日本経済史五）岩波書店、一九九〇年、杉山伸也「情報ネットワークの形成と地方経済」近代日本研究会編『明治維新の革新と連続』（年報近代日本研究一四）山川出版社、一九九二年、石井寛治『情報・通信の社会史』有斐閣、一九九四年、田原啓祐「明治前期における郵便事業の展開とコスト削減」『社会経済史学』六七巻一号（二〇〇一年五月）など。

（4）大森一宏「明治後期における陶磁器業の発展と同業組合活動」『経営史学』三〇巻二号（一九九五年七月）、佐々木聡・藤井信幸編著『情報と経営革新』同文舘出版、一九九七年、藤井信幸『テレコムの経済史』勁草書房、一九九八年、第Ⅱ部、中林真幸「大規模製糸工場の成立とアメリカ市場」『社会経済史学』六六巻六号（二〇〇一年三月）など。情報の流れる仕組みとしての制度に注目した議論として、古田和子「経済史における情報と制度」『社会経済史学』六九巻四号（二〇〇三年一一月）がある。

（5）杉山伸也「情報の経済史」社会経済史学会編『社会経済史学の課題と展望』有斐閣、一九九二年。

（6）長谷川信「通信機ビジネスの勃興と沖牙太郎の企業家活動」『青山経営論集』四二巻二号（二〇〇七年九月）、長谷川信「通信機ビジネスの勃興と沖牙太郎の企業家活動（続）」『青山経営論集』四二巻四号（二〇〇八年三月）、長谷川信「逓信省購買と企業行動の変化に関する実証分析」（科学研究費補助金研究成果報告書）二〇〇七年五月。

（7）北原聡「近代日本における電信電話施設の道路占用」『郵政資料館研究紀要』創刊号（二〇一〇年三月）。

（8）都市史研究は社会史的アプローチが中心で、経済史的アプローチからの研究蓄積は少ない。経済史的アプローチによる近年の研究として、大石嘉一郎・金澤史男編『近代日本都市史研究』日本経済評論社、二〇〇三年、小野浩『住空間の経済史』日本経済評論社、二〇一四年、山口由等『近代日本の都市化と経済の歴史』東京経済情報出版、二〇一四年などがあり、産業構造・人口動態・都市機能の変化や土地・住宅問題などが明らかにされている。

（9）橘川武郎『日本電力業の発展と松永安左ヱ門』名古屋大学出版会、一九九五年、橘川武郎『日本電力業発展のダイナミズム』名古屋大学出版会、二〇〇四年、栗原東洋編『電力』（現代日本産業発達史三）交詢社、一九六四年など。

（10）「電信電話用電柱数と其増加率、保存年限経過電柱数並に丈尺別単位価格」『電信電話学会雑誌』六号（一九一八年三月）、八二頁。

（11）貞清玄龜・坂巻菊治「供給上ヨリ見タル杉電柱ノ諸問題」（電気通信技術委員会第一部会 電柱及腕木ニ関スル件）一九三八年一月（郵政博物館資料センター所蔵資料）、一頁、木材保存史編纂委員会編『木材保存の歩みと展望』日本木材保存協会、一九八五年、五五頁。

（12）『逓信事業史』第三巻、四五三頁。

（13）以上、電信・電話線路の拡充については、杉山「情報革命」一四〇〜一四七頁、藤井『テレコムの経済史』第一、三章。

（14）電気柱の建設は、「電気工事規程」（一九一二年に制定され一九年に「電気工作物規程」に改正）にもとづいておこなわれ、高圧線を架設する送電線路の建設では、配電線路の建設に比較して鉄柱・鉄塔が利用されることが多かったが、木材価格が低廉でかつ鉄鋼材の運搬費が高額な場合には、木柱が利用された（電気工学会編『スチル氏架空電力輸送』一九二五年、二六四頁、大阪逓信局編『管内電気事業要覧』電気協会関西支部、一九三五年、一二六〜一四五頁）。

（15）電信線、電話線、電力線、電燈線が同一の電柱に架設されることもあったが、電力線による誘導作用への防止対策が必要で、電信柱や電話柱と電気柱の併用は限定的であったと推察される。一九一九〜一五年の建設電柱のうち、電信柱・電話柱と電気柱の併用数は全体の五〜七％であった。また台湾・朝鮮・樺太における電柱（電力・電燈、電信・電話）利用も多く、一九一九年現在の植民地をふくむ電柱使用総数四四五万本（ただし逓信省分はふくまない）の約四五％をしめた（農林省山林局『電柱ニ関スル調査』一九二三年、三八〜四〇、九二〜九三頁）。

(16) 一九三〇～三七年の電信柱所要量は、電信柱総数の約六％であった（『木材保存の歩みと展望』五五頁）。

(17) 『電柱ニ関スル調査』三、八～一九頁、飯塚清「電柱に関する質問」『大日本山林会報』三八五号（一九一四年一二月）、三七頁。電線をささえる腕木には、主にケヤキが利用された。

(18) 直径七～九寸（二一～二七センチメートル）の木材が生育する山林における調査による（貞清・坂巻「供給上ヨリ見タル杉電柱ノ諸問題」八～一一頁）。

(19) 日本電信電話公社東海電気通信局編『東海の電信電話』一九六二年、二三、二五頁、日本電信電話公社東北電気通信局編『東北の電信電話史』一九六七年、二三〇頁、『木材保存の歩みと展望』四八頁。

(20) 『電柱ニ関スル調査』五九～六〇頁、『東北の電信電話史』一二二頁、『木材保存の歩みと展望』四九頁、中野直信『架空電信電話線路建設学』上巻、東光書院、一九二一年、三五～四八頁。土地問題と設備移転経費の問題により、一九〇六年に大阪府における常設の硫酸銅注入工場の設置以降、移動式は少なくなった（『木材保存の歩みと展望』五一頁）。

(21) 「東京郵便電信局　購買入札」太政官文書局『官報』三八八六号（一八九六年六月一三日）、「高松郵便局　購買入札」『官報』七一九八号（一九〇七年六月二八日）、「仙台郵便局　購買入札」『官報』七一九九号（一九〇七年六月二九日）、「〔広告〕東京郵便電信局　物品購買広告　電柱用杉丸太」『朝日新聞』一八九六年五月二四日、「〔広告〕東京郵便電信局　電柱購買」『朝日新聞』一八九七年一一月一六日、「〔広告〕横浜電話交換局　物品購買広告」『朝日新聞』一八九七年一二月一一日、「〔広告〕仙台郵便局長　電柱外一点購買入札」『福島民報』一九〇七年六月三〇日（『東北の電信電話史』二二一頁）、「〔広告〕東京逓信管理局　杉電柱購買入札」『朝日新聞』一九一一年六月三〇日、「〔広告〕名古屋逓信局　購買電柱」『朝日新聞』一九二五年四月二五日など。

(22) 『官報』四七七四号（一八九九年六月二日）、三二頁。

(23) 逓信省編『逓信省年報』第二～一四、一八九一～一九〇三年。

(24) 「電柱倹約の訓示」『朝日新聞』一九〇三年一二月四日、『木材保存の歩みと展望』五〇、五一、一二四頁。

(25) 石川留三郎「毎年電信線路の修築を遺憾無く施工するには幾許の工費を要する乎」『通信協会雑誌』六号（一九〇九年一月）、三二～三四頁。

(26) 入札参加条件として、一口につき見積代金二〇〇〇円未満の場合は直接国税年額一〇円以上を新たに設定し、一口につき見積代金二〇〇〇円以上五〇〇〇円未満の場合は一〇円以上を二五円以上に、同じく五〇〇〇円以上一万円未満の場合は二〇円以上を五〇円以上に、一万円以上二万円未満の場合は五〇円以上を一五〇円以上に、二万円以上五万円未満の場合は八

○円以上を二〇〇円以上に、五万円以上の場合は一〇〇円以上を二五〇円以上の納税者に変更した（内閣官報局『法令全書』一九〇八年、省令、一八一〜一八二頁）。

(27)『逓信事業史』第三巻、四四七〜四四八頁。

(28)藤田経定『藤田電燈学』下巻、電友社、一九一二年、四四一頁、鯨井恒太郎『電力輸送配電法』電友社、一九一四年、二二四頁。

(29)『電柱ニ関スル調査』四〇頁。

(30)逓信省の電柱は、一般的な電柱よりも高品質であったという（「戦時型の電柱」『朝日新聞』一九三八年七月一四日）ので、電力・電燈会社は逓信省の電柱より低品質のものを安価に買い入れて利用していた可能性が高い。

(31)飯塚「電柱に関する質問」、『電柱ニ関スル調査』七五頁、中野『架空電信電話線路建設学』三〇〜三一頁。

(32)逓信省逓信局編『通信統計要覧』一九二一年度版、六六、八六頁。

(33)中野浩「東京市の電柱に就て」上・中・下『朝日新聞』一九一四年一二月一七、一八、二〇日、北原「近代日本における電信電話施設の道路占用」七〇〜七一頁。

(34)「電話拡張難」『河北新報』一九一八年九月一九日。

(35)東洋木材防腐株式会社『営業報告書』第一〜二八回、一九〇七年上半期〜二〇年下半期。

(36)山陽木材防腐株式会社編『創業四十年史』一九六一年、一〇頁。

(37)『木材保存の歩みと展望』一二四頁。

(38)『電柱ニ関スル調査』四三頁、南洋経済研究所編『内地に於ける米材用途目録』（南洋資料第二〇九号）一九四三年、一一頁。

(39)山陽木材防腐『創業四十年史』一八頁。

(40)山陽木材防腐『創業四十年史』八五頁。

(41)山陽木材防腐『創業四十年史』二三頁。

(42)東邦電力株式会社電気講習所編『電気技工員講習録』中巻、電気之友社、一九二五年、五一、八九、九五頁。

(43)『電柱ニ関スル調査』四一〜四三頁、逓信省「電信電話工事用地方購入物品及労力高低率算出根拠」一九三一年六月（NTT東日本情報通信史料センタ所蔵資料）。

(44)山陽木材防腐『創業四十年史』二〇〜二四頁。

(45) 日本木煉瓦株式会社『営業報告書』第二二回、一九三〇年上半期、山陽木材防腐『創業四十年史』二五頁。
(46) 逓信省「電信電話工事用地方購入物品及労力高低率算出根拠」。
(47) 萩野敏雄『朝鮮・満州・台湾林業発達史論』林野弘済会、一九六五年、一一一頁、日本米材輸入組合ほか編『日本米材史』一九四三年、三一五、三三五頁、『木材保存の歩みと展望』五五頁。
(48) 特定区間に限定されたものの電信線・電話線のケーブル化も、鉄柱・鉄塔・鉄筋コンクリート柱の利用の拡大を抑制するように作用した。電話線の場合、通常五〇～一〇〇線を架設し、それ以上になるとケーブルが利用されたが、電信線や市外電話に利用されるケースは少なかった（『電信電話事業史』第三巻、二〇四～二〇五頁、『通信事業史』第四巻、四二一頁）。また図3-1にはふくまれていないが、無線電信（空中線）用の六〇メートル以上の電柱（二〇〇メートル以上のものもあった）には、鉄柱・鉄塔・鉄筋コンクリート柱が利用され、六〇メートル以下の電柱には、数本の木材を縦につないだ継柱や小径材を鉄帯でしめつけた組立柱が利用された。一九三二年度末の無線電信用の電柱使用本数は、木柱三四三本、鉄柱・鉄塔一〇六本であった（日本無線史編纂委員会編『日本無線史』第二巻、電波管理委員会、一九五一年、二六五～二七六頁、『通信統計要覧』一九三二年度版、六八頁）。
(49) 逓信省電気局編『電気事業要覧』一九四三年、八〇～八一頁。
(50) 萩原古壽編『大阪電燈株式会社沿革史』大阪電燈株式会社、一九二五年、一四九、一五六～一五七頁、日本電信電話公社東京電気通信局編『東京の電信電話』上巻、一九七二年、三九四頁、『逓信事業史』第三巻、四三五～四三六、四五六頁。
(51) 貞清・坂巻「供給上ヨリ見タル杉電柱ノ諸問題」二、九頁、『日本米材史』三三七頁。
(52) 「電話民営案の検討」『読売新聞』一九三八年四月一四日。
(53) 一九三六年度に実施された中央での電柱の入札では、逓信省所要量一五万本をすべて山陽木材防腐が落札し、これにより習慣的につづけられていた木材防腐業者間の逓信省用電柱の地域的な割当協定はくずれた（山陽木材防腐『創業四十年史』八五～八七頁）。
(54) 『木材保存の歩みと展望』五五頁、東邦電力史編纂委員会編『東邦電力史』一九六二年、三七〇～三七一頁、山陽木材防腐『創業四十年史』二五頁、「日本コンクリート・ポールの企業価値」『東洋経済新報』一六一〇号（一九三四年七月）、二六～二七頁。
(55) 『木材保存の歩みと展望』五五頁、貞清・坂巻「供給上ヨリ見タル杉電柱ノ諸問題」一頁。
(56) 一九三四年に電力会社や電鉄会社の経営者が参加し、日本コンクリートポール株式会社（三二年設立の吉澤コンクリート工業所を継承）が設立された。この頃の鉄筋コンクリート電柱の価格は「概して高」かったが、長さ一〇～一二メートルの電柱であれば、木柱と鉄筋コンクリート柱の耐久年数を考慮した価格はほぼ同じで、長さがそれ以上の電柱の場合、鉄筋コンクリート柱の方が低価格になっていたという。また鉄筋コンクリート柱の製造に必要な鉄鋼材は、鉄柱の約一五分の一であった（「日本コンクリート・ポールの企業価値」、「再認識の要あるコンクリート・ポール」『中外財界』一二巻九号、一九三七年九月、一二七頁、大阪屋商店調査部『時局下の発展事業株』大同書院、一九三八年、一七八～一七九頁）。

# 第4章　九州炭鉱業の発展と坑木

炭鉱業にかんする先行研究には、炭鉱業を資本主義の発展段階と関連させて分析した隅谷三喜男の古典的研究がある[1]。隅谷の先駆的研究をふまえ、一九七〇年代以降には炭鉱労働[2]や炭鉱経営[3]の実証研究が積み重ねられ、財閥史研究においても炭鉱研究が進展した[4]。また、石炭の流通[5]やカルテル活動にかんする実証研究もすすめられ[6]、炭鉱業の展開が多面的に分析されてきた。しかし、炭鉱経営上必要不可欠であった資材の調達についてはこれまでほとんど明らかにされていない。

炭鉱業において木材は、坑木や炭車、炭鉱住宅の建設用材などに利用された。なかでも主要な木材用途は坑木で、坑木は戦前期の炭鉱経営において資材費の三〇~七〇%をしめた重要資材であった[7]。主要な産炭地は九州と北海道であったが、両地域は地理的にはなれており、地理的自然条件も異なったために坑木利用には相違がみられた。そこで、両地域の坑木利用を本章と次章にわけて考察することにし、本章ではまず九州に焦点をあて、三井文庫、三菱史料館、慶應義塾図書館、九州大学付属図書館付設記録資料館に所蔵される三井鉱山株式会社と三菱鉱業株式会社の会社経営資料・社史編纂資料、および坑木商であった高島商店の関係資料などを利用し、九州炭鉱業における坑木利用を明らかにする。

## 1　坑木消費量の推移

図4-1は、一八八〇～一九四五年の全国および九州の出炭量と坑木消費量の推移をしめしている。坑木は、地圧による折損や多湿による腐食が原因で頻繁に取り替える必要があり、採炭の進行によって切羽（採炭場）までの坑道距離が延長されるにつれて坑木消費量は増加した。全国出炭量は一八九〇年に二六二万トンであったが、九〇年代半ば以降は国内向け工場用炭や鉄道・船舶用炭の需要の増加と「財閥」系企業による筑豊炭田の積極的開発[8]によって継続的に増加し、一九一三年には二〇〇〇万トンに達した。第一次大戦期には、全国出炭量は一五年に一時的に減少したもののその後は増加に転じ、これに比例して全国坑木消費量は一五年の三六一万石から一九年の五六三万石に増大し、九州が全国出炭量の六七～七四%、全国坑木消費量の七八～八三%をしめた。

第一次大戦後の反動不況期以降、大手石炭企業は炭価の維持を目的にカルテルによる送炭・出炭制限を実施したため、出炭量は一九二〇年代に漸増したにとどまり、三〇～三二年には減少した。一方、坑木消費量は、石炭企業が生産費の低減を目的に合理化を推進したため、二〇～三二年に減少した。梅村ほか編『農林業』（長期経済統計九）をはじめとするこれまでの坑木消費量の推計では、二〇～三〇年の坑木消費量は出炭量におうじて増加傾向にあったとされるが[9]、これは出炭量と坑木消費量が比例して増加した一二～一九年の出炭トン当り坑木消費量にもとづいて算出されているためで、二〇年代の炭鉱における坑木利用の実態を反映していない。図4-1では、坑木消費量のデータが利用可能な松島炭鉱など一八の大手炭鉱における出炭トン当りの平均坑木消費量にもとづき推計し直したが、鉄製支柱の普及や坑木利用の工夫により坑木消費量は減少していた[10]。中小炭鉱は大手炭鉱に比較して合理化の進展が遅れ、坑内整備も進展していなかったので[11]、大手炭鉱ほど坑木消費量は減少しなかったと推察されるが、二五年以降は中小炭鉱の整理がすすみ、出炭量二〇万トン未満の炭鉱数は二〇年の一五

**図4－1　全国および九州の出炭量と坑木消費量、1890～1945年**

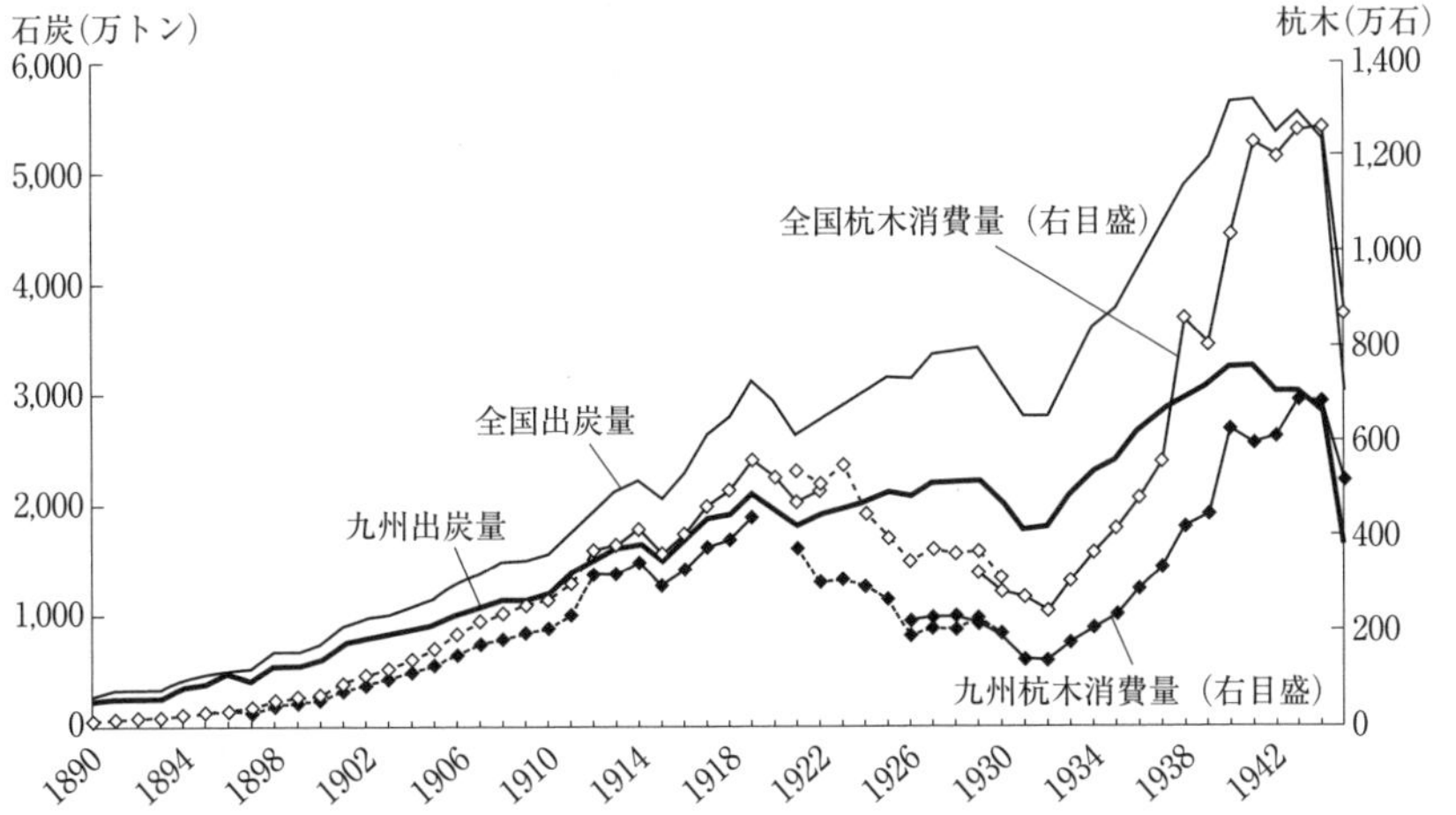


注：1929～45年の九州坑木消費量（実線）は、福岡鑛山監督局の管轄地域の消費量から九州地方以外の坑木消費量（出炭量の割合をもとに推計）を差し引いて算出した。1890～1911、21～30年の全国および九州の坑木消費量（点線）は推計値で、1890～1911年の全国および九州の坑木消費量は、1908年度の大之浦、田川、新入、明治、金田、御徳海軍、忠隈、豊國、三好、方城、岩崎の出炭トン当り平均坑木消費量より推計した。1921～30年の九州坑木消費量は、松島、杵島、岩屋、新原、大之浦、網分、豊國、赤池、明治、峰地の出炭トン当り平均坑木消費量より推計し、1921～30年の全国坑木消費量は、これらの九州諸炭鉱に北海道の諸炭鉱（夕張、幌内、砂川、三井美唄、三菱美唄、三菱芦別、雄別、釧路）をふくめた出炭トン当り平均坑木消費量より推計した。1石＝77才、1肩＝25才で換算した。

資料：通商産業省大臣官房調査統計部編『本邦鉱業の趨勢50年史』通商産業調査会、本編、1963年、194、208頁、続編、1964年、171、188～189頁；鈴木茂次『鉱山備林論』1924年、140～144頁；鈴木茂次「我国に於ける鉱山用材」『大日本山林会報』505号（1924年12月）、5～12頁；商工省鑛山局編『本邦鉱業ノ趨勢』1929～45年版；『筑豊石炭鑛業組合月報』5巻66号（1909年12月）、762頁；鉱山懇話会編『日本鉱業発達史』中巻、1932年、付表（第96表）；熊本営林局編『炭鑛と坑木』1932年、44頁より作成。

○（七九％）から二九年には五一（五二％）に減少した。出炭量についてみても、二九年には三池、大之浦、田川など出炭量五〇万トン以上の規模の炭鉱が全出炭量の四五％をしめ、これに新入、忠隈、方城など出炭量三〇万トン以上五〇万トン未満の規模の炭鉱をふくめた出炭量は全国出炭量の六六％に達していたことから、[12]中小炭鉱で坑木の節約が進展していなかったとしても、全体として坑木消費量は減少したと考えられる。

　一九三三年以降は景気の回復にともなってふた

たび石炭需要が増加し、全国出炭量は三三年の三二五二万トンから三七年には四五二九万トンに、全国坑木消費量は三〇六万石から五五八万石に増加した。この時期に九州は、全国出炭量の六三~六四%と、全国坑木消費量の五七~六〇%をしめ、北海道と比較して鉄製支柱の使用量が多かったために、出炭トン当り坑木消費量は相対的に少なかった。

## 2 坑木市場の拡大

### (1) 筑豊炭鉱業の発展と坑木市場の拡大

九州炭鉱業では、坑木用材に樹齢二〇~三〇年のアカマツ、クロマツなどの小径木(丸太)が利用され、九州・中国・四国地方の山林が主要な供給地になった。アカマツやクロマツは、これらの地域以外にも比較的広く分布したが、坑木用材は形状の特殊性から、パルプ用材や包装用材をのぞいて他の産業用材としての利用は限定的で、坑木市場は枕木用材や建築用材などに比較して相対的に独立性の強い木材市場であった。

九州における坑木用材の本格的な伐採は、明治初期に近代的な炭鉱開発がすすめられた高島炭鉱や三池炭鉱などの近隣地域の山林から開始された。高島炭鉱[13]は一八八一年に三菱の経営にうつり、八二年一一月に同鉱および同鉱長崎事務所に坑木係が設置され[14]、八〇年代前半には毎月三〇〇本程度の坑木を積んだ二〇数隻の運搬船が出入りした[15]。高島炭鉱では、九〇年代末に本格的な海底採炭が開始されると、海水の浸水により坑木の腐食が速くなり、トン当り坑木消費量は増加し、採掘はまさに「石炭と坑木の交換」状態であったという[16]。一方、三池炭鉱では、八九年の三井への払下げから九三年頃まで同鉱近隣の焼石や三池郡上内および今山のほか、八代、天草、佐敷などから、荷車・馬車および小規模な帆船・筏で坑木が運搬された[17]。しかし、九二~九四年頃に高島炭鉱が八代付近に出張所を設置し、坑木商に奨励金を付与して有明海沿岸の坑木を買い入れるようになると、従来三池炭鉱に納入されていた同地域産の坑木は、三池炭鉱より買入価格の高かった高島炭鉱へ納入されるようになり、三池炭鉱は坑木価格の値上げを余儀なくされた。その後、両炭鉱はこうした坑木価格の上昇を互いに回避するために、七尺五寸坑木は高島炭鉱が、六尺坑木は三池炭鉱が各々使用するという協定を締結した[18]。石炭の主力販売市場をアジア市場におく両炭鉱にとって、海外炭や遅れて進出してきた筑豊炭との競争力を維持するためにも、納屋制度や囚人労働による労働生産性の強化と労賃の低廉化にくわえ[19]、坑木を安価に確保することが重要な課題になった。こうして九州では坑木用材の伐採が進行し、坑木用材をめぐって炭鉱間の坑木入手競争が展開されたが、九〇年代半ば以降、三井や三菱など大手の「財閥」系企業が筑豊炭鉱業へ進出すると、坑木市場は大きく変化することになった。

一八九〇年代半ばの筑豊炭田には多数の零細炭鉱が存在し、貝島、安川、麻生などの「地方財閥」が鉱区を拡大したものの、経営規模の拡大とともに資金難に陥っていた。大手の「財閥」系企業は、こうした炭鉱の経営に参入し、なかでも筑豊への進出の早かった三菱は新入・鯰田・上山田・方城を、また三井は山野・田川を、古河は下山田・勝野・目尾の各炭鉱を各々譲り受けて鉱区を拡大し[20]、筑豊は全国出炭量の過半をしめる日本最大の産炭地に成長した。それにともない同地域では坑木需要が急増し、新たに二つの坑木供給ルートが形成された（図4-2）。

第一のルートは、中国・四国地方からの海運輸送によるもので、若松、黒崎、戸畑、宇島が集散地となり、とくに若松には帆船による大阪方面への石炭輸送の帰り荷として大量の坑木が輸送された。陸揚げされた坑木は、鉄道に積み替えられて筑豊諸炭鉱へ輸送され、一九〇〇年代前半における若松の坑木発送量は年間二〇万～二四万石にのぼった[21]。これは九州鉄道各駅の坑木発送量全体の三〇～四〇％に相当し、若松に黒崎、戸畑、宇島をくわえた四駅の坑木発送量の合計は、全体の五〇～六〇％をしめた[22]。第二のルートは、九州各地域からの鉄道輸送

図4-2　九州地方における坑木の流通略図

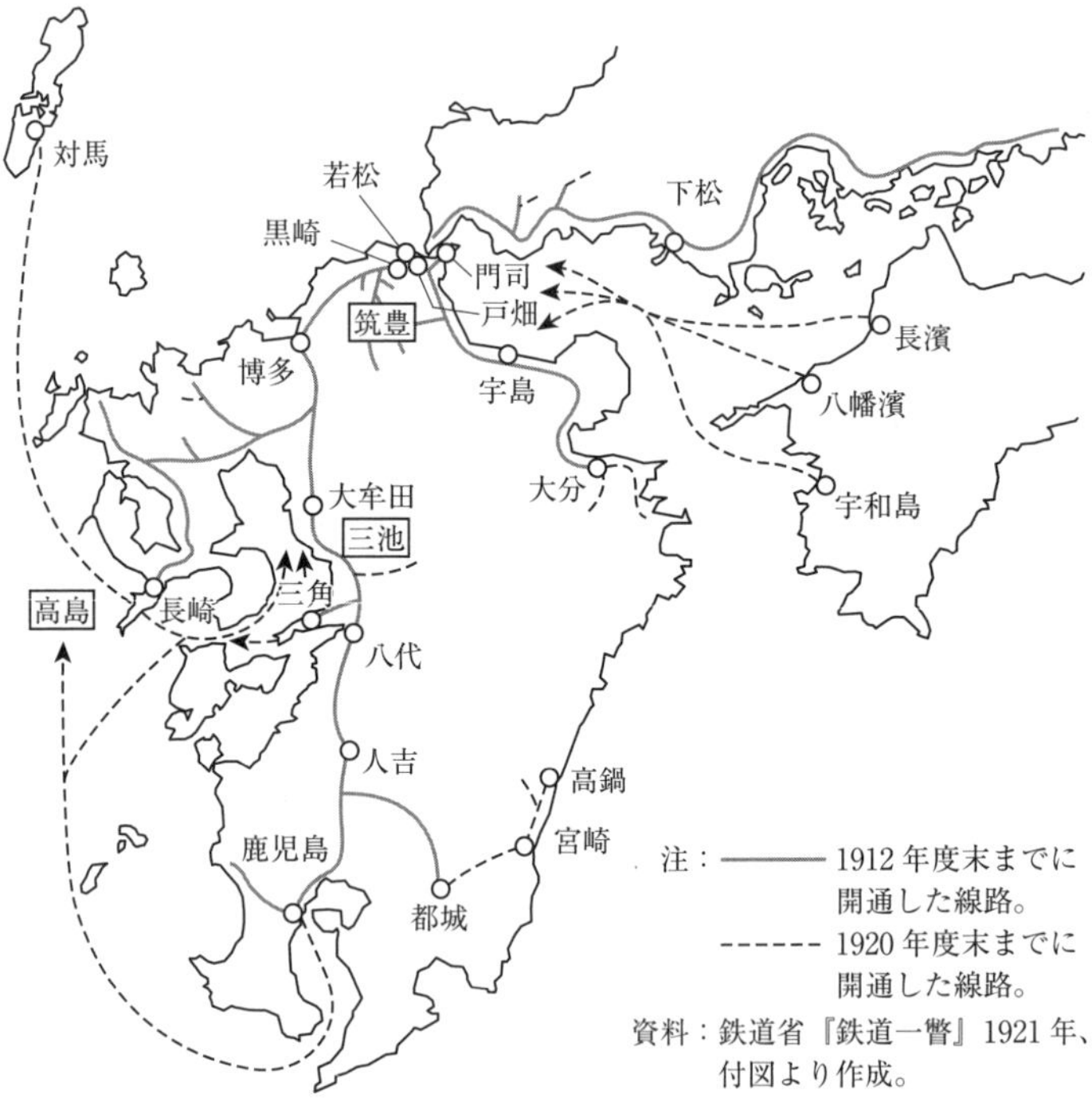


注：―――― 1912年度末までに開通した線路。
- - - - - 1920年度末までに開通した線路。
資料：鉄道省『鉄道一瞥』1921年、付図より作成。

によるもので、とくに木材が豊富であった九州南部から筑豊への坑木輸送が増加した。一八九一年に九州鉄道の門司―博多―大牟田間が全通して九六年に八代まで延長され、一九〇九年には八代―人吉―鹿児島間を通る鹿児島線（官営）も開通した。こうした鉄道路線の開通を契機に、坑木は三池炭鉱の坑木調達地域であった筑後川・球磨川流域、天草・有明海沿岸地域の山林からも筑豊へ輸送されるようになった。

## (2) 坑木取引の変化

九州諸炭鉱の坑木供給地域は九州全域および中国・四国地方の山林に拡大し、これらの地域では坑木用材をめぐる炭鉱間の競争が激化した。たとえば三池炭鉱においては、一九〇五年に筑豊諸炭鉱向けの坑木需要の急増にくわえ、同年七、八月の豪雨にともなう造材・運搬難や日露戦時の労賃上昇により、坑木の受入量（約三八万八〇〇〇本）が使用量（約四一万本）を下回った。同年一〇月に三池炭鉱は、坑木貯蔵量を増加させるために、一時的に筑豊諸炭鉱の買入価格を基準に筑後川流域産の坑木五万本の買付を決定し、期日までに全納した坑木商に対して一本当り平均四銭の奨励金を付与することにした。さらに三池炭鉱は、〇六年一月末までの持込分六万本の八代口買入の坑木に対して約四〇％高で買入契約を締結し、坑木商の納入先の変更を阻止しようとした。しかし、三池炭鉱向けの坑木価格は、筑豊諸炭鉱や高島炭鉱の買入価格よりも低価格であったために、〇六年上期には三池炭鉱の買入におうじる坑木商は皆無となり、同鉱は筑後川流域および八代においてふたたび筑豊諸炭鉱の買入価格を基準にして約二〇万本の坑木を応急的に買い付けざるをえなかった。〇六年下期から〇七年にも三池炭鉱は、坑木商に継続して一～二・五％の奨励金を付与したが、〇七年の冬には寒気の影響をうけて海上輸送が困難になり、坑木貯蔵量は月平均消費量の一〇分の一にみたなくなった。三池炭鉱は、六〇～八〇％割高であった筑豊諸炭鉱の買入価格を基準に、有佐、八代、宇島、中津の各駅付近から坑木一〇万本以上を買い付け、翌年にかけて同鉱への物品納入や工事請負をおこなっていた三池土木株式会社に肥後海岸の出材にあたらせるとともに、佐世保物産運炭船の帰航船腹を利用して対馬からも坑木を輸送しなければならなかった[23]。

こうした坑木市場の変化にともなって、坑木所要量が急増した「財閥」系企業の大規模炭鉱は、坑木の調達方法を変更せざるをえなくなった。三池炭鉱の場合、同鉱へ坑木を納入した坑木商は一八九四年頃の一〇名から一九〇〇年頃に約二〇名に増加し、一九〇四～〇七年頃には「余リニ多ク」なった坑木商の連合による納入価格の値上げ要求もみられるようになった。彼らは年二回、山林所有者に宅地や家屋を抵当に前貸しをおこない、伐採した坑木を集積地まで運搬したのち差引勘定をおこなっていたが、「坑木ノ争奪」が激化し、「山元（現業地）見廻リノ為出張デモスレバ忽チ欠損ヲミル」状態になった。さらに「下請ノ現業員ハ長年ノ恩故ヲ思ハズ多少ナリトモ有利ノ方へ出荷スル傾向」があったので、「彼等ヲ縛ル一方法トシテ代金ノ前貸ヲナス等坑木蒐集ニ努力シタガ貸倒レトナルモノ多ク」、坑木商の多くが下請化するか倒産した。

そこで三池炭鉱は、一九〇九年一〇月に長坑木について三〇％、その他の坑木については二五％の値上げを実施し、一方で五〇万本以上を納入した坑木商に対して約一二％の奨励金を付与し、有力な坑木商から優先的に坑木を買い入れた。その結果、一〇年には三池炭鉱の坑木商は、円仏七蔵（円仏商店）と高須吉蔵のわずか二名にすぎなくなった[24]。平山商店は、大牟田に本店を、九州南部の宇土（熊本）、小林（宮崎）、串木野（鹿児島）などに出張所を設置して木材を買い付け、三池炭鉱への坑木納入もおこなっていた比較的資産規模の大きな木材商であったが、同商店によると、円仏商店は木材商のなかでも資金的に非常に優位であったという[25]。一一年の三池炭鉱の坑木消費量一四〇万七〇〇〇本に対し、同年の円仏と高須への注文数は各々一四五万二〇〇〇本、二三万五〇〇〇本で、一二年度に三池炭鉱は、六尺坑木と長松坑木の売上額に対し、円仏へは各々一〇％、一五％、高須へは各々一％、三・五％の奨励金を付与して円仏から優先的に坑木を買い入れた。その後、高須吉蔵も経営困難に陥り、三池炭鉱用の坑木は円仏商店の一手納入となった[26]。

筑豊においても、日清戦後から日露戦時期にかけて坑木商が増加し、炭鉱ごとに一〇〜二〇名が坑木を納入していたと思われるが[27]、大規模な炭鉱における坑木納入は次第に特定の坑木商に限定されていった。三井田川炭鉱は、高島片平（高島商店）や柴田三次郎（柴田商店）などの坑木商から坑木を買い付けており、一九〇一年には彼らから納入価格の値上げ要求をうけたもののそれにはおうじず、坑木八〇〇〇本以上を納入した場合には一本につき一銭、一万本以上の場合には一・五銭、二万本以上の場合には二銭の奨励金を付与することにした。〇七年一一月に田川炭鉱は、坑木商からの要求を考慮して納入価格を値上げしたものの、それ以降は一〇年にかけて値下げを実施し、同時に長期的に納入した高島商店と柴田商店に五％、契約通りに納入した木村曽太郎に二・五％の奨励金を付与した[28]。こうした対応の結果、明治期に田川炭鉱と直接取引のあった坑木商九名（柴田三次郎、高島片平、菊地四郎吉、松村伊右衛門、福島利右衛門、矢山武市、上野博、守口良米、木村曽太郎）のうち、大正期に取引が継続していたのは柴田、高島、上野、木村の四名のみになり[29]、大量納入できなかった小規模坑木商は奨励金を付与されず経営的に苦しくなった。三井山野炭鉱も一〇年から同様の奨励金制度を導入し、完納者に対して二〜三%の奨励金を付与した[30]。また大正初期までに、三菱合資会社鉱山部は大木・柴田・高島・山本、明治鉱業は大木・柴田・山本・金子、蔵内鉱業は大木・柴田・山本・久次・宮尾の大規模坑木商と納入契約を各々締結した[31]。坑木市場では「ハネモノ」と呼ばれる不適格坑木の納入[32]も増加したので、九州諸炭鉱は、大量納入が可能でかつ契約通りに規格・納期・数量を遵守できる優良坑木商との奨励金の付与をふくむ契約の締結によらなければ、所要量を確保することがむずかしくなった。

とくに三井合名会社鉱山部（一九一一年一二月に三井鉱山株式会社）の場合には、三井の出炭量全体の過半をしめた三池炭の主力市場が海外にあり、外国炭との競争力を維持するために生産費の低廉化をはかる必要があったことから、坑木市場の変化への対応に積極的にならざるをえなかったと推測される。表4-1によると、前述のように三井田川炭鉱の坑木価格は、〇七年一一月一二日の改訂以降一〇年三月の改訂にかけて下落傾向にあるが、一一年の三池炭鉱の坑木価格はこれより約三〇%低価格で、同様に一四年の三池炭鉱の坑木価格も、一三年の三菱新入炭鉱や一三、一四年の貝島諸炭鉱の坑木価格よりも低価格であった。高島炭鉱の出炭量に限界がみられたために早くから筑豊炭鉱に注目していた三菱に対し、一八九〇年代後半以降も経営の中心を三池炭鉱においていた三井にとって、三池の低価格での坑木の調達は不可避の課題となっていた。

こうして九州の坑木市場は、九州出炭シェアの過半をしめるようになった「財閥」系の大規模炭鉱と、大規模坑木商との取引中心の市場へと変化した。

### (3) 坑木商の活動

次に、坑木商の活動を大規模な坑木商のひとつに成長した高島商店を取り上げて考察しよう。高島商店主の高島片平は愛媛県八幡浜の出身で、一九〇〇年に同店を開業し、三井田川、貝島大之浦、毛利金田（のち三菱）の

### 表４－１　炭鉱別坑木価格、1907～14年

単位：円

| 長さ（尺） | 直径（寸） | 三井 | | | | | |
|---|---|---|---|---|---|---|---|
| | | 田川 | | | | 三池 | |
| | | 1907年11月以前 | 1907年11月12日改定（11/16実施） | 1908年下期改定 | 1910年３月19日改定（4/1実施） | 1911年 | 1914年 |
| 6 | 4 | 0.16 | 0.17 | 0.16 | 0.15 | 0.11 | 0.14 |
| | 5 | 0.23 | 0.25 | 0.20 | 0.21 | 0.16 | 0.21 |
| | 6 | 0.32 | 0.36 | 0.34 | 0.34 | 0.22 | 0.29 |
| | 7 | 0.40 | 0.45 | 0.43 | 0.43 | 0.30 | 0.38 |
| 7 | 4 | | | | | 0.14 | 0.17 |
| | 5 | | | | | 0.22 | 0.27 |
| | 6 | 0.42 | 0.45 | 0.45 | 0.42 | 0.31 | 0.38 |
| | 7 | 0.58 | 0.61 | 0.60 | 0.57 | 0.43 | 0.51 |
| | 8 | 0.70 | 0.78 | 0.79 | 0.75 | | |
| 8 | 7 | 0.67 | 0.73 | 0.70 | 0.66 | | |
| | 8 | 0.90 | 0.95 | 0.93 | 0.88 | | |

| 長さ（尺） | 直径（寸） | 三菱 | | 貝島 | | |
|---|---|---|---|---|---|---|
| | | 新入 | | 大之浦 | 菅牟田 | 大辻 |
| | | 1911年 | 1913年 | 1908年 | 1913年 | 1914年 |
| 6 | 4 | 0.12 | | 0.15 | 0.13 | 0.15 |
| | 5 | 0.21 | | 0.22 | 0.26 | 0.24 |
| | 6 | | 0.39 | 0.32 | 0.34 | 0.35 |
| | 7 | 0.40 | 0.43 | 0.44 | 0.44 | 0.47 |
| 7 | 4 | | 0.19 | 0.16 | 0.19 | |
| | 5 | | 0.30 | 0.26 | 0.23 | 0.28 |
| | 6 | | 0.45 | 0.36 | 0.40 | 0.40 |
| | 7 | | 0.56 | 0.57 | 0.56 | 0.58 |
| | 8 | | 0.73 | 0.75 | 0.72 | 0.76 |
| 8 | 7 | 0.62 | 0.65 | 0.66 | 0.51 | 0.78 |
| | 8 | 0.79 | 0.80 | 0.86 | 0.69 | 1.10 |

注：各炭鉱は炭鉱付近の着駅・着港渡しの規格別坑木価格を坑木商に提示したので、表４－１の価格には運搬費もふくまれていると考えられる。

資料：「三井鉱山五十年史稿」巻17第11編資材、1939年（三井文庫所蔵資料）、19～26頁；「田川鉱業所沿革史」第11巻第８編資材、1939年（三井文庫所蔵資料）、付表；「三池鉱業所沿革史」第11巻倉庫課、1939年（三井文庫所蔵資料）、96、100頁；廣田亀彦「新入炭坑報告」1912年（東京帝国大学採鉱学科実習報文、東京大学工学・情報理工学図書館所蔵資料）、53～54頁；大河原泰二郎「新入炭坑第一坑報告書」1914年（東京帝国大学採鉱学科実習報文）、44頁；楢崎主計「貝島鉱業合名会社大ノ浦炭坑報告」1909年（東京帝国大学採鉱学科実習報文）、61頁；加藤五十造「貝島鉱業株式会社菅牟田炭坑報告」1914年（東京帝国大学採鉱学科実習報文）、42頁；高野正勝「大辻炭坑報告」1915年（東京帝国大学採鉱学科実習報文）、59頁より作成。

**表4－2　高島商店の三井田川、山野、本洞炭鉱への坑木納入状況、1914、15年**

| | 田川 | | | 山野 | | |
|---|---|---|---|---|---|---|
| | 消費額 | 高島商店納入額 | % | 購入額 | 高島商店納入額 | % |
| 1914年 | 237,725 | 75,751 | 32 | 72,388 | 10,512 | 15 |
| 1915年 | 209,194 | 49,881 | 24 | 51,595 | 12,596 | 24 |

| | 本洞 | | |
|---|---|---|---|
| | 消費額 | 高島商店納入額 | % |
| 1914年 | 108,927 | 30,896 | 28 |
| 1915年 | 86,956 | 23,176 | 27 |

注：高島商店納入額は各年度、三井鉱山各炭鉱の購入・消費額は各年。
資料：高島商店「備忘録」2号（1913～15年）、3号（1915～17年）（高島産業株式会社所蔵資料）;「坑木使用高」（「田川鉱業所沿革史」第11巻）;「山野鉱業所沿革史」第18巻第8編資材、1939年（三井文庫所蔵資料）、254～256頁；「営業費決算表」（「本洞鉱業所沿革史」1939年、三井文庫所蔵資料、付表）より作成。

各炭鉱へ坑木を納入した。坑木商は、中国・四国地方から、坑木集散地となった若松、黒崎、戸畑、宇島へ進出した者が多く、高島商店も黒崎に本店を設置した[33]。高島商店の資産規模の詳細については不明であるが、資本金は一七年度に一〇万円、一八年度に二〇万円で、一九年三月には払込資本金五〇万円で株式会社に改組した。高島商店の営業税額と所得税額は、一一年度に各々二四八円、一五八円、一八年度に各々三八二円、六四五円で、売上額は一一年度に一七万円、一八年度に三八万円、一九年度に七二万円であった[34]。また『全国株主要覧』（二〇年度版）によると、高島商店は小倉鉄道、九州鉄道、久原鉱業、中央セメントなど総計一一四四株の株式を所有していた[35]。

開業当初の高島商店の活動は仲買業のみであったが、明治末期から大正初期にかけて山林調査を実施し、人吉（熊本）、高鍋（宮崎）、都城（宮崎）、下松（山口）などに出張所を開設して山林・木材の買付と製材に従事するようになった。坑木の主な買付地は、愛媛、広島、山口、宮崎、大分、鹿児島の各県で、中国・四国地方で買い付けた坑木は帆船によって黒崎へ輸送された後、鉄道貨車に積み替えられて各炭鉱へ輸送された。高島商店は、各駅坑内に貯木場を借り入れ、託送ではなく自ら九州鉄道と特別運賃払戻契約を締結して坑木輸送をおこなった[36]。

表4-2は、一九一四、一五年の高島商店の三井田川・山野・本洞各炭鉱への坑木納入状況をしめしている。高島商店の三井鉱山の筑豊三炭鉱への坑木納入率は、一四年の山野炭鉱の一五%をのぞいて二四~三二%と高かった。しかし、高島商店は三井鉱山の筑豊三炭鉱の専属坑木商であったわけではなく、住友忠隈炭鉱、三菱合資、貝島鉱業、大正鉱業、海軍志免《しめ》炭鉱、八幡製鉄所二瀬出張所（二瀬炭鉱）などの大手炭鉱へも坑木を納入した。一四年度の高島商店の売上額の内訳は、三井鉱山一一万七〇〇〇円、三菱合資三万六〇〇〇円、貝島鉱業三万円、八幡製鉄所二瀬出張所二万三〇〇〇円、大正鉱業六〇〇〇円であった。[37] 同様に、他の大規模坑木商も複数の炭鉱と取引をおこなっており、これは、枕木商などと異なり炭鉱以外に販売先をもたない坑木商にとって、安定的な販売先を確保するとともに無駄な商品の発生を最小限に抑制できる点でも有利であった。

## 3　第一次世界大戦期における坑木価格の高騰

第一次大戦期には、諸産業の著しい発展により木材需要は増加し、木材価格が高騰して森林伐採が急速にすすんだ。石炭需要も増加し、九州・中国・四国地方の山林では坑木用材としてマツ丸太が増伐されたが、阪神地域向けの包装用材など競合関係にある木材需要も増加し、また輸送費も上昇して坑木価格は高騰した。坑木市場は逼迫し、各炭鉱の坑木費は、とくに一九一七~二〇年にかけて上昇し（図4-3）、坑木価格が他の諸炭鉱より相対的に低かった三池鉱業所（一八年八月に炭鉱から鉱業所に改称）においては「坑木ノ大飢饉」が生じ、マツ以外の坑木用材も買い入れて急場をしのぐ状況であった。[38] 図4-4によると、三池鉱業所の「営業費」のうち、「係費」、「工賃」、「用品費」はいずれも急騰したが、一九年には坑木費をふくむ「用品費」が「工賃」を凌駕し、第一次大戦期の坑木価格の高騰が、ふたたび石炭企業に坑木調達方法の変更を余儀なくさせた。

**図4－3　三井鉱山各炭鉱と北炭の出炭トン当り坑木費、1910～40年**

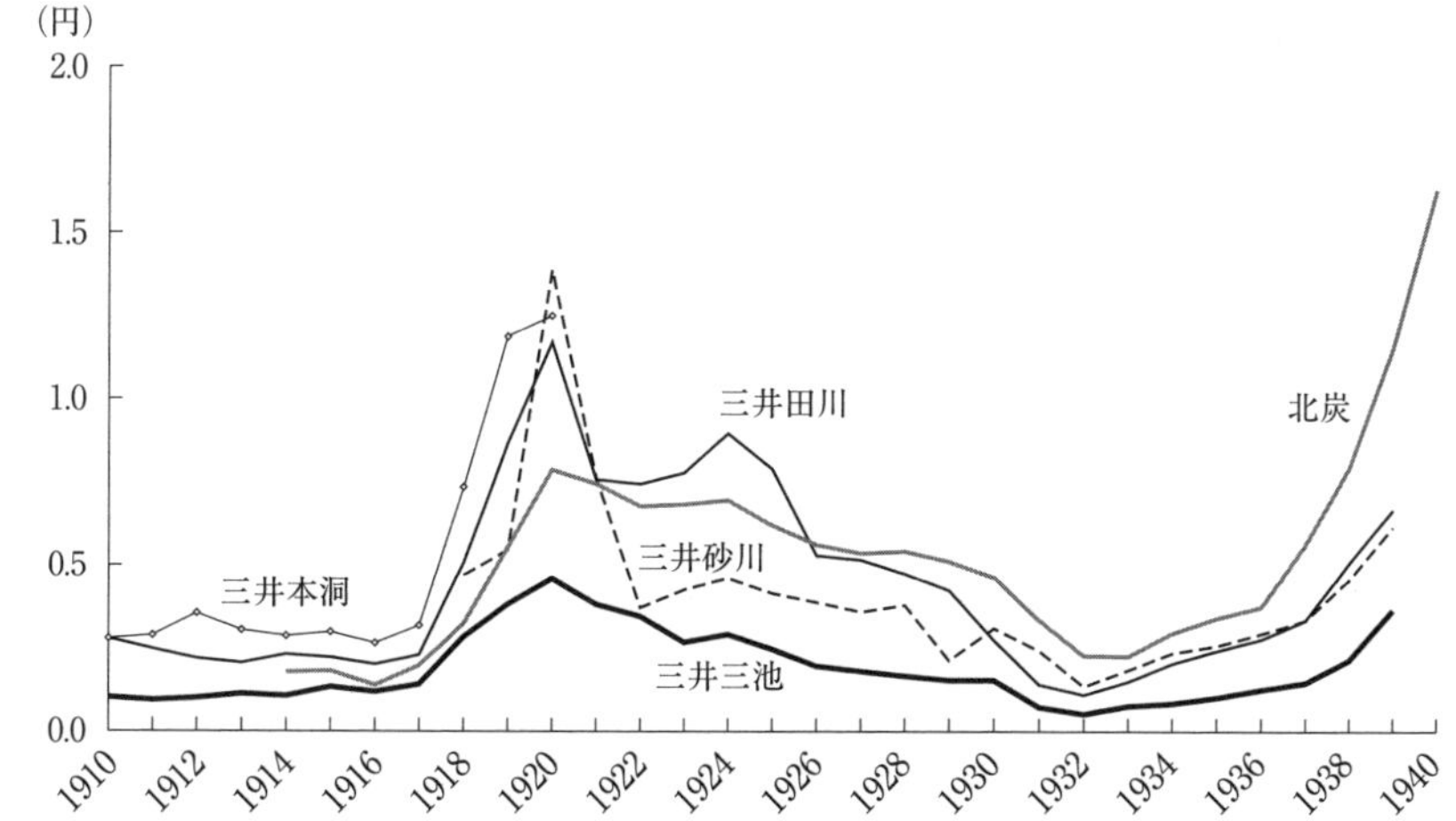


資料：「三池炭鉱創業以来毎期営業費決算表」;「坑木使用高」（「田川鉱業所沿革史」第11巻、付表）;「創業以来石炭生産額調」（「三井鉱山五十年史稿」巻5の2総説、1939年、第2表、三井文庫所蔵資料）;「営業費決算表」（「本洞鉱業所沿革史」）;「砂川鉱業所経費決算表」（「砂川鉱業所沿革史」第1・2巻、諸表綴、1939年、三井文庫所蔵資料）；北炭木材部「北炭七十年史稿木材部関係資料」1953年（北海道開拓記念館所蔵資料）より作成。

三井鉱山の場合、三池炭鉱では一八八九年の払下げから一九一一年一二月まで、同炭鉱各坑の資材の購入は、各坑からの請求を受けた倉庫担当者（一八八九年五月に倉庫課長、九二年八月に倉庫掛主任、九八年五月に倉庫科主任、九九年四月に倉庫主任に改称）が、貯蔵・保管・出納業務をふくめて担当した（図4-5①）。また田川炭鉱には一九〇〇年四月に倉庫主務（同年七月に倉庫主任）、山野炭鉱には一九〇〇年に倉庫主任、本洞炭鉱には〇七年に倉庫主任が各々設置され、資材の購買・貯蔵・保管・出納業務にあたった[39]。こうした炭鉱別の資材の購入方法は、一一年一二月に三池に九州炭鉱事務所の会計主管が設置されたことにより変更され（図4-5②）、三井鉱山は調達地域の拡大に対し各炭鉱の資材を一括購入するようになった。

図4-5③は、一九一八年八月以降の三井鉱山の資材調達をしめしている。三井本店においては、一九〇〇年に営業部所属の用度方が商務部に転属して以降、資材購入は商務部が担当していた。商務部は、一八年八月に新たに三池在勤の購買主事

図4－4　三井三池鉱業所の出炭トン当り「営業費」、1910～39年

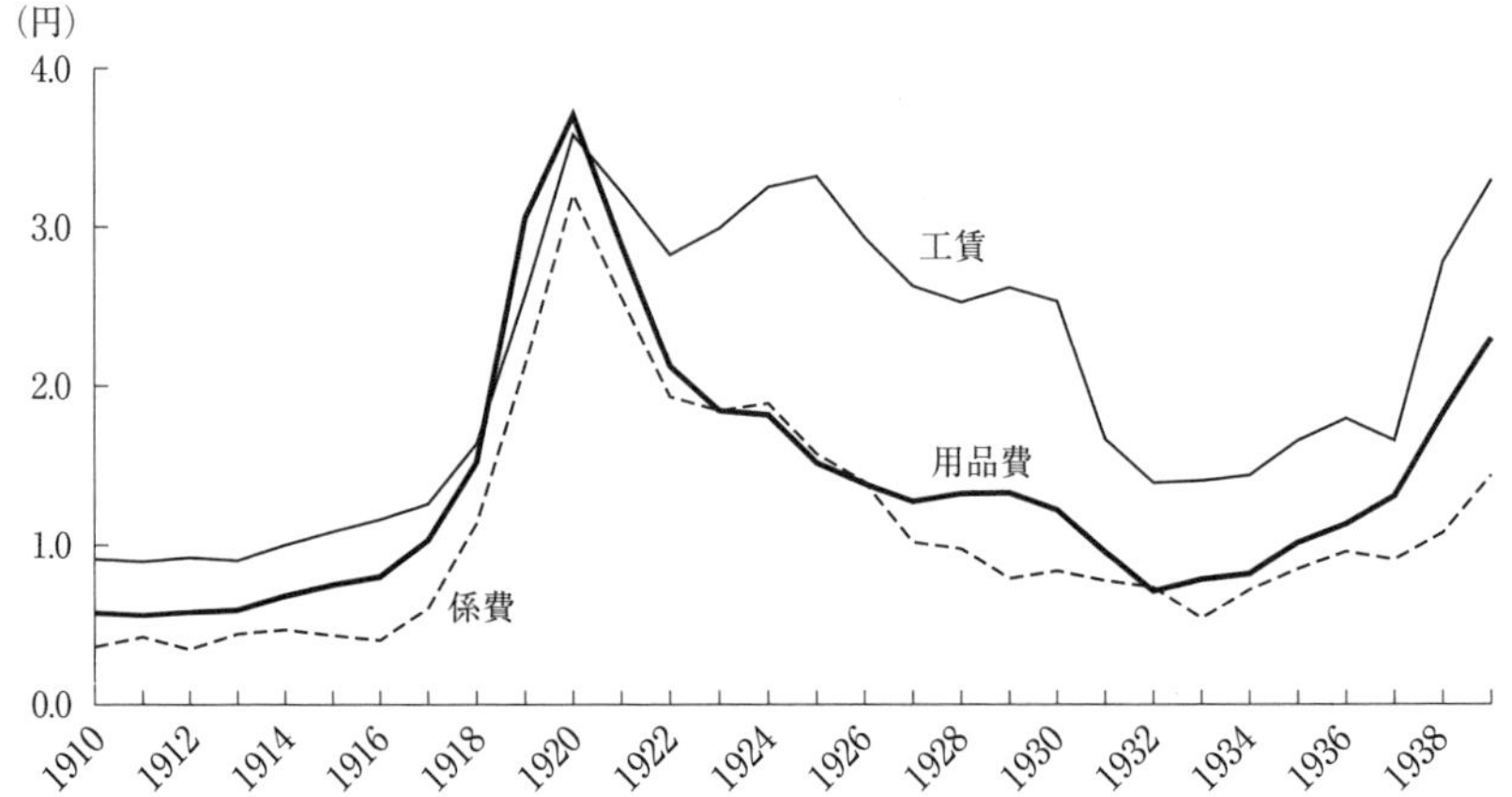


注：「係費」は、給料、手当、旅費、通信費、鉱夫費、広告費、借地借家料、交際費、諸税、諸費をふくむ。「工賃」は、坑内夫賃金、坑外夫賃金、請負夫賃金をふくむ。「用品費」は、坑木、板類、火薬、油類、金物類、レール、鉄管、電力などの費用をふくむ。

資料：「三池炭鉱創業以来毎期営業費決算表」（「三池鉱業所沿革史」第10巻会計課、1939年、三井文庫所蔵資料）。

を設置して、それまで会計主管が担当していた購買事務を引き継ぎ、さらに同年に大阪と門司、一九年に小樽に出張員を設置し、東京、大阪、九州、北海道の各市場において安価な資材を選択して買い付けた。各鉱業所の倉庫から資材の買入請求をうけた三池在勤購買主事は、それまでと同様に取扱業者へ発注する一方、九州よりも他の市場での買付が有利な場合には本店や出張員に対して買付請求を実施し、本店や出張員を通じて取扱業者への発注がおこなわれた。(40)各鉱業所は、砂利・瓦類など輸送コストの大きいもの、薪炭など地方生産品、塩・切手などの専売品、その他小口の什器、印刷物類、変災など緊急時の必要品をのぞいた、坑木、火薬、油類、機械類などを三池在勤購買主事や本店に請求して購入した。(41)

三菱合資会社（一九一八年四月に三菱鉱業株式会社）は、九州において高島、端島両炭鉱および唐津（相知、芳谷）、筑豊（鯰田、方城、新入、金田、上山田）の諸炭鉱を経営し、開坑（買収）以降、各炭鉱は電球、ワイヤロープ、ゴム管などの買付を本店用度係へ依頼し、その他の資材は各々で購入した。(42)一九〇八年一〇月の

**図4－5　三井鉱山の資材調達図**

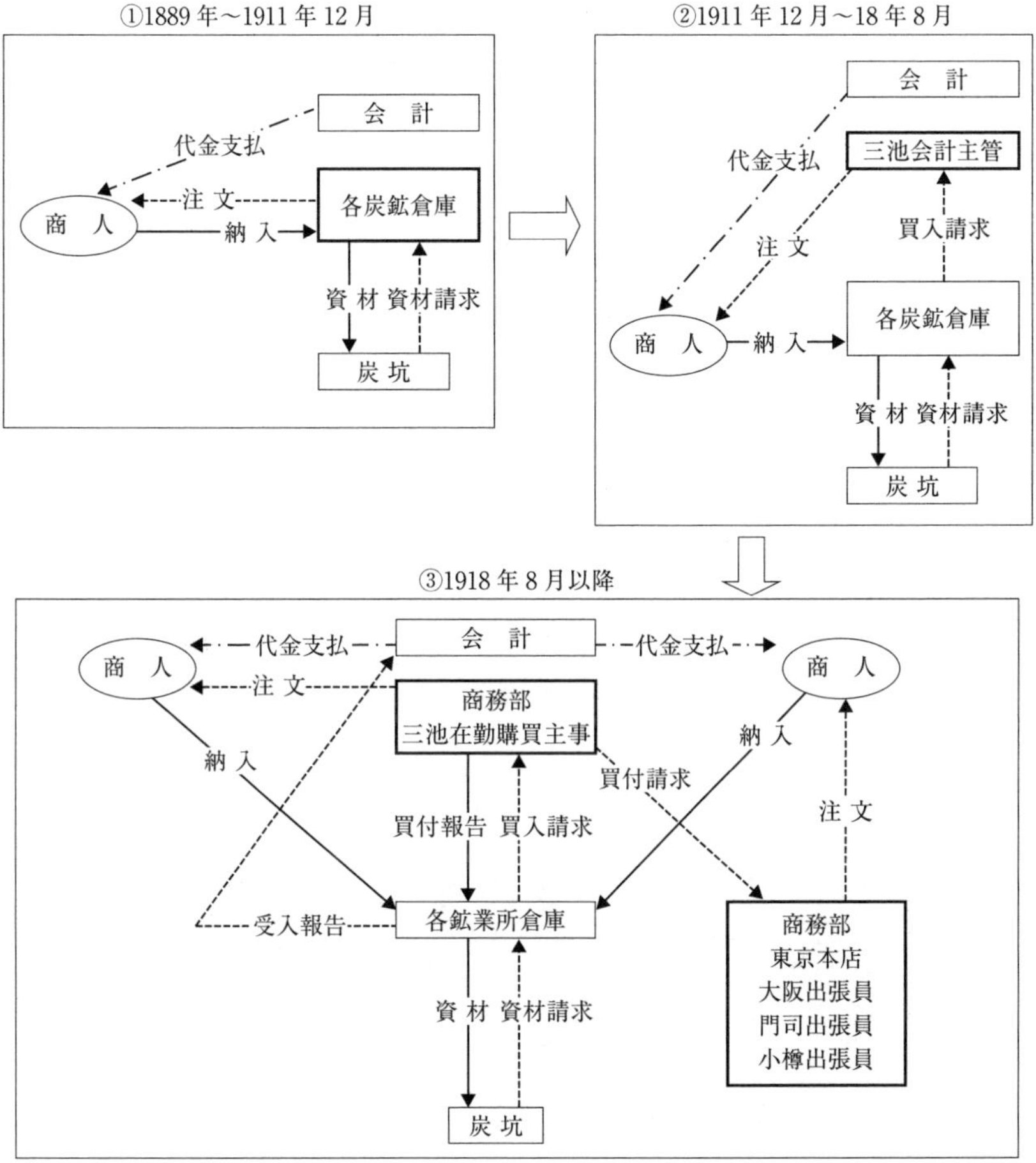


資料：「三井鉱山五十年史稿」巻17、1～11頁；三井鉱山株式会社「資材購買ニ関スル座談会速記録」1942年（三井鉱山五十年史編纂資料・三井文庫所蔵資料）；「三池鉱業所沿革史」第11巻；「田川鉱業所沿革史」第11巻；「山野鉱業所沿革史」第18巻より作成。

本社地所用度課の廃止以降は「已ムヲ得ザル場合又ハ特殊ノ物品」をのぞいてすべての資材を独自に調達し[43]、高島、端島、相知、芳谷で使用される坑木は各炭鉱で調達されたものの、三菱の出炭量の約四五％をしめた筑豊五炭鉱の坑木は、遅くとも一〇年代半ばには三菱合資会社営業部若松支店で一括購入されるようになり、一八年一一月以降は、新入炭鉱に設置された本店直轄の直方出張所が購入にあたった[44]。

以上のように、三井鉱山や三菱鉱業などの石炭企業は、坑木市場の逼迫により坑木の調達方法の変更を余儀なくされ、安価な坑木の選択買付を実施するために、調達の集中化をはからなければならなかった。

一方で坑木価格の高騰により、三井鉱山、三菱鉱業、住友炭鉱、古河鉱業、麻生商店、貝島鉱業、明治鉱業の七社は、十日会という各炭鉱の購買・用度にかかわる事務担当者の組織を設置した。十日会は、大正初期に麻生、貝島、大正の三社の資材担当者が坑木と火薬の調査・研究のためにもうけられた会合に、三井、三菱など筑豊の大手炭鉱がくわわって組織されたもので、毎月一〇日に開催されたことから十日会とよばれた。十日会において石炭企業は、筑豊諸炭鉱の坑木買入価格の基準とされていた八幡製鉄所二瀬出張所（二瀬炭鉱）の坑木入札価格と、火薬買入価格の基準になっていた海軍志免炭鉱の火薬入札価格を調査し、これらの入札価格を基準にして納入業者と折衝した。八幡製鉄所二瀬出張所の坑木の入札参加者は、十日会を組織する石炭企業への坑木納入商でもあり[45]、一九一七年一〇月の十日会では入札者一一名の談合により坑木の才（一才＝〇・〇一三石）当り見積単価が高価格に設定されている問題が取り上げられた[46]。このほか、三井の各鉱業所よりも三割安で坑木を買い入れていた貝島に対し値上げ要求がおこなわれたこと、および麻生や古河に対しても値上げ要求がおこなわれる見込みであることが指摘された。石炭企業は各社横断的な組織の設置により、坑木商の動向を把握し、坑木買入価格の値上りを回避しようとした。

しかし、坑木商は石炭企業に多数の請願書を提出し[47]、木材価格の高騰、他産業との木材入手競争、運搬費や労賃の上昇などを理由に、坑木の納入価格の値上げや契約の改正および解除を要求した。たとえば、一九一六年一

○月の高島商店、柴田商店、塩川商店、平野商店、金丸商店、山根商店らの坑木商による貝島鉱業への請願書には、「御坑エ御納入之坑木蒐集ニ付テハ今春来経済界之膨張ニ伴ヒ各種工業勃興ノ為メ従テ木材類ハ価格騰貴シ一般産地品薄ヲ呈スルガ如キ情況ニテ……（中略）……如斯ニシテ要之材料トシテ長坑木材料オヨビセメント樽材料ノ如キハ非常ノ騰貴ニシテ之ガ原産地ヲ同ジクスル結果勢蒐集上高価買入ハ免ル可カラサル事ニ有之……」(48)と記され、また一八年一二月の高島商店と柴田商店の三井鉱山商務部への請願書には次のように記されていた。「大正七年度御管内田川山野本洞各坑御所用坑木納入契約致居候処置場荷卸御需（店）等ノ関係上契約数量ニ対シ納入過不足相生ジ候得共昨冬契約当時ニ比シ山林価格鉄道賃金并ニ伐採運搬其他ノ労働賃金等本年八月以降著シク暴騰ノ結果今日迄多大ノ損失ヲ忍ビ納入致来候次第ニ御座候間何事特別詮議ヲ以テ本年中納入ヲ以テ本年度契約打切リノ上改メテ大正八年一月ヨリ同四月迄直段御改正被成下度此段御願申上候也(49)」。

こうして第一次大戦期における木材需要の急増と木材価格の高騰により、石炭企業は特定坑木商に低価格で大量の坑木を納入させるという方法で坑木所要量を確保することができなくなった。

## 4　坑木節約の進展

### (1)　坑木需要の減少

一九二〇年になると、戦後の反動不況により木材価格は下落した。また米材や樺太材などの輸移入材が増加し、坑木用材に輸移入材が利用されることはほとんどなかったが、競合関係にあった包装用材やパルプ用材として樺太材の利用が拡大したので、坑木市場の供給不足は解消された。坑木は、前年(度)の出炭量から予測して半年あるいは一年単位で買い付けられたため、出炭量が予測を下回ると過剰になった。また露天積みにされた坑木は腐食の進行が速く貯蔵場所にも限界があったので、低価格であっても所要量以上は購入されることはなく、三井の田川鉱業所においては貯蔵過剰となり、新規購入は極力ひかえられた。ただし、筑豊で商品にならない不適格坑木も低価格の「三池値」で買い付けていた三池鉱業所では、不況下で坑木価格がさらに下落したために坑木商が坑木用材の切出しを停止した結果、二〇年四月には坑木貯蔵量が数日分に減少し、翌五月に買入価格が値上げされた[50]。

一九二〇年五月以降も三池鉱業所をのぞく九州諸炭鉱の坑木価格は下落あるいは横ばい傾向にあり[51]、坑木市場は買手市場となった。しかし、当該期には石炭需要の減少により炭価も下落したので、二一年一〇月に三井鉱山や三菱鉱業など大手石炭企業は、石炭鉱業聯合会を設立して出炭・送炭制限による炭価下落を抑制するとともに、継続して坑木費の低減に取り組まざるをえなかった。

その方法として諸炭鉱で実施されたのは、坑木事業の内部化および坑木商の専属化と、合理化の推進による坑木の節約であった。三井鉱山においては、第一次大戦期の坑木難の経験から三池鉱業所の元倉庫主任の瀬尾外与蔵への負託により、一九一九年九月に瀬尾商店（本店島根県益田、支店若松）が設立され、坑木の生産を内部化すると同時に、坑木商の内情をさぐることで納入価格の値上げを回避しようとする動きがみられた。瀬尾商店の設立時に制定された「坑木蒐集直営取扱振」には、三井鉱山による三〇万円を限度とする資金融通、三井鉱山商務部長への業務要領報告、三井の各鉱業所の仕切値段の年度約定などが定められ、同商店はこれらの規定にしたがって山陰石見地域を中心に山林・立木を買い付け、その他の中国・四国地方へも進出して坑木商の木材切出しが困難な奥地からの集材にあたった。瀬尾商店は、三井鉱山の専任者が山林調査を通じて算出した材積と生産費の見積りにもとづき、立木代金と伐採・山出費の出来高の各々七〇～八〇％を希望者に貸し付けるとともに、積出港までの搬出費全額を立て替え、事前に決定された才当り単価と生産費を基準に、立木材積が見積りより多い場合や生産費が見積りより安くなった場合は生産者の所得とし、逆の場合は負担した[52]。

また一九二〇年に三井鉱山は、設立間もない瀬尾商店に協力させるために、坑木商古賀喜太郎の参加をもとめて円仏商店を株式会社円仏古賀商店に再組織し、資本金一〇〇万円のうち二五万円を瀬尾商店名義で出資し、瀬尾外与蔵と中村伍七（当時三池鉱業所計算主任）を重役として経営に参加させた。坑木商を傘下におさめようとする三井鉱山の働きかけは、高島商店や柴田商店に対してもおこなわれ、高島商店は三井の提案を受け入れなかったが、柴田商店は株の一部を三井鉱山に譲渡した。三菱鉱業においては、高島商店、柴田商店、山本商店との契約を解除し、塩川商店や大木商店などの専属化がはかられたという(53)。

一方、坑木商は、納入価格の低下に対応して立木を低価格で買い入れなければならなかったが、坑木生産地の奥地化が進行し、運搬費の上昇にともなって生産費が高騰したため、仕入れを躊躇しがちであった。大手炭鉱へ坑木を納入していた坑木商のなかには、出張所の閉鎖や出木制限などを石炭企業に提示して、坑木納入価格の引下げを回避しようとする者もいたが、他の坑木商に販売シェアをうばわれる可能性があったので、その実行は困難であった。また、中小炭鉱の休廃坑により売掛金を回収できなくなった坑木商は苦境に陥り、若松や戸畑に店をかまえていた坑木商二〇数名のうち半数以上は廃業を余儀なくされた。若松からの坑木発送量は、一九二二年の七六万石から二六年には四四万石に、また若松に戸畑、宇島、黒崎を含めた四駅の坑木発送量は一二四万石から七六万石に減少し、若松では過剰になった坑木の投売品が山積みになっていたという(54)。円仏古賀商店も経営難から二七年には円仏七蔵個人名義の商店にもどり、二八年に三井鉱山が瀬尾商店を改組して発足させた株式会社三鉱商店（本店若松、支店東京）も不況下で経営難におちいった。三鉱商店は、円仏古賀商店の設立への投資金と柴田商店への投資金の計四〇万円（八〇〇〇株）の株式を資本金に組み入れ、三井鉱山の全額出資により発足したもので、三井鉱山本店の商務部長や総務部会計主任などが重役として経営に参加した。設立半月後に三井鉱山は、新株四〇〇〇株のうち一八五〇株を引き受け、残りを縁故募集して三鉱商店の資本金を六〇万円に増資したが、三鉱商店は古賀、柴田両商店の経営難の影響をうけて両商店株を処分し、その損失引当金を減資により調達しなければならず、経営は好転しなかった[55]。

一九二〇年代末の恐慌期には、出炭量の減少にともなって坑木需要はさらに減少した。こうした状況下で遅くとも三〇年代初めまでに、八幡製鉄所二瀬出張所の坑木入札メンバーであった塩川、山本、高島、大木、柴田、円仏、平野、三鉱などの坑木商は、十七日会を組織した。十七日会は、メンバー間で情報交換をおこなうとともに、石炭企業が組織する十日会と年一回、価格交渉を中心に坑木にかんする問題を協議し、両会の間では、十日会の十七日会メンバー以外からの坑木買付の禁止、十七日会のメンバー間での坑木隔通と契約数量の完納などが取り決められた[56]。

## (2) 合理化による坑木消費量の減少

こうした坑木市場における需要の減少は、炭価の下落にともなって石炭企業が経費節減のために合理化を推進したことが大きく影響していた。三池鉱業所の「営業費」をみると(図4-4)、経費節減は「工賃」ではなく、「係費」と「用品費」に依存していたことがわかる[57]。「用品費」は一九二〇年をピークに下落して三一年には一円を下回り、坑木費も二〇年代以降下落傾向にあった(図4-3)。「工賃」の減少は、「用品費」に比較して緩やかであったが、石炭企業は採炭・運搬用機械を導入して人員整理をおこない、生産能率の向上により「工賃」の低減をはかった。採炭過程についてみると、筑豊諸炭鉱では、二〇年代前半から大手炭鉱を中心に鑿岩機、コールカッター、コールピックなどの採炭用機械が導入され、採炭夫数は二五年(四六炭鉱)の五万九〇五五人から三〇年(五八炭鉱)には二万五〇三六人に減少した。それに対して同時期に支柱夫は六九四五人から一万一七八人へと増加し、また九州における支柱夫の比率は北海道より相対的に高く[58]、九州諸炭鉱では深部採炭の増加につれて坑道維持に大量の坑木を必要とするようになり、坑木の節約が重要な課題になったことが推測される。

そこで次に、坑木消費量の節約と坑木費の低減が可能になった要因について、具体的に検討しよう。図4-6は、

**図4－6　三井三池鉱業所の規格別坑木消費量、1920～39年**

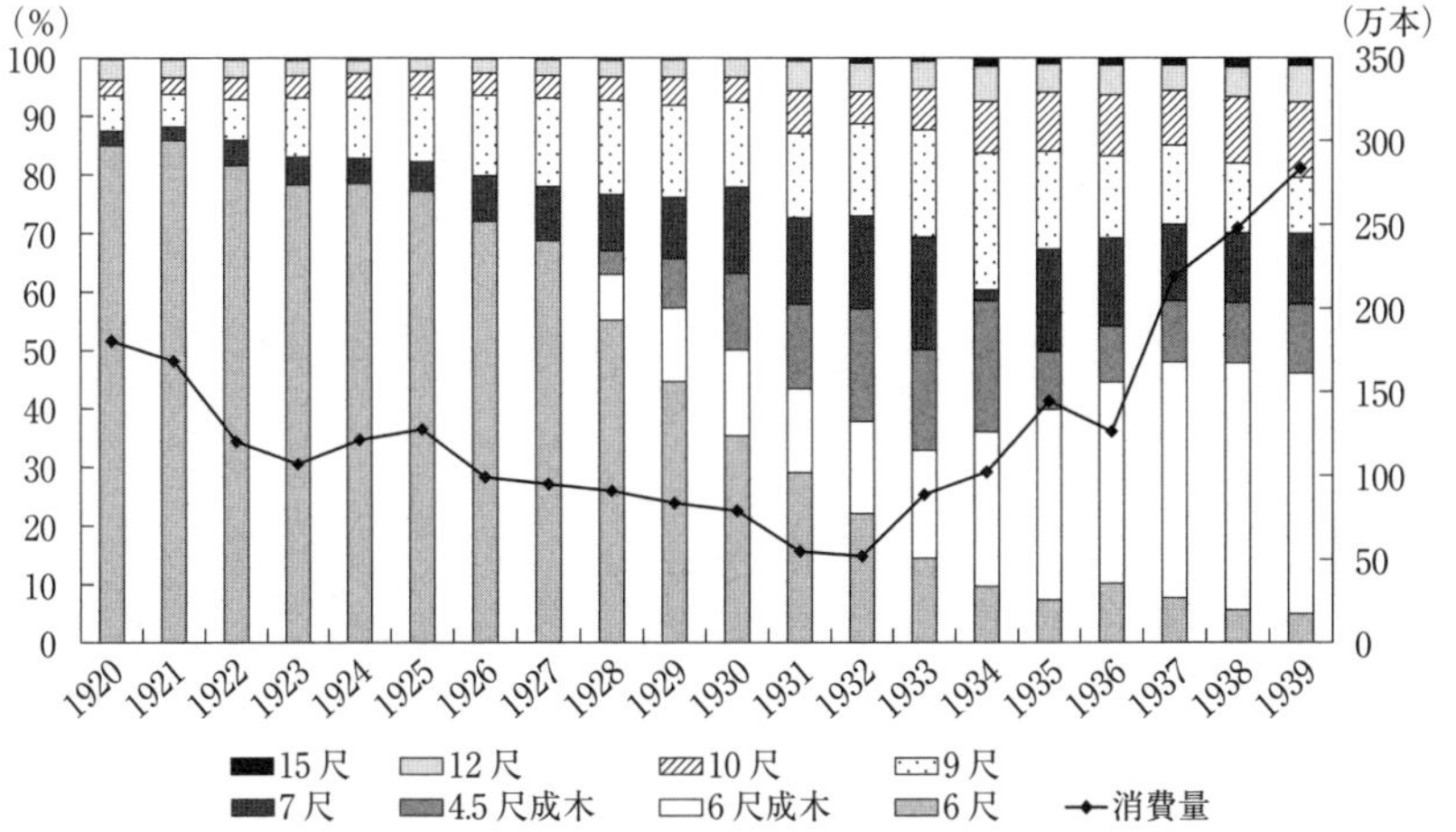


資料：林業発達史調査会編『九州地方における坑木生産発達史』（林業発達史資料第77号）1958年、64頁；林野庁『林業実態調査報告書――九州地方の坑木需給構造』第1巻、1957年、61頁より作成。

三池鉱業所における規格別の坑木使用割合の推移をしめしている。六尺坑木は、一九二〇年代前半に八〇％以上をしめたものの二〇年代半ばから漸減し、それに対して二八年以降六尺成木と四・五尺成木の使用率が上昇した。九州では坑木よりも小径なものを「成木《なるき》」（北海道では「矢木《やぎ》」）とよび、小径であるほど低価格であったので、成木は坑木より低廉であった（図4‐7）。本来、成木は坑木を組んで作る「枠」（北海道では「留」）を坑道にいれる際に、坑木と岩盤の間に挟み込んで地圧の均一化や枠の固定化のために使用されたが、次第に二本組みあるいはロープを捲いて補強し、六尺坑木の代わりに利用されるようになった[59]。また二〇年代半ばに三井鉱山、三菱鉱業、貝島鉱業、古河鉱業、明治鉱業五社の重役や資材担当者により組織された互研会[60]で、メートル法の導入による坑木の統一規格が採用された。さらに二九年一月に筑豊石炭鉱業組合が坑木の統一規格の採用を決定すると、石炭企業間で異なっていた坑木の測定方法が厳格化され、石炭企業は自社の坑木の適正価格を正確に把握できるようになり、坑木費の低減につながった[61]。

図4－7　三井三池鉱業所の規格別坑木価格、1920～39年

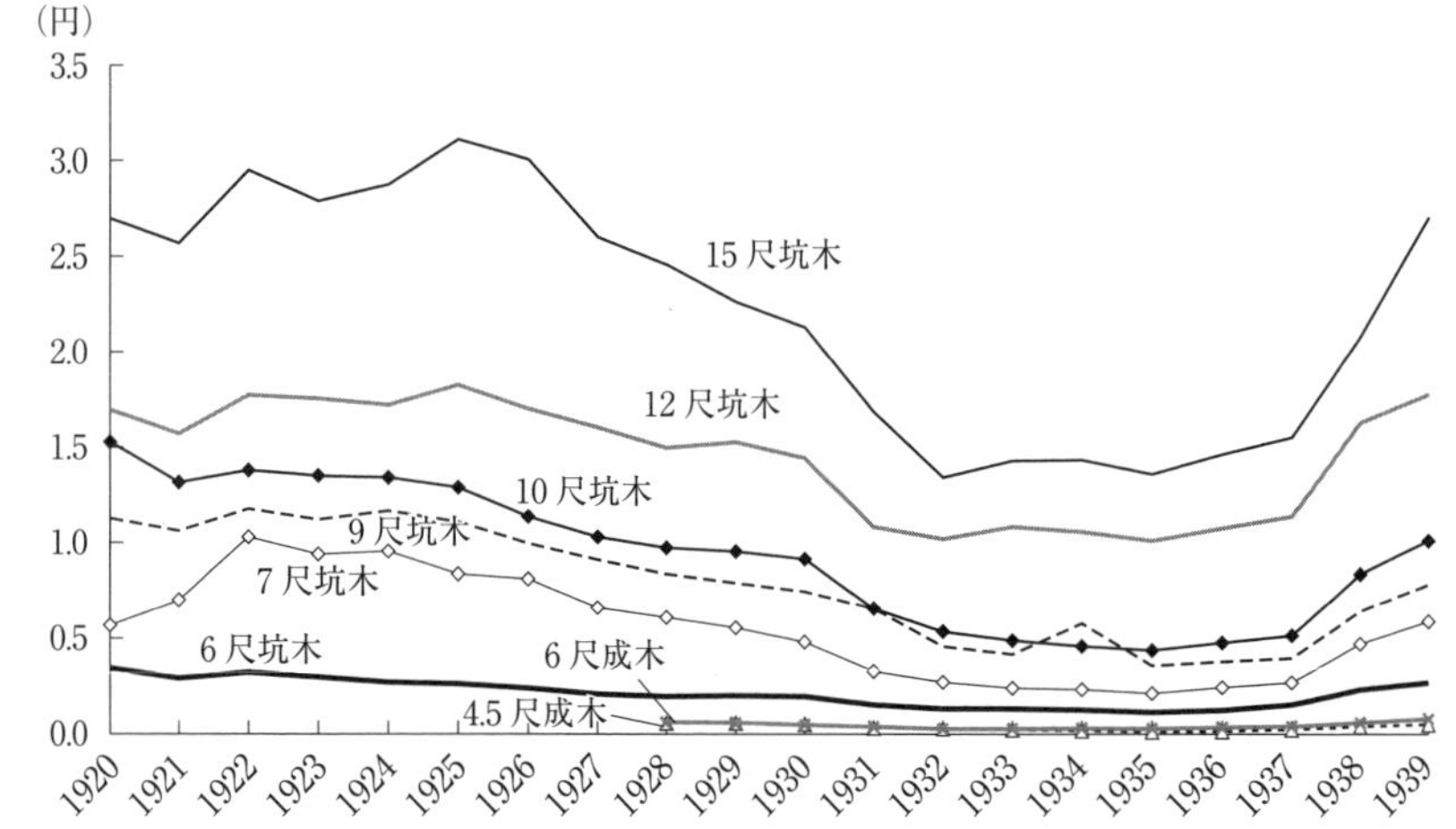


資料：林業発達史調査会『九州地方における坑木生産発達史』63頁；『林業実態調査報告書』65頁より作成。

こうした坑木の節約と並行して、鉄鋼材の利用による坑木の節約もはかられた。成木や小径の坑木が主に採炭場である切羽で使用されたのに対し、鉄鋼材は長期維持が目的の主要坑道や換気坑道で大径坑木の代替財として使用された。炭鉱で使用された鉄鋼材は、鉄道省や製鉄所で不適格と判断されたもので(62)、たとえば明治末期の三井三池、田川両炭鉱においては破損の多かった梁部分や機械室周辺に部分的に使用されていたが、一九二〇年代半ば以降になると三池、田川、山野各鉱業所で古レールやIビームが本枠（梁部分一本、脚部分二本の計三本で組まれた枠）として使用され、レールアーチ枠も導入された(63)。こうした坑内支柱の鉄製化が進展したのは、坑木価格が「大正初年より続騰し同十年には三倍半となり、その後下落せるも猶ほ戦前より五割以上」高かったのに対し、「鉄材は戦前の三分の一に下落」したことによる(64)。鉄鋼材は、変形しても修理すれば繰り返し利用可能だったので、炭鉱は入手可能な範囲で鉄製支柱を利用するようになった。このほか煉瓦やコンクリートは、運搬・組立・修繕が困難であったため、煙突・坑口・通気櫨（火辺）・機械室などの特殊な箇所に限定して使用された(65)。

また、残柱式から長壁式への採炭方式の移行も、坑木の節約を促進した。落盤防止用に炭柱を残しながら採炭をおこなう残柱式に対し、充填法の拡充・改良により炭柱を残さず長い採炭面を一気に採炭できる長壁式は、分散した切羽を集中化させ保存坑道距離を短縮することが可能であった[66]。採炭跡は、採炭場や選炭場から生じる土石・硬《ぼた》（捨石）、あるいは坑外から土砂を搬入して充填されたため、空木積・実木積など坑木を多量に消費する支柱法も回避できた[67]。九州炭鉱業における長壁式採炭のしめる割合は、一九二五年の六九％から三〇年には九〇％に達していることから[68]、採炭方式の移行にともなって坑木消費量が減少したと推察される[69]。

こうした炭鉱における坑木利用の変化により、坑木需要は減少して坑木用材の伐採は停滞的になり、また輸移入材の増加による一般木材価格の下落ともあいまって、坑木価格は下落した。

## 5　坑木不足の深刻化

一九三三年以降、産業活動の活発化にともなって木材需要が増加し、二九年から減少に転じていた輸移入材にかわって国産材が増産された。とくに樺太材の島外移出の制限により、内地のパルプ工場では樺太材から内地材への原料転換がすすみ、坑木市場は同じ小径のマツ丸太を利用したパルプ用材市場の影響を強くうけるようになった。炭鉱業では出炭量の増加により坑木消費量が増加に転じ（図4-1）、九州・中国・四国地方の山林を中心に生産地の奥地化をともないながら坑木用材の伐採が急速に進行したが、供給は需要においつかず、坑木価格は上昇した。一方、支柱用鉄鋼材は次第に入手が困難になったために、九州の支柱用鉄鋼材使用量は三六年の二一・四万トンをピークに三七年には一・九万トンに減少し[70]、筑豊諸炭鉱においては新坑開発にくわえ炭坑老朽化と深部採炭が進行した結果、坑木需要が増加した。

こうした状況下で、石炭企業は坑木の買入価格の値上げや臨時買付の実施を余儀なくされた。たとえば、三井三池鉱業所では、一九三一、三二年の不況期に貯蔵量を引き締めたので、三三年下期には一カ月当りの消費量七万五〇〇〇本に対して、貯蔵量は二万三〇〇〇〜二万四〇〇〇本に減少した。そのため三池鉱業所は、成木類については約一〇%、大径の坑木類については約七%の買入単価の値上げを実施し、その後も継続して買入価格を引き上げざるをえなかった。三井鉱山では、必要資材の増大と多様化に対応して、三一年六月に商務部から独立した購買部が資材調達を担当し、三五年二月に購買部は三池支部（三一年六月〜三五年二月までは三池在勤購買部主事）を設置して坑木の確保にあたった。坑木商による坑木や山林の買付も進展し、三池鉱業所の坑木商であった円仏商店は、松江に出張所を設置して芸備線沿線から広島におよぶ地域で坑木を集荷し、さらに出張所を広島に移して坑木買入と山林買収をおこなった。(71)

しかし、坑木の供給不足が顕著になるにしたがって、三井鉱山は自ら発足させた先の三鉱商店を通じて坑木所要量を確保しなければならなくなった。三鉱商店は、すでに益田、横田、三保、田ノ浦、小浜、奈古、一勝地、三池、飯塚、日出、宇和島、白石などに出張所を設置していたが、さらに宇部、松江、吉井、廿日市、砂川にも出張所を開設し、九州から北海道にわたる全国各地の山林から坑木を調達した。(72)表4-3によれば、三鉱商店の売上額は一九三三年以降増加し、三五年に五七万円、三七年には八二万円に達した。三井五鉱業所の坑木は主として三鉱商店から調達され、売上額集計期間の短い三八年をのぞくと、三鉱商店の売上額は三井五鉱業所の坑木買入（消費）総額の三九〜五一%をしめた。田川鉱業所は坑木使用数量の大半を三鉱商店から購入するようになり、三七年八月に砂川に出張所が開設された北海道においても、砂川、美唄両鉱業所の同商店からの坑木納入率が上昇した。(73)坑木不足の深刻化に対して、三井鉱山は三鉱商店を通じて積極的に坑木を買い付けざるをえなかったが、これは次章で検討するように、北海道において北海道炭礦汽船が山林買収と造林事業を拡大したのとは対照的であった。

**表4－3　三鉱商店の売上額、1929〜39年**

単位：円

| 年 | 三鉱商店売上額（a） | 三井鉱山5鉱業所買入（消費）額（b） | %（a/b） |
|---|---|---|---|
| 1929 | 679,760 | 1,522,954 | 44.6 |
| 1930 | 599,631 | 1,201,125 | 49.9 |
| 1931 | 307,166 | 612,979 | 50.1 |
| 1932 | 231,283 | 494,907 | 46.7 |
| 1933 | 349,144 | 755,786 | 46.2 |
| 1934 | 455,748 | 991,234 | 46.0 |
| 1935 | 570,743 | 1,277,988 | 44.7 |
| 1936 | 723,448 | 1,459,916 | 49.6 |
| 1937 | 820,458 | 2,106,544 | 38.9 |
| 1938 | 848,852 | 3,779,884 | 22.5 |
| 1939 | 2,487,003 | 4,906,401 | 50.7 |

注：三鉱商店売上額の1929〜38年は前年11月1日〜同年10月31日、1938年は37年11月1日〜38年5月31日、1939年は38年6月1日〜39年5月31日の合計値。三井鉱山5鉱業所買入（消費）額は、三池・山野両鉱業所の購入額と田川・砂川・美唄3鉱業所の消費額の合計値。

資料：「三鉱商店事業年譜」1939年（三井文庫所蔵資料）；「三池倉庫受入高」（「三池鉱業所沿革史」第11巻）；「坑木使用高」（「田川鉱業所沿革史」第11巻）；「坑木購入」（「山野鉱業所沿革史」第18巻、254〜256頁；「砂川鉱業所経費決算表」；「坑木、木材使用高実績調」（「美唄鉱業所沿革史」資材編、1939年、三井文庫所蔵資料）より作成。

以上のように、九州炭鉱業は全国鉱業用材消費量の六〇〜八〇％をしめ、その中心的用途である坑木のほとんどは九州・中国・四国地方の山林から供給された。産業用エネルギーの薪炭から石炭への転換がすすんだために薪炭材の伐採は抑制されたが、一方で採炭に不可欠な坑木の需要は増加した。地域別の森林伐採量から推計すると、九州・中国・四国地方で伐採された用材の二五〜四〇％が九州炭鉱業に供給されたことになる[74]。枕木用材や電柱用材に比較すれば、小径の坑木用材の再生産に必要な期間は短かったとはいえ、これらの地域の山林への坑木利用による負荷は小さくなかった。九州炭鉱業の発展にともなって森林面積は減少し、こうして引き起こされる坑木市場の変化におうじて、各炭鉱は継続的な対応策をとらざるをえなかった。

## 注

（1）隅谷三喜男『日本石炭産業分析』岩波書店、一九六八年。北海道炭鉱業の展開を明らかにした古典的研究には、水野五郎「北海道石炭鉱業における独立資本の制覇」『経済学研究』一三号（一九五七年三月）、水野五郎「産業資本確立期における北海道石炭鉱業」『経済学研究』一五号（一九五九年一月）がある。

（2）田中直樹『近代日本炭礦労働史研究』草風館、一九八四年、荻野喜弘『筑豊炭鉱労資関係史』九州大学出版会、一九九三年、市原博『炭鉱の労働社会史』多賀出版、一九九七年など。

（3）春日豊「一九一〇年代における三井鉱山の展開」『三井文庫論叢』一二巻（一九七八年一一月）、春日豊「三池炭礦における『合理化』の過程」『三井文庫論叢』一四巻（一九八〇年一〇月）、市原博「第一次大戦に至る北炭経営」『一橋論叢』九〇巻三号（一九八三年九月）、宮下弘美「創業期の北海道炭鑛鉄道株式会社」『経済学研究』三九巻二号（一九八九年九月）、宮下弘美「日露戦後北海道炭礦汽船株式会社の経営危機」『経済学研究』四三巻四号（一九九四年三月）、北澤満「第一次大戦後の北海道石炭業と三井財閥」『経営史学』三五巻四号（二〇〇一年三月）、畠山秀樹『近代日本の巨大鉱業経営』多賀出版、二〇〇〇年、北澤満「北海道炭礦汽船株式会社の三井財閥傘下への編入」『経済科学』五〇巻四号（二〇〇三年三月）など。

（4）旗手勲『日本の財閥と三菱』楽游書房、一九七八年、森川英正『財閥の経営史的研究』東洋経済新報社、一九八〇年、三島康雄編『三菱財閥』日本経済評論社、一九八一年、安岡重明編『三井財閥』日本経済評論社、一九八二年。

（5）杉山伸也「幕末、明治初期における石炭輸出の動向と上海石炭市場」『社会経済史学』四三巻六号（一九七八年三月）、杉山伸也「日本石炭業の発展とアジア石炭市場」『季刊現代経済』四七号（一九八二年四月）、木庭俊彦「瀬戸内海における帆船海運業と筑豊炭鉱企業」『社会経済史学』七三巻四号（二〇〇九年七月）など。

（6）長廣利崇『戦間期日本石炭鉱業の再編と産業組織』日本経済評論社、二〇〇九年、松尾純広「日本における石炭独占組織の成立」『社会経済史学』五〇巻四号（一九八五年一月）。

（7）鈴木茂次『鉱山備林論』一九二四年、一四〇〜一四五頁、北炭木材部「北炭七十年史木材部関係資料」一九五八年（北海道開拓記念館所蔵資料）、六九〜七〇頁、「田川鉱業所沿革史」第一一巻第八編資材、一九三九年（三井文庫所蔵資料）、付表、「砂川鉱業所経費決算表」（「砂川鉱業所沿革史」第一・二巻、諸表綴、一九三九年、三井文庫所蔵資料）。

（8）隅谷『日本石炭産業分析』三三三〜三三五、三四五〜三四七頁。

（9）梅村又次ほか編『農林業』（長期経済統計九）東洋経済新報社、一九六六年、一一七頁、科学技術庁資源調査会『日本の森林資源』上、科学技術庁資源局、一九五八年、三二八頁。

(10) 坑木の使用法一般については、久保山雄三『日本石炭鑛業大観』公論社、一九三九年、第八章を参照。

(11) 西成田豊『近代日本労資関係史の研究』東京大学出版会、一九八八年、四二～四三頁、市原『炭鉱の労働社会史』一〇五頁。

(12) 荻野『筑豊炭鉱労資関係史』二五九～二六〇、二七八頁、鉱山懇話会編『日本鉱業発達史』中巻、一九三二年、二〇〇～二〇二頁。

(13) 三菱では、「高島炭坑」「新入炭坑」のように「炭坑」の文字が使用されるが、一般的に「炭坑」は炭鉱に複数ある個別の坑口（「第一坑」「第二坑」のようによばれる）をさすので、本書では「炭鉱」と表記した。

(14) 三菱鉱業セメント株式会社高島炭砿史編纂委員会編『高島炭砿史』一九八九年、五五頁。

(15) 高島炭坑事務所「諸向照会文謄本」一八八二年（三菱史料館所蔵資料　MA-三九六九）、高島炭坑長崎事務所「高島来翰」一八八二年（三菱史料館所蔵資料　MA-四四四一）。

(16) 西牟田豊民「高島炭坑報告」一九〇四年（東京帝国大学採鉱学科実習報文、東京大学工学・情報理工学図書館所蔵資料）、四四頁、山県退蔵「高島炭坑報告」一九一一年（東京帝国大学採鉱学科実習報文）、七〇頁、『高島炭砿史』一九二頁。

(17) 「三池鉱業所沿革史」第一一巻倉庫課、一九三九年（三井文庫所蔵資料）、八一頁、「三井鉱山五十年史稿」巻一七第一一編資材、一九三九年（三井文庫所蔵資料）、一三頁。

(18) 「三井鉱山五十年史稿」巻一七、一四頁。さらに三池炭鉱は、一八九三年一二月に「坑木受払順序」を制定して坑木の受入方法や検査方法を決定し、門司に「出張員カ代理店カ或ハ之ニ準ズルモノ」を駐在させて坑木検査を実施するとともに、七浦坑付近と横須濱造船所付近に坑木置場を設置した（「三池鉱業所沿革史」第一一巻、八一～八二頁、「三井鉱山五十年史稿」巻一七、一三頁）。

(19) 杉山「日本石炭業の発展とアジア石炭市場」七二～七七頁、春日豊「官営三池炭礦と三井物産」『三井文庫論叢』一〇巻（一九七六年一一月）、二七六～二八九、三〇四～三〇五頁。

(20) 隅谷『日本石炭産業分析』二三九～二四一、三二五～三三六頁。

(21) 一トン＝四石（木材市場通信社『木材取引要覧』一九三〇年、一二三頁）で換算。以下、トン表示のものは同様に換算した。

(22) 逓信省鉄道局編『鉄道局年報』一九〇三～〇七年。

(23) 「三池鉱業所沿革史」第一一巻、八九～九二、九四～九五頁、「三井鉱山五十年史稿」巻一七、一七～一八頁。

(24)「三池鉱業所沿革史」第一一巻、八三〜八六、九二〜九三頁、「三井鉱山五十年史稿」巻一七、一六〜一九頁。円仏七蔵は、古賀健蔵商店から独立した坑木商であった。

(25)平山文書「坑木受入書第一号」一九一二年一一月(福岡県地域史研究所所蔵資料　帳簿八六)、平山文書「炭鉱納簿(見積控)」一九一四年一二月(帳簿一〇〇)、平山文書「坑木輸送納入関係」一九一三年(書綴三二一)、平山文書「坑木石炭輸送納入関係綴」一九一三年(書綴三二四)。平山商店は、三池炭鉱の石炭輸送をおこなうとともに坑木納入もおこない、大正初期には少なくとも四〇〜五〇名の販売人から坑木・木材を買い入れた。一九一三年に平山商店店主平山泰蔵の納税額が営業税五九・九円、所得税二二・五円であったのに対し、円仏七蔵の納税額は営業税三八五・九円、所得税五七八・六円であった(商工社編『日本全国商工人名録』第五版、一九一四年、[福岡県]四六頁)。

(26)「三池鉱業所沿革史」第三巻採鉱課九、一九三九年(三井文庫所蔵資料)、二四四二頁、「三池鉱業所沿革史」第一一巻、九三、九七〜九八頁。

(27)「田川鉱業所沿革史」第一一巻、三五頁、麻生家文書「坑木出納帳上三緒坑用度[掛]」一八九六年四月(九州大学付属図書館付設記録資料館所蔵資料)、山口家文書「坑木買入台帳　南尾炭鑛」一九〇一年五月(九州大学付属図書館付設記録資料館所蔵資料)。

(28)「田川鉱業所沿革史」第一一巻、三〜四頁、「三井鉱山五十年史稿」巻一七、二一〜二四頁。

(29)「田川鉱業所沿革史」第一一巻、三五〜三七頁。

(30)「山野鉱業所沿革史」第一八巻第八編資材、一九三九年(三井文庫所蔵資料)、二三五頁、「三井鉱山五十年史稿」巻一七、二四頁。

(31)林業発達史調査会編『九州地方における坑木生産発達史』(林業発達史資料第七七号)一九五八年、三六〜三八頁、林野庁『林業実態調査報告書——九州地方の坑木需給構造』第一巻、一九五七年、二九〜三〇頁。

(32)坪内三郎「製鉄所二瀬出張所炭山報告書」一九〇七年(東京帝国大学採鉱学科実習報文)、一〇〇頁、中野範一「忠隈炭坑報告」一九一一年(東京帝国大学採鉱学科実習報文)、一一〇頁、「田川鉱業所沿革史」第一一巻、三頁。

(33)『九州地方における坑木生産発達史』三三一〜三四頁。

(34)高島商店「備忘録」一号(一九一二〜一三年)、二号(一九一三〜一五年)、三号(一九一五〜一七年)、四号(一九一八〜一九年、以上、高島産業株式会社所蔵資料)。

(35)ダイヤモンド社編『全国株主要覧』一九二〇年版、中ノ一四二頁。

(36) 高島商店「備忘録」一〜四、五号（一九一九〜二五年）、山口白陽『高島片平翁』一九四六年、四二、五三〜五四頁。
(37) 高島商店「備忘録」二号。
(38) 「三池鉱業所沿革史」第一一巻、一〇三頁、「三井鉱山五十年史稿」巻一七、二八頁、「三池鉱業所沿革史」第三巻、二四六九頁。
(39) 「三池鉱業所沿革史」第一一巻、七〜一三頁、「田川鉱業所沿革史」第一一巻、二二〇〜二二一頁、三井鉱山株式会社「資材購買ニ関スル座談会速記録」一九四二年（三井鉱山五十年史編纂資料・三井文庫所蔵資料）、「九州各炭坑職制変遷一覧」（「三井鉱山五十年史稿」巻一総説、一九三九年、三井文庫所蔵資料、二七四-一頁）、「購買機構変遷一覧表」（「三井鉱山五十年史稿」巻一七、付表）。
(40) 「三井鉱山五十年史稿」巻一七、一〜一一頁、「資材購買ニ関スル座談会速記録」、「九州各炭坑職制変遷一覧」。
(41) 「資材購買ニ関スル座談会速記録」、「田川鉱業所沿革史」第一一巻、二二五〜二二八頁、「山野鉱業所沿革史」第一八巻、二三〇頁。
(42) 三菱合資会社用度係「日誌」第二八号、一九〇八年二〜四月（三菱史料館所蔵資料　MA-二三〇八）、三菱合資会社地所用度課「地方注文品記入帳　新入炭坑」一九〇八年（三菱史料館所蔵資料　MA-五八〇〇）、三菱合資会社用度係「地方注文品記入帳　七鯰田炭坑」一九〇五〜〇八年（三菱史料館所蔵資料　MA-五八〇四）。
(43) 三菱社誌刊行会編『三菱社誌』第一五巻、東京大学出版会、一九八〇年、一一〇〇頁。
(44) 筑豊五炭鉱の資材購入業務は、一九二〇年一〇月に直方出張所から筑豊鉱業所（鯰田・新入・方城（一九年七月に金田炭鉱を合併）・上山田の四炭鉱を統合して設置）用度課へ引き継がれた。（三菱鑛業株式会社「三菱鑛業株式会社規則」一九二三〜二六年、慶應義塾図書館所蔵「日本石炭本石炭産業関連資料コレクション」（以下、「石炭コレクション」）COAL/C/6408）。また、火薬類、機械類、鉱油、鉄鋼類などの資材については、一八年四月の用度主任会議において本店で全炭鉱分を一括購入することが決定された（三菱鑛業株式会社「三菱鉱業社史編纂工作関係座談会」一九七三年、「石炭コレクション」COAL/C/6400、二一〜二五頁、三菱鑛業株式会社「筑豊炭坑座談会記録」一九六四年、「石炭コレクション」COAL/C/5573、三菱鉱業株式会社・三菱美唄鉱業所「庶務、用度、労務、会計主任会議」一九一六、一八、一九、二一年、九州大学付属図書館付設記録資料館所蔵資料、廣田亀彦「新入炭坑報告」一九一二年、東京帝国大学採鉱学科実習報文、五一頁、相部幸左衛門「鯰田炭坑報告書」一九一七年、東京帝国大学採鉱学科実習報文、八二頁、吉田哲二「上山田炭鉱報告」一九二三年、東京帝国大学採鉱学科実習報文、三頁）。

(45) 入札に参加できたのは、保証金積立や坑木業継続五年以上の条件をみたす坑木商で、一九一四年時点の入札メンバーは円仏、高島、柴田、菊池の四名であった（『九州地方における坑木生産発達史』三五、三八頁）。
(46) 「三池鉱業所沿革史」第一一巻、一〇一～一〇三頁、「三井鉱山五十年史稿」巻一七、二七～二八頁、「資材購買ニ関スル座談会速記録」、『九州地方における坑木生産発達史』七五頁、貝島鉱業株式会社「貝島七拾年誌資料」資材倉庫編、一九五四年（宮若市石炭記念館所蔵資料）。
(47) 高島商店「備忘録」二～五号。
(48) 高島商店「備忘録」三号。
(49) 高島商店「備忘録」四号。
(50) 「三井鉱山五十年史稿」巻一七、二九～三〇頁、「田川鉱業所沿革史」第一一巻、一一頁、「三池鉱業所沿革史」第一一巻、一〇五頁、『九州地方における坑木生産発達史』九六頁、『林業実態調査報告書』五一頁。
(51) 三池鉱業所では、一九二二年一一月の坑木買入価格の再度の値上げと北海道からのエゾマツ丸太約四〇〇〇石（約三万本）の買付により二三年四月末に貯蔵量が増加し、同年五月から約一五％の買入価格の値下げが可能になった（「三池鉱業所沿革史」第一一巻、一〇六頁）。
(52) 「三井鉱山五十年史稿」巻一七、四四～四七頁、「三池鉱業所沿革史」第一一巻、一〇四～一〇五頁、「田川鉱業所沿革史」第一一巻、七～一〇頁、『九州地方における坑木生産発達史』八六頁、『林業実態調査報告書』三六頁。
(53) 「三井鉱山五十年史稿」巻一七、四七頁、山口『高島片平翁』七四頁、「三鉱商店事業年譜」一九三九年（三井文庫所蔵資料）、『九州地方における坑木生産発達史』四二頁。
(54) 「三井鉱山五十年史稿」巻一七、三〇頁、「田川鉱業所沿革史」第一一巻、一三～一四頁、『林業実態調査報告書』四七頁、『九州地方における坑木生産発達史』九一頁、『筑豊石炭鑛業組合月報』一六巻一九八号～二二巻二七二号（一九二〇年一〇月～二六年一一月）。
(55) 「三井鉱山五十年史稿」巻五の一総説、一九三九年（三井文庫所蔵資料）、六九〇頁、「三鉱商店事業年譜」、「三井鉱山五十年史稿」巻一七、四六～四七頁、「三池鉱業所沿革史」第一一巻、一〇八頁。
(56) 『九州地方における坑木生産発達史』九一～九四頁、『林業実態調査報告書』五一～五二頁。
(57) 春日「三池炭礦における『合理化』の過程」二四四～二四七頁。
(58) 荻野『筑豊炭鉱労資関係史』二六二～二七九頁。

(59)「田川鉱業所沿革史」第一一巻、一八、二二頁。
(60)「三菱鉱業社史編纂工作関係座談会」一五八～一六〇頁。互研会は、資材の共同購入を目的に組織されたが、各社の購入方法および購入量の相違により共同購入は実現せず、その後は資材購入についての情報交換などをおこなった。
(61)『筑豊石炭鑛業組合月報』二五巻二九六号（一九二九年二月）、一一～一二頁、「資材購買ニ関スル座談会速記録」、「田川鉱業所沿革史」第一一巻、一六～一七頁、「三池鉱業所沿革史」第一一巻、一二〇頁。
(62)武井英夫「杵島炭坑実習報告書」一九三〇年（東京帝国大学採鉱学科実習報文）、四一頁、鈴木将策「二瀬炭礦中央本坑報告」一九三三年（東京帝国大学採鉱学科実習報文）、六六頁。
(63)「三井鉱山五十年史稿」巻七第二編採鉱、一九三九年（三井文庫所蔵資料）、一四四頁。
(64)久保山『日本石炭鑛業大観』二六〇頁。
(65)「三井鉱山五十年史稿」第七巻、一四一～一四三頁。
(66)田中『近代日本炭礦労働史研究』三七一～三七三頁、鉱山懇話会編『日本鉱業発達史』中巻、二九九～三〇八頁、久保山『日本石炭鑛業大観』二〇〇～二〇六頁。
(67)久保山『日本石炭鑛業大観』二六四～二七四頁。
(68)荻野『筑豊炭鉱労資関係史』二六二～二六三頁。
(69)防腐対策は坑木の乾燥・樹皮剥にとどまり、クレオソート注入坑木は経費や臭気の問題により普及しなかった（塚本梅雄「松島炭礦報告」一九二七年、東京帝国大学採鉱学科実習報文、八七頁、田野孝三「三井田川炭礦報告」一九二九年、東京帝国大学採鉱学科実習報文、六八頁）。
(70)農商務省鑛山局編『本邦鉱業の趨勢』一九二九～四〇年。
(71)「三池鉱業所沿革史」第一一巻、一一一、一一四～一一五頁、「三井鉱山五十年史稿」巻一七、三一～三二頁、「田川鉱業所沿革史」第一一巻、二二～二三頁、「資材購買ニ関スル座談会速記録」、「本店職制変遷一覧表」（「三井鉱山五十年史稿」巻一総説、二七〇～二七一頁、付表）、三井文庫編『三井事業史』本篇第三巻中、一九九四年、三四四頁。
(72)「三井鉱山五十年史稿」巻一七、四六～四七頁、「三池鉱業所沿革史」第一一巻、一一五頁、「資材購買ニ関スル座談会速記録」、「三井鉱山株式会社並関係会社職員録」一九三四～四〇年（三井文庫所蔵資料）。
(73)「田川鉱業所沿革史」第一一巻、三〇頁、「砂川鉱業所沿革史」第一三巻第八編資材、一九三九年（三井文庫所蔵資料）、四頁、「美唄鉱業所沿革史」資材編、一九三九年（三井文庫所蔵資料）、五六〇頁、「三井鉱山五十年史稿」巻一七、五九頁。
(74)林野弘済会『木材生産累年統計』一九六五年、梅村ほか編『農林業』より推計した。

# 第5章 北海道炭鉱業の発展と坑木

北海道炭鉱業においても木材は、主に坑木として利用された。しかし、北海道では木材賦存量が内地に比較して多かったほか、開拓事業の推進のために山林・木材の払下げが積極的に実施され、こうした諸条件に規定されて、北海道炭鉱業における木材利用は九州とは異なる展開をみせた。

本章では、第4章で明らかにした九州炭鉱業における坑木利用を念頭におきながら、慶應義塾図書館、九州大学付属図書館付設記録資料館、北海道開拓記念館、三井文庫所蔵の北海道炭礦汽船、三井鉱山、三菱鉱業の経営資料および社史編纂資料などを利用して、北海道炭鉱業における坑木利用を明らかにする。

## 1 坑木供給の多様化

北海道炭鉱業では、坑木用材としてトドマツ、エゾマツ、カラマツの小径木が利用された。明治初期の北海道にはこうした樹種のほかナラ、タモ、センなどの原生林が広がっており、開拓事業の進展にともなって森林伐採が進行し、中国向けを中心に木材輸出量も増加した。しかし、石炭需要は未だ少なく、本格的な採炭はおこなわ

**図5－1　全国および北海道の出炭量と坑木消費量、1890～1945年**

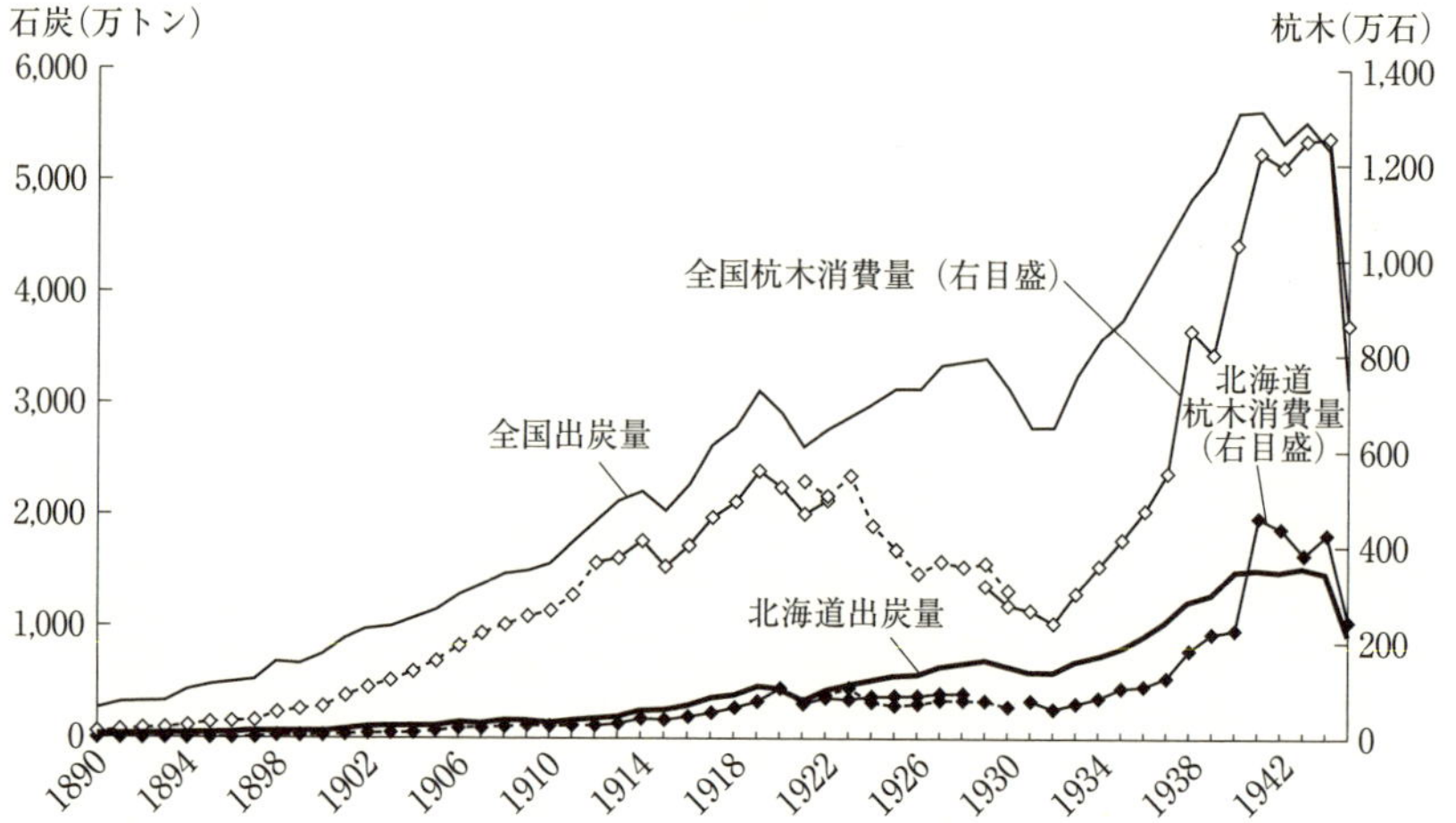


注：1890～1911、21～30年の全国および北海道の坑木消費量（点線）は推計値で、このうち1922～30年の北海道坑木消費量は、夕張、幌内、砂川、三井美唄、三菱美唄、三菱芦別、雄別、釧路の出炭トン当り平均坑木消費量より推計した。その他の推計値（点線）については、図4－1の注を参照。

資料：通商産業省大臣官房調査統計部編『本邦鉱業の趨勢50年史』通商産業調査会、本論、1963年、194～195頁、続編、1964年、171、188～189頁；鈴木茂次『鉱山備林論』1924年、140～144頁；鈴木茂次「我国に於ける鉱山用材」『大日本山林会報』505号（1924年12月）、5～12頁；商工省鑛山局編『本邦鉱業ノ趨勢』1929～45年版；『筑豊石炭鑛業組合月報』5巻66号（1909年12月）、762頁；鉱山懇話会編『日本鉱業発達史』中巻、1932年、付表（第96表）；北海道庁拓殖部『国有林事業成績』1922～28年版より作成。

れておらず、そのため坑木市場はほとんど発達していなかった。

北海道における本格的な採炭は、一八八九年一一月の北海道炭礦鉄道会社（九三年に北海道炭礦鉄道株式会社、一九〇六年に北海道炭礦汽船株式会社に改称、以下北炭と略称）の設立にはじまる。北海道の開拓推進の役割をになった北炭は、幌内炭鉱および幌内鉄道・幾春別鉄道の払下げをうけ、同年一二月に北有社から幾春別炭鉱を譲り受けるとともに、夕張・空知両鉱区を新たに買収し、政府の保護をうけながら炭鉱と鉄道の経営をおこなった。しかし、道内では北炭をのぞくと茅沼炭鉱や釧路の春採・別保両炭鉱などで小規模な採炭がみられたにすぎず、一八九〇年代から一九〇〇年代にかけての北海道出炭量は全国出炭量の一〇%程度で

(図5-1)、このうち七〇~九五%を北炭がしめていた[1]。

北海道においても、坑木用材の伐採は炭鉱近隣地域の山林から開始された。しかし、開坑当初は、九州の三井鉱山や三菱鉱業における炭鉱別の坑木調達とは異なり、北炭による坑木調達は、北海道の坑木市場が十分に発達していなかったために、創業当初から本社での一括購入を通じておこなわれた。北炭の北海道本社(一九一一年北海道支店に改称)の倉庫課(数回の職制改正をへて、一一年四月~二五年一〇月に倉庫係として独立)は、坑木をはじめとする炭鉱用資材を、各炭鉱の使用量の見積りをもとに一括して購入し、必要におうじて各炭鉱へ配給した。また道内で調達できない機械類や特殊物品は、東京支社(一八九三年東京出張所、一九〇一年に東京支店、一一年に東京本店に改称)が購入した[2]。

他方で、明治前期の北海道では開拓事業の推進を目的に山林・立木の払下げ制度が整備され、坑木の調達にもこうした制度が利用された。その結果、坑木商からの買入に依存した九州とは異なり、北海道炭鉱業の坑木の供給先は多様化し、坑木商からの買入材とともに、政府から払い下げられた官有林(国有林)も坑木の重要な供給源になった。北炭の場合、造材搬出請負人を指定し、立木代金に造材搬出賃を加算した契約価格で造材搬出契約を締結して、官有林の伐採・運搬作業にあたった[3]。ただし、官有林は原生林で大径木が多かったために、小径木に対する需要の大きかった坑木は、坑木商からの買入により供給される方が多かった[4]。

こうして北海道における坑木調達は、一八九〇年代半ばまでは坑木商からの買入と官有林の払下げを通じておこなわれたが[5]、九〇年代後半以降、社有林の編成による坑木調達もみられるようになった。北海道では九七年に「北海道国有未開地処分法」が制定され、同法により開墾・牧畜・植樹を目的とした国有未開地の無償貸付と、事業完成後における無償払下げが規定された。すなわち、山林払下げ希望者は、伐採量、苗畑の開墾面積、造林面積などを記入した起業方法書を道内山林の管轄官庁である北海道庁へ提出し、それにもとづいて山林貸付期間中に道庁が実施する数回の検査に合格すれば、無償で山林の払下げをうけることができた[6]。北炭はこの制度を利用して、九八年に植樹を目的に雨煙別山林一〇七〇町歩（一九二〇年に栗山山林と改称）と雨竜山林六二三〇町歩（二〇年に沼田山林と改称）の貸付許可をうけ、両山林に経理課倉庫係管轄の伐木所を設置して各炭鉱へ坑木を供給するとともに、起業方法書にもとづき約五町歩の苗畑の開墾と苗木の養成をおこない、〇一年にカラマツの苗木を四七町歩にわたり植栽した。(7)

日露戦後になると、北海道では製材業、燐寸《マッチ》軸木製造業ならびに枕木を中心とした木材輸出がさかんになり、道内の木材市場は拡大した。また一九〇〇年の「北海道十年計画」により大径木の生産が施業方針となった国有林・御料林では小径木の伐採が制限されたので、北炭は坑木を安定的に確保するために社有林の拡大を余儀なくされた。(8)しかし、「北海道国有未開地処分法」には、植樹目的の場合の一人当り払下げ面積は二〇〇万坪（六六六町歩）、会社および組合組織の企業はその二倍という払下げ面積の上限がもうけられていた。そのため北炭は、道庁より関係者名義で山林貸付の許可をえたうえ、貸付期間中に名義人から貸付権を譲り受け、〇八年までにさらに約一万一六〇〇町歩の山林の貸付許可をうけた。(9)また〇七年より実施されていた「北海道官有林種別調査規定」とそれにもとづく「北海道国有林整理綱領」による国有不要地の払下げもすすみ、第一次大戦前までに北炭の炭鉱近隣の七山林（栗山、沼田、二股、北龍、万字、幾春別、沼ノ端）が、社有林に組み入れられた（図5-2）。(10)

こうして九州よりも単位当り出炭量に対する木材賦存量が多かった北海道では、坑木の供給先が多様化した。北炭の場合、一九〇〇〜〇九年の同社の炭鉱用材消費額のうち、国有林・御料林からの払下げ材が一〜一〇%、社有林材が三〜一〇%をしめていたことから、(11)坑木商からの買入材を中心に国有林・御料林の払下げ材と社有林材を補完的に利用していたと推察される。

**図５－２　北炭および三井鉱山・三菱鉱業の社有林分布**

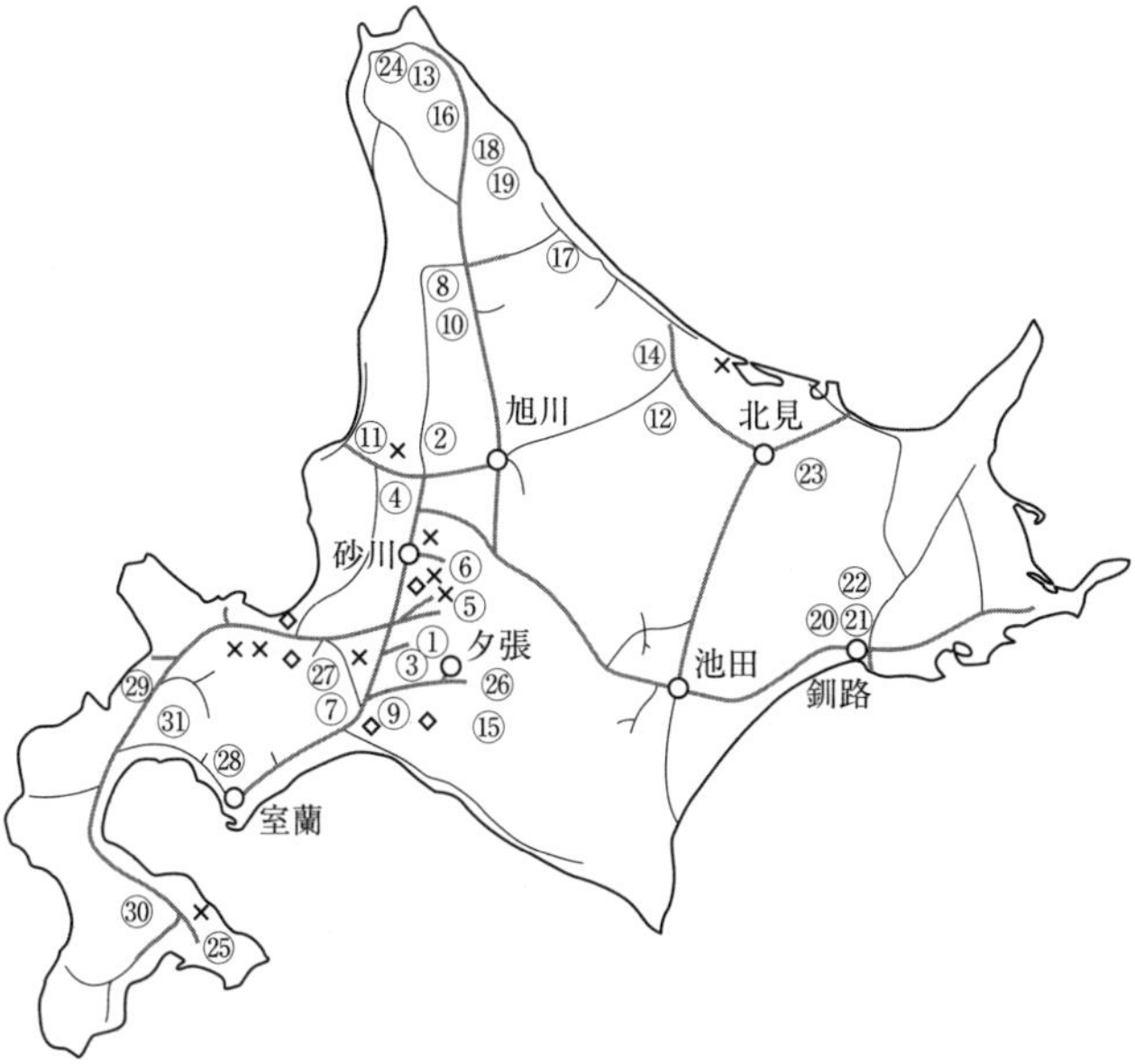


北炭社有林名
①栗山、②沼田、③二股、④北龍、⑤万字、⑥幾春別、⑦沼ノ端、⑧雄信、⑨追分、⑩多寄、⑪大和田、⑫沼ノ上、⑬浅茅野、⑭元紋別、⑮貫気別、⑯浜頓別、⑰中興部、⑱松音知、⑲敏音知、⑳白糠、㉑釧路、㉒舌辛、㉓津別、㉔豊富、㉕亀田、㉖夕張、㉗千才、㉘知床、㉙黒松内、㉚大沼、㉛豊浦。

×：三井鉱山社有林　◇：三菱鉱業社有林
――1920年末までに開通した線路　――1940年末までに開通した線路

注：三井鉱山の社有林は、1939年までに砂川鉱業所が購入したもの。三菱鉱業の社有林は、下記資料より判明する山林のみ記載した。
資料：北炭造林課「社有林史（草稿）」1957年（慶應義塾図書館所蔵「日本石炭産業関連資料コレクション」COAL/C/5818）；「砂川鉱業所山林位置図昭和十四年度現在」（「砂川鉱業所沿革史」第13巻８編資材、1939年、付表、三井文庫所蔵資料）；三菱美唄鉱業所「山林買入調査書類」1939～40年度（九州大学付属図書館付設記録資料館所蔵資料）；三菱美唄鉱業所「美唄月報」1917年（九州大学付属図書館付設記録資料館所蔵資料）；鉄道省『鉄道一瞥』1921年、付図；野田正穂・原田勝正・青木栄一・老川慶喜編『日本の鉄道』日本経済評論社、1986年、393～394頁より作成。

## 2　第一次世界大戦期における坑木価格の高騰

### （1）坑木需要の増加

第一次大戦期になると産業発展にともなって国内の木材需要は増加し、全国各地の山林で伐採が進行し、なかでも北海道の木材伐採量は著しく増加した。[12] また石炭需要の増加につれて、道内では北炭ならびに日露戦後に北海道炭鉱業に進出した三井、三菱など大手の「財閥」系企業が鉱区面積を拡大し、[13] 出炭量の増加にともない坑木需要も増加した（図5-1）。しかし、道内では、製紙用パルプ用材や包装用材など他産業における木材需要にくわえて、内地向けの木材移出も増加し、坑木供給地域は網走線や湧別線の開通により北見、十勝、釧路、日高の鉄道沿線付近に拡大し、[14] 輸送費の上昇もかさなって坑木価格は高騰した。「一見、北海道炭礦ハ木材豊冨ニシテ安價ノ如ク想像サル、モノナレド事實ハ筑豊ト異ナラズ」、[15]「無限の増大の傾向ある坑木に對して供給者は兎角拂底を稱へ容易に応ぜざる有様にて炭礦側は何れも坑木自給策を立て過般道庁に於て拂下の不要林の一部を炭礦汽船が立木尺〆一円何十銭の高価を厭わず競争し漸く手に入れ[16]」る有様であった。図5-3によると、北炭では一七年以降、三井砂川鉱業所では「営業費」の判明する一八年以降、出炭トン当り「用品費」は「係費」「工賃」とともに急増しており、「用品費」にふくまれる坑木費は約三倍に高騰して（前掲図4-3）、一九年には「用品費」の各々四一％、四五％をしめた。

こうした坑木市場の変化により、北炭は坑木商との取引方法を変更せざるをえなくなった。北炭と取引関係にあった主要な坑木商は、三井物産砂川木挽工場、山口慶吉、浅野舜一、柳ヶ瀬松次郎、吉田三蔵、中嶋義一、林弥太郎で、[17] このうち三井物産は輸出用材を中心に取り扱った大規模な木材商であった。『日本全国商工人名録』（一九一四年版）によれば、「諸請負業」山口慶吉と「材木商」中島義一の営業税額は各々一三八円、六四円、所得税

**図5-3　北炭および三井砂川鉱業所の出炭トン当り「営業費」、1913〜39年**

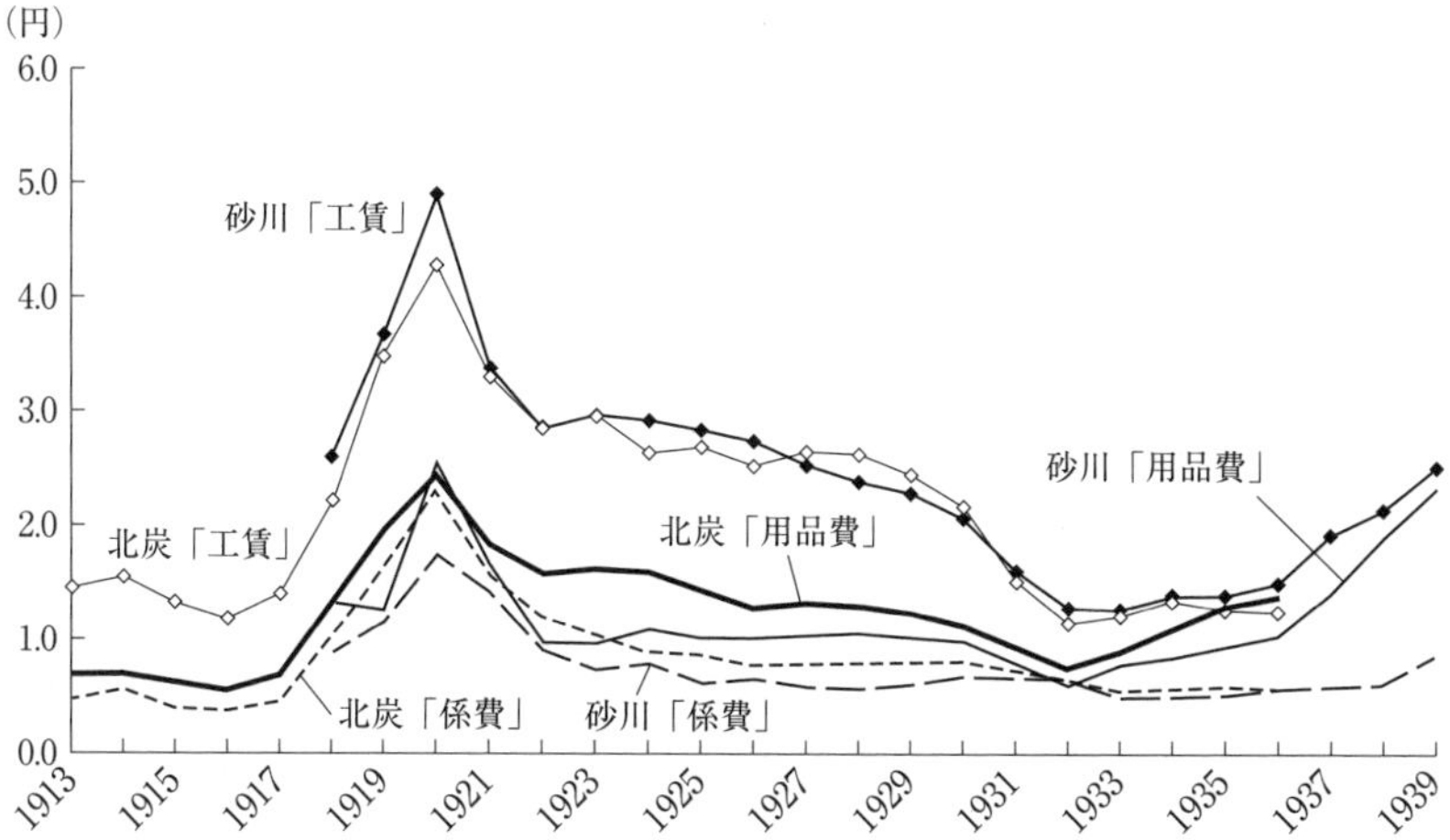


注：「係費」は、給料、手当、旅費、通信費、鉱夫費、広告費、借地借家料、交際費、諸税、諸費をふくむ。「工賃」は、坑内夫賃金、坑外夫賃金、請負夫賃をふくむ。「用品費」は、坑木、板類、火薬、油類、金物類、レール、鉄管、電力などの費用をふくむ。北炭の1913年は下期のみ、36年は上期のみの値。

資料：北海道炭礦汽船「採炭費経費礦別表」(「社史編纂資料（会計）支店貸借対照表他」1938年、48〜93頁、三井文庫所蔵・北炭寄託資料)；「砂川鉱業所経費決算書」(「砂川鉱業所沿革史」第1・2巻、諸表綴、三井文庫所蔵資料）より作成。

額は各々九二円、六五円で、その他の坑木商も比較的資産規模が大きかったと推察される。[18]北炭は、こうした坑木商と毎年一一月頃に坑木の買入契約を締結し、直営または請負で坑木およびその他の事業用材を造材・搬出していたが[19]、一九一七年以降、他の石炭企業や他産業との木材入手競争が激化して木材価格が高騰したので、北海道支店倉庫係は彼らに坑木納入を条件に立木・山林買付資金や造材・搬出資金の前貸しをおこなわなければならなくなった。ところが坑木商は、おそらく木材価格の高騰により契約数量を確保できなかったか、あるいは坑木用材を買入価格の高い取引先へ販売したために、倉庫係は一八年度の木材消費予測量約七七万石に対して一一九万八〇〇〇石の買入契約を締結したうえ、道内各地へ駐在員および出張員を派遣して現地の発駅土場で直接坑木を購入せざるをえなかった[20]。また北炭は、一七年に輸送費の削減のために札幌鉄道管理局と貨物運送賃後納契約を、発駅輸送店とは積込責任数量をさだめた積込作業請負契約を締結した[21]。しかし、船舶不足と海上輸送賃の高騰にともなって船舶輸送から鉄道輸送への転換がすすんだため、北炭は貨車不足に直面し、札幌鉄道管理局により優先的な貨車の配給をうけたものの、輸送状況は改善されなかった[22]。

他方、北海道の三井系、三菱系諸炭鉱も坑木不足に直面し、坑木商への前貸金の付与や出張員の派遣による直接買付が不可避となった。三井鉱山では、第一次大戦期に本店商務部による全国的な資材調達組織が整備され（第4章参照）、砂川鉱業所の機械類、金物類、油類などはこの資材調達組織を利用して本店を通じて購入されたが、坑木は坑木商への前貸金の付与や直接買付および国有林・御料林の払下げを通じて同鉱業所で調達された。三井登川炭鉱（一九一九年に北炭へ売却）においても、坑木は国有林・御料林の払下げのほか、三井物産をのぞいて砂川鉱業所とは異なる坑木商からの買付により、独自に対策をこうじながら調達された[23]。三菱鉱業の場合は、一八年四月に火薬類、機械類、鉱油、鉄鋼類など、各炭鉱で共通して利用する資材については本店による一括購入が決定されたが、坑木は九州の筑豊五炭鉱をのぞいて炭鉱別に調達された。北海道の三菱美唄、大夕張、芦別の三炭鉱では、留辺蕊《るべしべ》、釧路、北見などで直接立木が買い付けられるとともに、坑木は各々異なる坑木商・造材搬出請負人への資金の前貸しを通じて買い付けられた[24]。このように、九州の場合とは異なり、北海道の三井系、三菱系諸炭鉱で坑木が一括購入されなかった要因は、三井や三菱にとって、企業内での出炭割合が高く、かつ重化学工業部門への事業の多角化との関連で重要であった九州諸炭鉱よりも、北海道諸炭鉱の位置づけが相対的に低かったことにあったと考えられる[25]。

## (2) 社有林の拡大

こうして第一次大戦期には坑木需要の急増にともなって坑木価格は上昇し、生産地の遠隔化をともないながら坑木用材の伐採がすすんだが、北海道ではこれと並行して石炭企業の社有林が拡大した。図5-4は、北炭の社

**図5-4　北炭の社有林面積と人工造林面積、1900～45年**

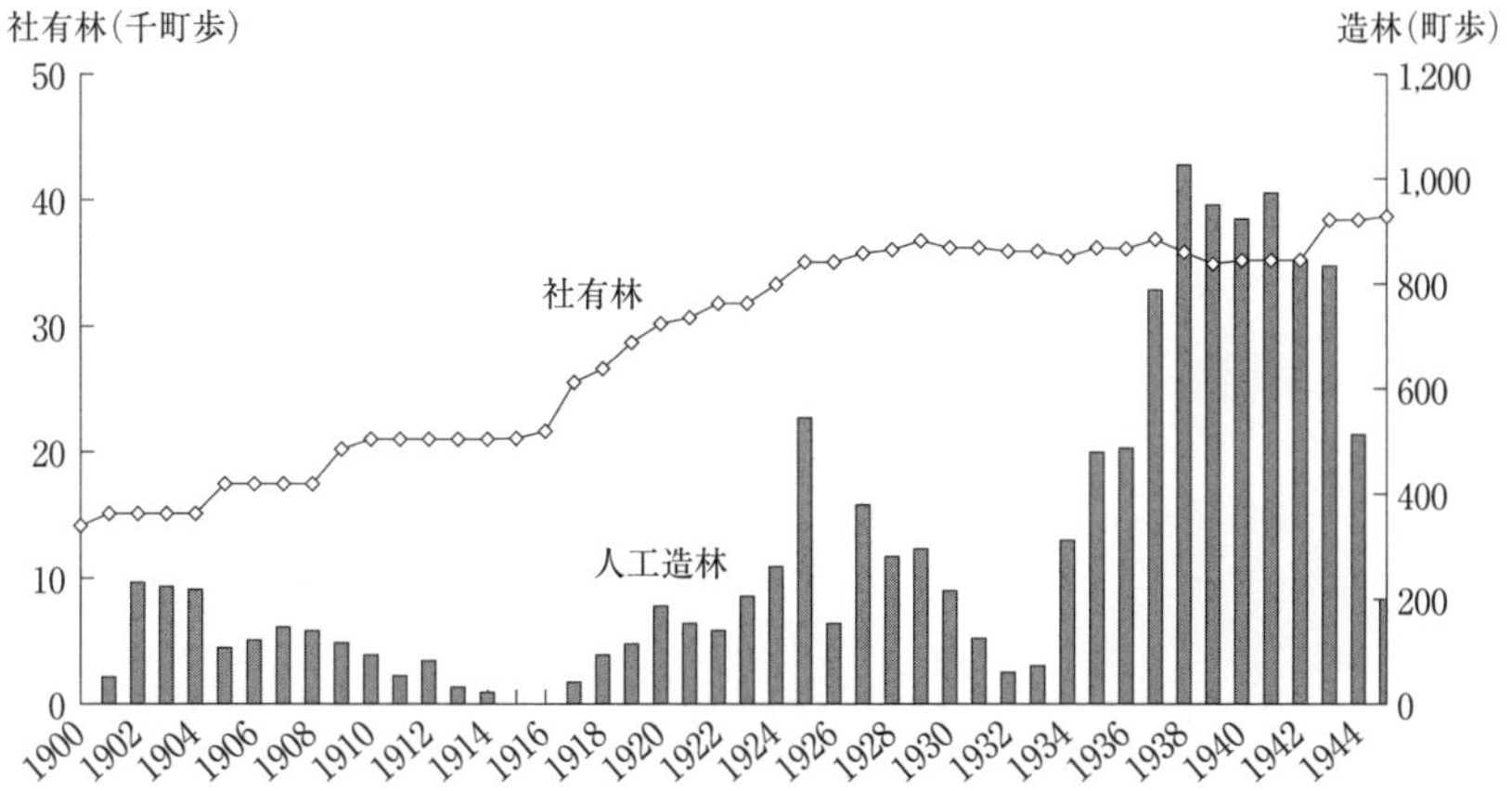


資料：北炭造林課「社有林史（草稿）」；北炭造林課「五十年史」第十編第四章山林、第一次稿本、1938年（慶應義塾図書館所蔵「日本石炭本石炭産業関連資料コレクション」COAL/C/5839）；北海道炭礦汽船株式会社『北炭山林史』1959年より作成。

有林面積および人工造林（人工植栽）面積の推移をしめしている。北炭の社有林面積は、一九〇〇年から一〇年代半ばに一万五〇〇〇～二万町歩であったが、一〇年代後半に増加して二〇年に三万町歩に達した。この間、北炭が新たに社有林に編入した山林は、国有未開地・不要地の売払出願により入手した山林一六一三町歩（図5-2の⑧、⑩、⑫）、三井物産、奥村徳蔵、今井雄七、千葉元貞などから買収した私有林三七八九町歩（②一部、⑨一部、⑪）のほか、倉庫係（木材掛）[26]が坑木商への前貸金の貸付担保として一時的に北炭に登記し、後に社有林に編入した山林（⑩一部、⑬、⑰、⑱、⑲）など三一二四町歩であった[27]。一七年に北炭は、栗山山林をはじめ炭鉱近隣の七山林を対象に、「鉱山備林としての所要坑木の一部を保続的に自給する」ことを骨子とした第一次施業案を策定し、一八年度を始期として三〇年間で計一万二〇〇〇町歩の人工造林地と二九九九町歩の天然更新地の形成を計画した。とくに人工植栽による造林は、一定期間内の成林の完成と樹種・樹齢の統一および立木密度の調節が可能で、坑木不適材の多い社有林を坑木適材山林へ転換させるための重要な作業であった。雑草木の除去や上木伐採により幼樹の発育を促進する天然更新は、人工植栽よりも低コストであったものの坑木適材の育成には適さず、北炭は炭鉱遠隔地や傾斜地などをのぞいて人工植栽により造林地を拡大した[28]。

また三井砂川鉱業所も、一九一八年に北見紋別町小向の国有林一〇四七町歩の払下げをうけ、翌年四月には製材工場と倉庫を建設して事業用材を供給するようになった。三菱美唄炭鉱は、一七年に空知郡沼貝村の約八四五町歩の山林を買収し、一二年の国有地払下げにより入手した山林とあわせて計一八九一町歩の社有林を本店資金により管理し、本店商務課美唄駐在員が美唄鉄道株式会社営業所内の事務所において造林・販売事業を担当した[29]。

このように、第一次大戦期の北海道では坑木市場の急速な拡大とともに、石炭企業は国有林の払下げ、あるいは私有林を買収して社有林に編入し、その一部が坑木用材として利用された。

## 3 坑木の節約と社有林の拡大

### (1) 坑木の節約

大戦後の反動不況により、木材価格は下落した。一九二一〜二二年頃に、北炭は坑木購入量の減少にともない坑木代金支払を月三回から二回に変更し[30]、また三井砂川鉱業所は、造材前に買入契約を締結することなく、坑木商が提出する見積書（砂川駅渡価格）をもとに坑木を臨時的に購入するだけで所要量の確保が可能であった[31]。その後も、輸移入材の増加により木材価格は継続的に下落したが、石炭の供給過剰により炭価も下落したため、北炭、三井、三菱などの大手炭鉱では、石炭鉱業聯合会による出炭・送炭制限を通じた炭価下落の抑制とともに、経費節減のための合理化が推進された。

図5-3によると、北炭および三井砂川鉱業所の出炭トン当りの「工賃」、「用品費」、「係費」はいずれも一九

二〇～二二年に急落し、二三年以降は漸減傾向にあった。「営業費」のうち最も高かった「工賃」は、北炭で三・三円から一・二円、三井砂川鉱業所で三・四円から一・三円に下落し、「用品費」は北炭で一・八円（うち坑木費〇・八〇円）から〇・八円（同〇・二四円）、三井砂川鉱業所で一・六円（同一・四二円）から〇・六円（同〇・一六円）に低下した。「工賃」は、採炭・運搬用機械の導入による人員整理と生産能率の向上により低減がはかられた。たとえば採炭過程についてみると、二〇年代後半から北炭はコールピックを利用した機械採炭を開始し、三井砂川鉱業所および三菱美唄炭鉱は、鑿岩機を利用した発破採炭をおこなうようになった。こうした機械化の進展の結果、北海道諸炭鉱における採炭夫数は、二五年の二万六四一一人から三二年には六七九四人に減少したが、同時期に支柱夫数は一三九一人から一七四九人に漸増しており、(32)九州に比較して支柱夫の比率は低かったものの、北海道においても採炭の進行にともなう坑道距離の延長により、坑木の節約が重要な課題となったことが推察される。

図５-５は、北炭の種類別の坑木消費量割合の推移をしめしている。坑木に最適なエゾマツ・トドマツなどのマツ丸太の割合は、一九二一年の三九％、二二年の四三％から二六年の二七％に低下した。マツ丸太の割合の低下は、割丸太（丸太を縦に二～四等分したもの）および雑木丸太（ナラ、カツラ、センなど広葉樹の丸太）の消費量の増加に起因し、とくに割丸太の割合は二一年の一七％から二六年の三三％に上昇した。しかし、二七年以降エゾマツ・トドマツにかわりカラマツの消費量が増加したために、マツ丸太の割合はふたたび増加に転じ、三二年には五九％をしめた。これらの坑木の石当り買入価格は、たとえば三〇年にエゾマツ・トドマツ丸太が四・一円、カラマツ丸太が三・七円、雑木丸太（皮付）が三・二円、割丸太が二・八円であったことから、エゾマツ・トドマツよりも低価格な樹種を利用して坑木費の節約がはかられたことが推察される。カラマツ丸太は、割丸太や雑木丸太に比較して高価格であったものの、耐久力の面では優位であった。丸太類よりも小径木・小割材の矢木《やぎ》（九州では成木《なるき》）は、三～五本の丸太を組んで作成した留（九州では枠）を坑道に入れ固定する際に、丸太と岩盤の間

**図5-5　北炭の種類別坑木消費量、1920～36年**

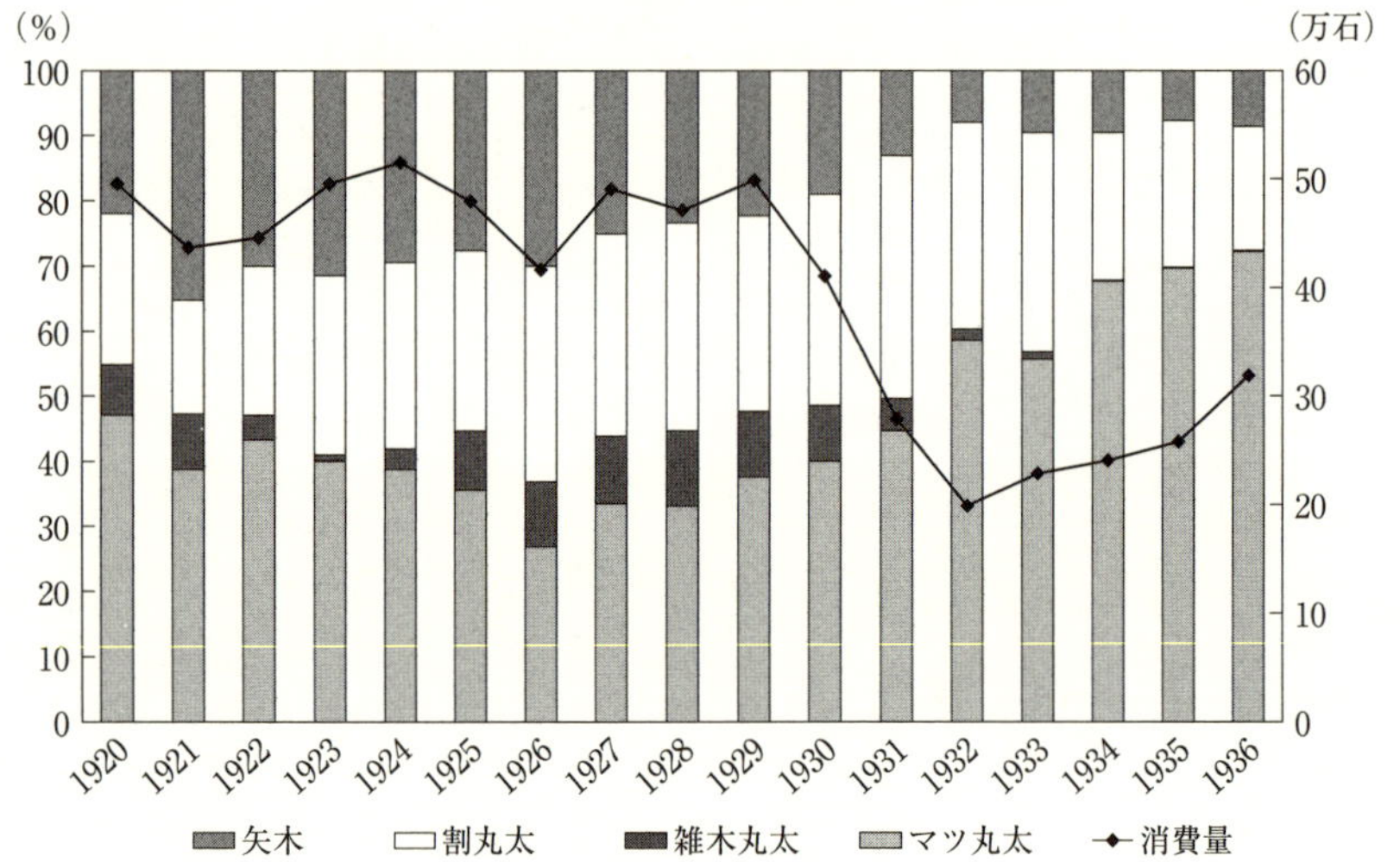


注：坑木消費量は、マツ丸太、雑木丸太、割丸太、矢木の合計。
資料：「材種別木材類消費高一覧表」（北炭「五十年史」第四編採鉱上巻、第一次稿本、1938年、北海道開拓記念館所蔵資料）；「年度別木材類使用高調表」（北炭「五十年史資料木材関係　業務部調査」1938年、三井文庫所蔵・北炭寄託資料）より作成。

に隙間なく挿入されたが、次第に本数は減少した[33]。北炭の矢木消費量は、二一年の一五万石から三二年の一万六〇〇〇石に減少し、坑木消費量全体にしめる割合も同期間に三五％から八％に低下した[34]。これは、九州諸炭鉱において成木がアカマツやクロマツ丸太の代替材として二本組みあるいはロープを巻き補強して利用されたために、成木消費量が増加したのとは対照的であった[35]。

長期的な維持を目的とする主要坑道や換気坑道においては、大径の坑木の代替財として鉄鋼材が使用された。大戦後、鉄鋼材価格は大戦前の約三分の一に下落したので、坑内支柱の鉄製化が進展した[36]。北炭の各炭鉱では、一九二八～三〇年に鉄製支柱が使用されるようになり、三一年からは古レールやIビームを加工したレールアーチも導入された[37]。しかし、北海道諸炭鉱における支柱用鉄鋼材使用量は、九州諸炭鉱と比較して少なく、二九年に福岡監督局管轄下の諸炭鉱における支柱用鉄鋼材消費量が合計一万トンであったのに対し、札幌監督局管轄下の諸炭鉱では三〇〇トンにすぎなかった。[38]

両地域の鉄鋼材価格と坑木価格をみると、支柱用鉄鋼材の買入価格（六〇ポンドレールの場合）は、一九二〇年代末に北炭で六・〇六円（一〇尺）、九州の杵島炭鉱で六・八〇円（一〇尺）、同じく九州の三菱新入炭鉱で六・六六円（九尺）であった。[39]一方、坑木の払出価格（六尺六寸坑木の一年（度）に使用した坑木の平均買入価格）は、三〇年に北海道の三井砂川鉱業所で〇・五九円、二九年に九州の三菱新入炭鉱で〇・六五円であった。[40]利用可能な数値はかぎられているものの、鉄鋼材価格も坑木価格も北海道が九州より低廉であったことは、両地域の鉄鋼材と坑木の価格差よりも、入手状況の相違が両地域の鉄鋼材消費量に影響をあたえていたことを示唆している。支柱用鉄鋼材には、輸入坑枠レールのほか主に鉄道省や製鉄所で不適格と判断された古レールやIビームが使用されたため、[41]鉄道網が早く発達した九州の方が鉄鋼材の入手が容易であったと推察される。その結果、北海道は九州に比較して坑木の節約が進展せず、二一〜三二年の出炭トン当り坑木消費量は、九州では〇・一三一石減少したのに対して、北海道では〇・一〇六石の減少にとどまった。[42]

## (2) 社有林の拡大

こうして一九二〇年代には坑木の節約が進展し、また坑木の供給不足が解消され、坑木価格は下落したが、石炭企業の社有林は継続的に拡大した。北炭の場合、一九二一〜三二年に新たに社有林に編入した山林は七八四六町歩にのぼったが、このうち社有林の拡大を目的に購入した山林は約三一四〇町歩であった。その他は、二〇年に北炭と合併した石狩石炭株式会社が債権の担保として釧路鉱業株式会社から取得していたものを、二八年に社有林に編入した白糠、釧路、舌辛の各山林や、木材係（二〇年一月に木材掛より独立）が坑木造材目的で購入し、立木伐採後に処分せずに社有林に編入した豊富、中興部、亀田の各山林などであった。

北炭は、こうした社有林のうち、炭鉱遠隔地の山林や寒冷で木材の生育に適さない山林を処分し、一九三〇年に貫気別《ぬきべつ》山林、三二年に白糠山林を売却した。(43)一方で北炭は、炭鉱近隣の社有林では坑木に適さない木材を伐採し、伐採跡地にカラマツの苗木を植栽した。北炭社有林の年平均伐採量（用材）は、一〇年代後半の六万石から二一～三二年の二一万石に増加したが、社内へ供給されたのは伐採量の一〇%程度で、(44)残りは社外販売された。二一年四月以降、北炭は社有林の伐採と社外販売を会社直営から立木売払いに変更し、事業用材として使用するものについては製材後に買い戻すか、あるいは請負人を指定して造材・搬出にあたった。(45)また北炭の造林事業は、一七年に策定された第一次施業案と山林別に編成された詳細な施業案にそって実施され、二一～三二年に約二七八〇町歩のカラマツの人工植栽と、炭鉱遠隔地や高嶺地・急傾斜地の社有林で天然更新による立木育成がおこなわれた。(46)

三井鉱山や三菱鉱業においても、山林買収と造林事業が継続して実施された。三井鉱山では、砂川鉱業所倉庫担当者が社有林を管理し、一九二三年には簡易施業案を策定して伐採・造林事業にあたった。また、砂川鉱業所による二七年の奈江山林の買収と二九年の砂川山林の買収、および二八、三二年の美唄鉱業所による山林買収を通じて、三二年までに三五五〇町歩が新たに三井鉱山の社有林に編入された。(47)三菱鉱業では、二二年一〇月に山林事業は本店直轄の商務課美唄駐在員から美唄鉱業所（二〇年一〇月に鉱業所に改称）に移管され、(48)同鉱業所が社有林の伐採・造林事業を担当した。

このように、社有林の坑木の供給という役割は限定的であったが、第一次大戦後も石炭企業による社有林の継続的な拡大と同時に、坑木適材山林への転換がすすんだ。

## 4　坑木不足の深刻化

一九三三年以降、産業活動の活発化にともなって木材需要が急増した。北海道では道内の木材需要にくわえて内地および満州・朝鮮向けの木材需要が増加し、森林伐採が急速に進行した。坑木需要は出炭量に比例して増加した（図5-3）が、坑木と強い競合関係にあったパルプ用材の需要も増加し、坑木市場ではトドマツ・エゾマツの不足が顕著になり、カラマツの入手競争が激化した。[49] しかし、北炭、三井鉱山、三菱鉱業などの石炭企業の新坑開発による石炭増産は、坑木を大量に消費したため、[50] 出炭トン当り坑木消費量は増加し、三三年以降「係費」、「工賃」、「用品費」および坑木費も上昇に転じた（図5-3、前掲図4-3）。こうして石炭企業は、ふたたび坑木の調達方法の変更を余儀なくされた。

北炭は、一九三三年三月に坑木商に対して坑木一〇〇石につき三〇円の納材奨励金の支給を決定し、さらに同年六月には坑木の購入価格を値上げして、坑木納入の円滑化をはからなければならなくなった。[51] 三六年以降、北炭は坑木の調達地域を拡大し、三七年八月に北海道支店に倉庫部、青森県尻内に北海道支店倉庫部駐在所を各々設置して、青森・岩手・山形・秋田の東北各県から坑木を調達せざるをえなくなった。しかし、従来から東北地方で坑木を調達していた常磐の諸炭鉱や、北炭と同様に同地方での坑木調達を余儀なくされた三井鉱山や三菱鉱業との間で坑木入手競争が生じ、[52] 坑木の供給不足は解消されなかった。

一方で北炭は、積極的に山林買収と造林事業をおこない（図5-4）、一九三三〜三七年に合計二七四二町歩の山林を買収した。このうち、庶務係から管轄替された夕張山林（八二七町歩）以外はすべて私有林で、[53] 原生林で大径木の多い国有地の払下げではなく、カラマツ造林の形成された私有林の買収がすすめられたと考えられる。造林事業にかんしては、北炭は三四年に人工植栽に重点をおいた第二次施業案を策定し、三五年以降年間五〇〇町歩のカラマツの人工植栽を実施し、すでに完成した造林地とあわせて合計一万二五〇〇町歩の造林地と二万町歩の天然更新地の形成を計画した。さらに三七年四月には、翌年度以降の年間一〇〇〇町歩のカラマツ人工植栽と造林地の拡張に必要な山林の買収を決定した(54)。

ここで、表5-1より北炭の坑木消費量にしめる社有林からの坑木供給量を確認すると、同社の社有林からの坑木供給率（年平均）は、一九一七〜二〇年に六・九%であったが、二一〜三二年に二・五%に低下し、三三〜三五年には一四・七%に上昇した。この坑木供給率を決定する主要な要因として考えられるのは、一般木材価格の変動である。図5-6によると、道内のマツ丸太とマツ角材の石当り単価は、一〇年代半ばに約一・五円であったが、一六年以降上昇して二〇年にマツ丸太は四・五円、マツ角材は六・七円に達した。その後、二一年にマツ角材が五・〇円に下落し、二二〜二九年にはマツ丸太、マツ角材ともに四・五〜五・五円で推移したが、三〇〜三二年に三・〇〜三・六円に低下し、三三年以降ふたたび上昇に転じた。つまり、北炭の社有林からの坑木供給率が上昇した時期は、一般木材価格の上昇期と一致していた。

三井砂川鉱業所の場合、本格的な社有林の伐採がおこなわれた一九二九年から三二年の伐採量の合計は二万七〇一七石で、仮にこれらがすべて所内に供給されたとすると、社有林供給率は一〇・二%となるので、北炭と同様に、木材価格の高騰した三三年（三一・五%）と三四年（四六・九%）に社有林供給率は上昇した（表5-1）。すなわち、石炭企業は、坑木買入価格が社内の坑木生産費を上回る場合には社有林の坑木伐採量を増加させ、一般木材価格が下落して坑木買入価格が社内の坑木生産費を下回る場合には、社外からの坑木購入量を増加させて社有林の坑木伐採量を減少させたのである(55)。しかしながら、社有林にはかならずしも坑木適材が豊富にあるとはかぎらず(56)、造林により坑木適材山林への転換をはかっても、木材の生育には長期間を必要としたため、社有林は坑木の安定的な供給を保証するものではなかった。

他方で、坑木商からの坑木買付において、坑木商による坑木価格の値上げの抑制という社有林の最大の機能が

**表5－1　北炭および三井砂川鉱業所の社有林の坑木供給量、1914～45年**

単位：石

| 年 | 北　炭 | | | 三井砂川 | | |
|---|---|---|---|---|---|---|
| | 坑木消費量 (a) | 社有林坑木供給量（b） | % (b/a) | 坑木消費量 (c) | 社有林坑木供給量（d） | % (d/c) |
| 1914 | 340,715 | | | | | |
| 1915 | 344,956 | | | | | |
| 1916 | 296,955 | | | | | |
| 1917 | 304,372 | 30,059 | 9.9 | | | |
| 1918 | 344,580 | 22,631 | 6.7 | | | |
| 1919 | 394,692 | 32,640 | 8.3 | | | |
| 1920 | 578,432 | 14,375 | 2.5 | | | |
| 1921 | 438,365 | 14,902 | 3.4 | 28,520 | 0 | 0.0 |
| 1922 | 446,074 | 1,937 | 0.4 | 33,762 | 0 | 0.0 |
| 1923 | 496,033 | 16,365 | 3.3 | 52,260 | 6,460 | 12.4 |
| 1924 | 515,252 | 14,546 | 2.8 | 55,503 | 11,823 | 21.3 |
| 1925 | 480,898 | 14,314 | 3.0 | 52,120 | 5,700 | 10.9 |
| 1926 | 476,814 | 1,583 | 0.3 | 64,861 | | |
| 1927 | 491,242 | 14,569 | 3.0 | 64,861 | | |
| 1928 | 471,794 | 13,613 | 2.9 | 85,376 | | |
| 1929 | 498,670 | 17,372 | 3.5 | 75,422 | | |
| 1930 | 410,909 | 31,597 | 7.7 | 75,830 | | |
| 1931 | 279,630 | 0 | 0.0 | 63,036 | | |
| 1932 | 199,256 | 4,005 | 2.0 | 48,522 | | |
| 1933 | 230,818 | 31,046 | 13.5 | 69,800 | 22,000 | 31.5 |
| 1934 | 241,193 | 36,782 | 15.3 | 87,400 | 41,000 | 46.9 |
| 1935 | 258,222 | 39,522 | 15.3 | 91,700 | 20,000 | 21.8 |
| 1936 | 318,483 | 25,645 | 8.1 | 102,300 | 22,000 | 21.5 |
| 1937 | 462,703 | 17,549 | 3.8 | 132,900 | 35,000 | 26.3 |
| 1938 | 561,092 | 25,879 | 4.6 | 166,400 | 30,600 | 18.4 |
| 1939 | 670,936 | 56,226 | 8.4 | 183,800 | 19,500 | 10.6 |
| 1940 | 723,804 | 56,426 | 7.8 | | | |
| 1941 | 1,140,613 | 56,439 | 4.9 | | | |
| 1942 | 1,041,585 | 43,568 | 4.2 | | | |
| 1943 | 1,153,211 | 122,967 | 10.7 | | | |
| 1944 | 1,236,297 | 152,865 | 12.4 | | | |
| 1945 | 604,405 | 232,903 | 38.5 | | | |

注：1917～36年の北炭社有林坑木供給量は、社有林総供給量のうち90％（1937～45年の社有林供給量の90％以上は坑木用）を坑木として算出した推計値。三井砂川鉱業所の1921～25年の坑木消費量は、坑木購入量と社有林からの坑木供給量の合計値。

資料：北炭木材部「北炭七十年史木材部関係資料」1958年（北海道開拓記念館所蔵資料）；北炭造林課「五十年史」第十編第四章山林；鈴木『鉱山備林論』226～228頁；「砂川鉱業所沿革史」第13巻第8編資材編；三井砂川鉱業所「大正十年ヨリ同十三年ニ至ル各年中鑛山用材所要高調」(三井鉱山株式会社・三井砂川鉱業所「鉱山監督局」1926年度、「石炭コレクション」COAL/C/2812）より作成。

図５－６　北海道におけるマツ材と国有林払下げ価格、1912～36年

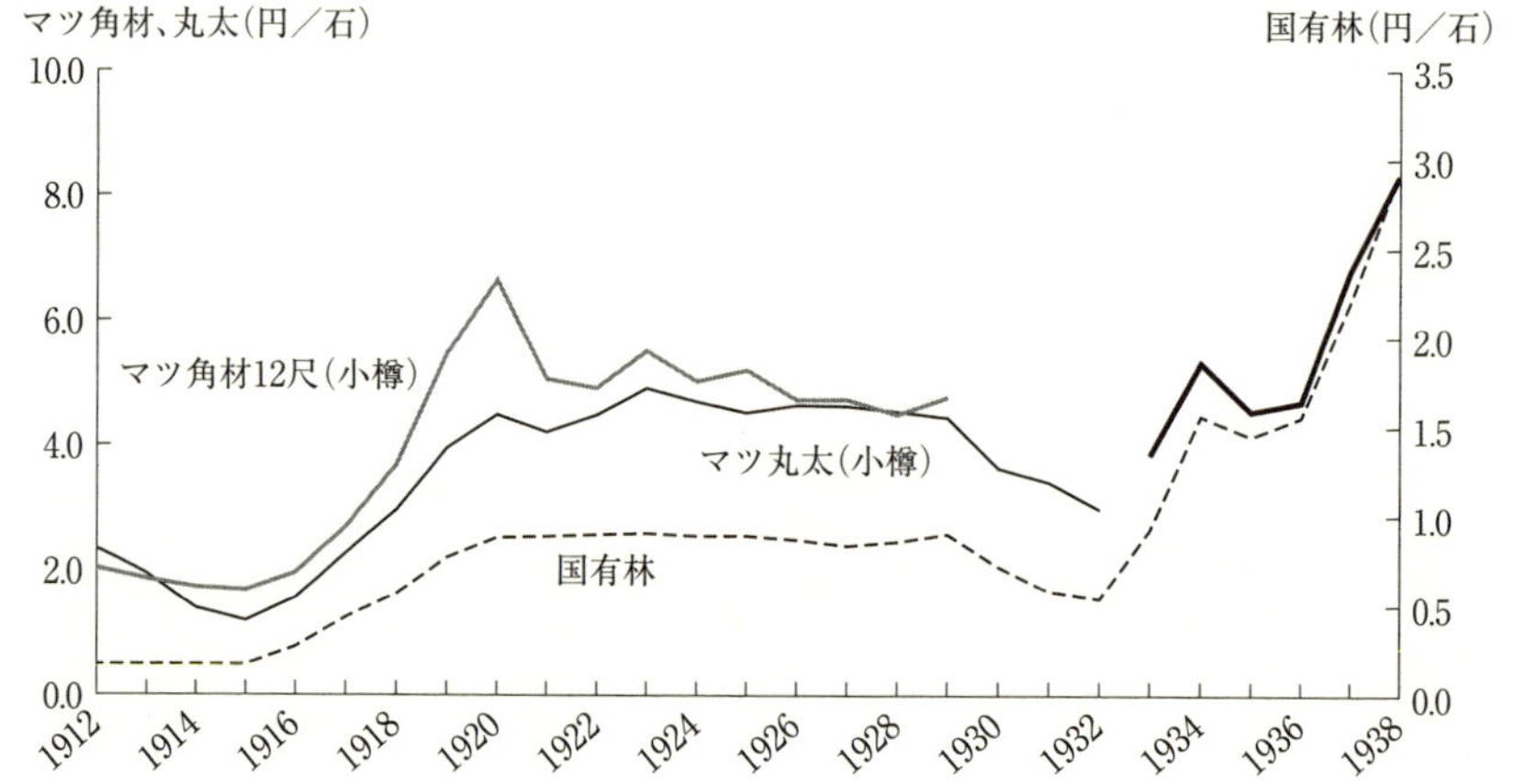


注：太い実線はトドマツの石当り価格。
資料：北海道編『北海道山林史』1953年、685～686、692～693、722～724頁より作成。

重要な役割をはたした。当初の北炭の社有林の設置目的が、「事業用材の供給を潤澤ならしむると共に價格の騰勢を牽制する」[57]ことにあったように、「木材商ノ価格吊リ上ゲ」は「採算上影響スルトコロ少ナクナ」かった[58]。この機能を有効にはたらかせるためには、広大な社有林にできるだけ多くの立木を保有する必要があり、一九三〇年代半ばの調査によると、北炭は社有林から坑木消費量の一〇％程度を供給したにすぎなかったが、最大四八％が供給可能な状態にあったという[59]。道内の主要坑木商が「機構上ヨリモ陳《ママ》容上ヨリモ五十年ノ歴史ヲ有スル北炭木材部ヲ向フニ廻シ苦戦セラルルコトヲ自分達ハ充分察シテキル」[60]と発言していたことは、北炭の社有林が少なからずその機能を発揮していたことを示唆している。社有林は、木材商による価格吊上げの牽制と木材不足時のバッファとしての機能をはたし、坑木の市場取引の増加とともに道内に拡大していったのである。

こうした社有林の拡大は、三井鉱山と三菱鉱業でもみられた。三井鉱山においては、砂川、美唄両鉱業所が一九三四～三七年に一四三〇町歩の私有林を買収し、三五年には砂川鉱業所に社有林管理の専任の係員をおき、砂川や小向などの主要山林を対象に一三二五町歩の造林をおこなった[61]。三菱鉱業

は、三五年の時点で三三一〇町歩の山林を所有し、その後も札幌近隣などの私有林を中心に買収し、社有林に編入した[62]。しかし、三〇年代末に、北炭の社有林が約三万六〇〇〇町歩に達していたのに対し、三井鉱山や三菱鉱業の社有林は七〇〇〇～八〇〇〇町歩にとどまった。

三井鉱山の場合、坑木市場の逼迫により新たな対応をせまられた結果、山林買収や造林事業の拡大以上に、三鉱商店による坑木買付を積極的におこなった（前掲表4-3）。第4章で考察したように、一九二八年に瀬尾商店を改組して設立された三鉱商店は、三六年末までに益田、横田、三保、小浜、古市など九州・中国・四国地方を中心に全国一四カ所に出張所を設置し、山林・立木を買い付けて九州の三井諸炭鉱へ坑木を供給した。三七年八月に三鉱商店は、砂川に出張所を開設して北海道の三井諸炭鉱へも坑木を供給するようになり[63]、砂川鉱業所においては三鉱商店からの坑木納入量が、坑木購入量の三〇～五〇％をしめた。また太平洋炭礦株式会社（二〇年に三井釧路炭鉱と木村組釧路炭鉱の合併により設立）の別保、春採両炭鉱や三九年に開坑された三井芦別鉱業所も、四〇年頃から同店より坑木を買い付けた[64]。北炭の継続的な山林買収・造林事業の拡大と、三井鉱山の三鉱商店を通じた全国的な坑木買付という両社の坑木調達の重点のおき方の相違は、北海道の開拓推進の役割をにないつつ地域的な事業展開をした北炭と、全国的な事業展開をした三井鉱山の資材調達方針の相違によるものであったと考えられる。

三菱鉱業の場合には、三井鉱山のように坑木会社は設立されなかったものの、山林買収や造林事業の拡大よりも、坑木商との取引に調達の重点がおかれた。たとえば、三菱美唄鉱業所では、坑木市場における供給不足の深刻化により、「大手永年ノ納材人」と取引をおこなう一方で、「新顔ノ納材者」から「会社へ照会シサヘスレバ直ニ納材セシメラルル行キ方」で坑木を買い付けた[65]。一九三五～三七年に美唄鉱業所と取引があった坑木商は四一名におよんだが、このうち継続して取引がみられたのは三井物産、伊藤組、浅野悦蔵、土田又三郎などの計一一業者であった。美唄鉱業所の坑木購入量のうち、この一一業者からの購入量は三五年に八五・二％（四万八六六六〇石)、三六年に八九・三%(五万四四四〇石)であったが、三七年には六四・一%(五万二〇五〇石)に低下し、同鉱業所はそれ以外を青森県での買付と、先の一一業者とは異なる道内坑木商(一二業者)との新規契約の締結によって調達しなければならなかった(66)。こうした一時的な買付は、継続的な取引関係にあった坑木商からの批判をまねいたが、美唄鉱業所は、小規模であっても「駆引ナク正直一途デ」「犬馬ノ労ヲ惜シマ」ない坑木商、あるいは一時的な取引であっても低価格で販売する坑木商にも取引を拡大せざるをえなかった(67)。

以上のように、北海道における坑木利用は、地理的自然条件にくわえ、炭鉱開発の時期的背景、石炭企業内の炭鉱の位置づけや資材調達方針の相違によって九州とは異なる展開をみせた。しかし、九州と同様に、坑木用材の伐採が炭鉱近隣地域の山林から遠隔地の山林へと進行し、一九三〇年代後半以降は坑木不足が深刻化した。北海道炭鉱業で利用された木材はほとんど道内から供給され、森林伐採量から推計すると、二〇世紀以降、北海道の用材伐採量の二〇~二五%が北海道炭鉱業で消費されたことになる(68)。北海道においても、炭鉱業の発展は道内の森林面積を減少させ、森林減少や坑木市場の変化に、炭鉱は継続して対応していかざるをえなかった。

**注**

(1) 水野五郎「産業資本確立期における北海道石炭鉱業」『経済学研究』一五号(一九五九年一月)、一二三~三九頁。
(2) 北海道炭礦汽船株式会社七〇年史編纂委員会編『北海道炭礦汽船株式会社七十年史』一九五八年、四二七頁、北炭「購買規約(例規類)」一八九〇~一九二九年(五〇年史資料、三井文庫所蔵・北炭寄託資料)、二~一〇頁、北炭「七十年史・第十八回座談会」一九五七年(三井文庫所蔵・北炭寄託資料)。各炭鉱の倉庫担当者は、本社倉庫課から配給される資材の受入・検収・貯蔵業務を担当し、資材の購入については五〇〇円未満の小額の資材にかぎって直接購入が許可されていたものの、直接購入した場合には一カ月ごとに主務課をへて倉庫課へ報告することが義務づけられていた。
(3) 北炭木材部「北炭七十年史木材部関係資料」一九五八年(北海道開拓記念館所蔵資料)、九七、一一二頁。

（4）払い下げられた立木のうち、坑木として利用できたのは約半分であったという（三井鉱山株式会社「資材購買ニ関スル座談会速記録」一九四二年、三井鉱山五十年史編纂資料・三井文庫所蔵資料）。

（5）北炭造林課「五十年史」第一〇編副業及付帯事業第四章山林、第一次稿本、一九三八年（慶應義塾図書館所蔵「日本石炭本石炭産業関連資料コレクション」（以下、「石炭コレクション」）COAL/C/5839）、一～二頁、北炭造林課「社有林史（草稿）」一九五七年（「石炭コレクション」COAL/C/5818）、第一章第一節、四頁。

（6）「社有林史（草稿）」第三章第一節、一～五頁。

（7）「社有林史（草稿）」第一章第二節、一九～二〇頁、第三章第一節、八～九頁、「五十年史」第一〇編第四章山林、一二～一六頁。中尾信治「空知炭山報告書」一九〇七年（東京帝国大学採鉱学科実習報文、東京大学工学・情報理工学図書館所蔵資料）、六九頁、藤井暢七郎「夕張第一礦報告」一九〇九年（東京帝国大学採鉱学科実習報文）、七六頁。

（8）「社有林史（草稿）」第一章第一節、一二～一四頁、堀内敏尭「空知炭礦報告」一九〇七年（東京帝国大学採鉱学科実習報文）、六八頁、北海道編『北海道山林史』一九五三年、二八九～二九七頁。

（9）北海道庁へ提出した起業方法書にもとづいて開墾・牧畜・植樹をおこなわず、立木の伐採・販売のみを目的とした「山荒し地喰い」が増加したため、一九〇八年に山林の無償払下は売払制に改正された（「社有林史（草稿）」第一章第二節、三五～四三頁）。

（10）「社有林史（草稿）」第一章第二節、三三頁、第二章第二節、「五十年史」第一〇編第四章山林、四～五頁。北炭の山林業は、回漕業やコークス製造業などと並んで炭鉱業と鉄道業に関連する副業として兼営され、一九〇六年の鉄道国有化以降は鉄道事業の損失補塡のため、製鉄、電燈、煉瓦製造、製材の各事業も開始された。このうち製材業は、〇七年に電燈業、煉瓦製造業とともに営業目的に追加され、北炭は輪西製材所を建設して〇八年七月より製材および社外販売をおこなった。なお輪西製材所は、不況の影響をうけ一四年四月に廃止された（市原博「第一次大戦に至る北炭経営」『一橋論叢』九〇巻三号、一九八二年九月、一四九頁、宮下弘美「日露戦後北海道炭礦汽船株式会社の経営危機」『経済学研究』四三巻四号、一九九四年三月、一四四～一四六頁、「北炭七十年史木材部関係資料」一三八～一三九頁）。北炭の山林経営については北海道炭礦汽船株式会社『北炭山林史』一九五九年および有永明人『巨大所有の形成とその山林経営の展開』鶴岡書店、二〇〇六年を参照。

（11）北炭「北海道炭礦汽船株式会社統計」会計八、一九〇七年（北海道大学北方資料室所蔵資料）、第二四～二六表。坑木は炭鉱用材消費量の八〇～九〇％をしめたので、炭鉱用材の消費額と調達先内訳から坑木の調達状況を推測しても問題はない。

(12) 林野弘済会『木材生産累年統計』一九六五年。
(13) 水野五郎「北海道石炭鉱業における独立資本の制覇」『経済学研究』一三号(一九五七年三月)、一五五〜一六七頁。
(14) 北炭木材部「大正十年度決済書類」一九二一年(北海道開拓記念館所蔵資料)。
(15) 宮川敬三「登川炭砿報告」一九一八年(九州大学工学部採鉱学科学生実習報告、「石炭コレクション」COAL/C/8521)、七七頁。
(16) 「坑木自給策」『小樽新聞』一九一七年一二月一三日。
(17) 『北海道炭礦汽船株式会社七十年史』四二八頁、「北炭七十年史木材部関係資料」九七頁、北炭木材部「大正十年度決済書類」。
(18) 商工社編『日本全国商工人名録』第五版、一九一四年、「北海道」一五、七四頁。ただし、九州の坑木商と比較すると、北海道の坑木商の規模は小さく数は多かったという(「資材購買ニ関スル座談会速記録」)。
(19) 北炭木材部「大正十年度決済書類」。
(20) 北炭「支店会議事録」一九一八年六月(三井文庫所蔵・北炭寄託資料)、七八頁、「北炭七十年史木材部関係資料」一二三頁。
(21) 「北炭七十年史木材部関係資料」一二三頁、「五十年史」第一〇編第四章山林、六頁、日本国有鉄道『日本国有鉄道百年史』第五巻、一九七二年、五二一頁。一九年六月の鉄道院による運送取扱人公認制度の採用以降は、公認輸送店以外の鉄道運賃後払が認められなくなったので、北炭は札幌鉄道管理局と一カ月あるいは一旬ごとに運賃概算を予納する貨物運賃予納契約を締結した。
(22) 北炭「支店会議録」七九〜八〇頁。
(23) 「資材ニ関スル座談会速記録」、「砂川鉱業所沿革史」第一三巻第八編資材、一九三九年(三井文庫所蔵資料)、六、一一〜四一頁、宮川「登川炭砿報告」七七頁、三井鉱山株式会社・三井砂川鉱業所「各山」一九一七、一八年度(「石炭コレクション」COAL/C/2757, 2758)。
(24) 三菱鑛業株式会社「三菱鉱業社史編纂工作関係座談会」一九七三年(「石炭コレクション」COAL/C/6400)、一五七頁、三菱社誌刊行会編『三菱社誌』第二八巻、東京大学出版会、一九八〇年、四〇〇一頁、『三菱社誌』第二九巻、東京大学出版会、一九八一年、四四〇三〜四四〇四頁。
(25) 三井財閥、三菱財閥の経営における炭鉱業の位置づけおよび戦略については、森川英正『財閥の経営史的研究』東洋経済

新報社、一九八〇年、旗手勲『日本の財閥と三菱』楽游書房、一九七八年、三島康雄編『三菱財閥』日本経済評論社、一九八一年、安岡重明編『三井財閥』日本経済評論社、一九八二年などを参照。

(26) 一九一八年七月以降、北海道支店に新設された木材掛が担当した（「五十年史」第一〇編第四章山林、一五頁、「社有林史（草稿）」第六章、二頁）。

(27)「社有林史（草稿）」第二章第二節。

(28)「社有林史（草稿）」第三章第二節、二～四頁、第三章第三節、五頁。

(29)「三井鉱山五十年史稿」巻一七第一一編資材、一九三九年（三井文庫所蔵資料）、六一～六二、七六～七七頁、「砂川鉱業所沿革史」第一三巻、四二頁、三菱鑛業株式会社「三菱鑛業株式会社規則」一九一六～二二年（「石炭コレクション」COAL/C/6407）、三菱美唄鉱業所「美唄月報」一九一七年（九州大学付属図書館付設記録資料館所蔵資料）、三菱鉱業株式会社・三菱美唄鉱業所「山林規定」一九一五～二二年（九州大学付属図書館付設記録資料館所蔵資料）、『三菱社誌』第三一巻、東京大学出版会、一九八一年、五九八一頁。

(30)「北炭七十年史木材部関係資料」一一六頁。

(31) 三井鉱山株式会社・三井砂川鉱業所「鉱山監督局」一九二一～二二年（「石炭コレクション」COAL/C/2811）。

(32) 農商務省鑛山局編『本邦重要鉱山要覧』一九二六年、五一一～六四三頁、商工省鑛山局編『本邦鉱業ノ趨勢』一九三四年。一九二五年は札幌鉱山監督局管轄下の出炭三〇万トン以上の炭鉱の労働者数の合計値、三二年は札幌鉱山監督局管轄下の全炭鉱の労働者数の合計値で、両年とも後山をふくむ。

(33)「北炭七十年史木材部関係資料」六四頁、『北海道炭礦汽船株式会社七十年史』六〇八頁。

(34)「材種別木材類消費高一覧表」（北炭「五十年史」第四編採鉱上巻、第一次稿本、一九二八年、北海道開拓記念館所蔵資料）、「年度別木材類使用高調表」（北炭「五十年史資料木材関係　業務部調査」一九三八年、三井文庫所蔵・北炭寄託資料）。

(35)「田川鉱業所沿革史」第一一巻第八編資材、一九三九年（三井文庫所蔵資料）、一八、二一頁、林業発達史調査会『九州地方における坑木生産発達史』（林業発達史資料第七七号）一九五八年、六四頁、林野庁『林業実態調査報告書――九州地方の坑木需給構造』第一巻、一九五七年、六一頁。

(36) 久保山雄三『日本石炭鑛業大観』公論社、一九三九年、二六〇頁。

(37) 北炭「五十年史」第四編採鉱上巻、二〇七～二一〇頁、「北炭七十年史木材部関係資料」六四頁。

(38) 商工省鑛山局編『本邦鉱業ノ趨勢』一九三〇年。

(39) 北炭「五十年史」第四編採鉱上巻、二三五頁。
(40) 中安信丸「杵島炭鉱第三坑報告書」一九二九年（東京帝国大学採鉱学科実習報文）、五五頁、岡田秀夫「新入炭坑第六坑報告」一九二九年（東京帝国大学採鉱学科実習報文）、五九頁、白木只義「三井砂川鉱業所報告書」一九三〇年（東京帝国大学採鉱学科実習報文）、九五頁。
(41) 武井英夫「杵島炭坑実習報告書」一九三〇年（東京帝国大学採鉱学科実習報文）、四一頁、鈴木将策「二瀬炭礦中央本坑報告」一九三三年（東京帝国大学採鉱学科実習報文）、六六頁。
(42) 出炭トン当りの坑木消費量は、九州と北海道で一九二一年に各々〇・二〇六石、〇・二一五石、三二年に各々〇・〇七五石、〇・一〇九石であった（二一年の九州の数値は、岩屋、峰池、新原、松島、網分の各炭鉱の出炭トン当り平均坑木消費量で、鉱山懇話会編『日本鉱業発達史』中巻、一九三二年、付表（第九十六表）による。また、二一年の北海道の数値は北海道庁拓殖部『国有林事業成績』一九二二年に、二九年の九州と北海道の数値は商工省鑛山局編『本邦鉱業ノ趨勢』一九三〇年による）。出炭トン当りの坑木費を比較しても、二九年に福岡鉱山監督局管轄下の諸炭鉱の平均が〇・四〇六円、札幌鉱山監督局管轄下の諸炭鉱の平均が〇・四七六円で、北海道は九州より〇・〇七円高かった（鉱山懇話会編『日本鉱業発達史』中巻、三一四頁）。
(43) 「五十年史」第一〇編第四章山林、九頁、「社有林史（草稿）」第二章第三節、一頁。
(44) 「五十年史」第一〇編第四章山林、一五～一六頁、付表。北炭は、製炭材として一九一〇年代後半に年平均約一万四〇〇〇石、二〇～三二年に年平均約二万五〇〇〇石の立木を社有林から伐採した。
(45) 「社有林史（草稿）」第三章第二節、九頁。
(46) 「社有林史（草稿）」第三章第二節、四頁、『北炭山林史』一一九頁。
(47) 『北海道山林史』四四二頁、「砂川鉱業所沿革史」第一三巻、付表、四二～六三頁、「美唄鉱業所沿革史」資材編、一九三九年（三井文庫所蔵資料）、五七〇頁。
(48) 『三菱社誌』第二九巻、五九八一頁、三菱鑛業株会社「三菱鑛業株会社規則」一九一六～二二年。
(49) 『北海道山林史』七〇八頁。
(50) 田中直樹『近代日本炭礦労働史研究』草風館、一九八四年、一五〇～一六八頁。
(51) 「社有林史（草稿）」三章第三節、一頁。
(52) 「社有林史（草稿）」三章第三節、四頁、「北炭七十年史木材部関係資料」二九、九四頁、『北海道炭礦汽船株式会社七十年

史』一七六頁。北炭は、東北地方から坑木購入量の一五％までを調達したが、木材入手競争の激化により、それ以上の坑木を調達できなかったと考えられる。
(53)「社有林史（草稿）」第二章第二節。
(54)「社有林史（草稿）」第三章第三節、四、八頁。
(55)一九三〇年代後半に北炭と三井砂川鉱業所の社有林からの坑木供給率が低下した要因としては、坑木需要量の急増に対して社有林の伐採がおいつかなかったことや戦時体制強化にともなう人員・資材不足などが考えられる。また石炭販売収益は、かならずしも坑木購入量と比例して推移していないことから、坑木購入量および社有林伐採量の主要な決定要因ではないと考えられる（北海道炭礦汽船株式会社『営業報告書』一九一三年下期～四〇年下期）。
(56)「資材購買ニ関スル座談会速記録」。
(57)中山督編『五十年史』北海道炭礦汽船株式会社、一九三九年、二六五頁。
(58)「五十年史」第一〇編第四章山林、二頁。
(59)三菱鉱業株式会社・三菱美唄鉱業所「北海道鉱山林業会社　其一」一九三八年（九州大学付属図書館付設記録資料館所蔵資料）。
(60)三菱美唄鉱業所「山林買入調査書類」一九三九～四〇年度（九州大学付属図書館付設記録資料館所蔵資料）。
(61)「砂川鉱業所沿革史」第一三巻、付表、「三井鉱山五十年史稿」巻一七、七九頁、『北海道山林史』四四二頁。
(62)三菱美唄鉱業所「山林買入調査書類」、『北海道山林史』四四三頁。一九三五年に、住友炭鉱は一万二四五七町歩、雄別炭鉱は一三六二町歩、太平洋炭礦は四〇二町歩の社有林を各々所有していた（三菱鉱業株式会社・三菱美唄鉱業所「北海道鉱山林業会社　其一」）。
(63)「三井鉱山五十年史稿」巻一七、四六～四七頁、「三池鉱業所沿革史」第一一巻、一一五頁、「三井鉱山株式会社並関係会社職員録」一九三四～四〇年（三井文庫所蔵資料）。
(64)「砂川鉱業所沿革史」第一三巻、四頁、「三井美唄鉱業所沿革史」資材編、五六〇～五六一頁、「三井鉱山五十年史稿」巻一七、五九、六二～六四頁、「太平洋炭礦株式会社沿革史」第三巻第八編資材、一九三九年（三井文庫所蔵資料）、六～七頁、「資材購買ニ関スル座談会速記録」。
(65)三菱美唄鉱業所「山林買入調査書類」。
(66)三菱鉱業株式会社・三菱美唄鉱業所「北海道鉱山林業会社　其一」。

(67) 三菱美唄鉱業所「山林買入調査書類」。

(68) 林野弘済会『木材生産累年統計』と梅村又次ほか編『農林業』(長期経済統計九)東洋経済新報社、一九六六年より推計した。

# 第6章　製紙業の発展とパルプ用材

製紙業の先行研究には、四宮俊之によるカルテル研究や鈴木尚夫編『紙・パルプ』（日本産業発達史一二）などの代表的な研究があるが[1]、これらの研究では主として洋紙・パルプの生産・販売に分析の重点がおかれているため、パルプ用材の利用についての踏み込んだ分析はおこなわれていない。一方、林業史分野においてパルプ用材にかんする研究がすすめられてきたが[2]、これらの研究の多くは、内地、北海道、樺太、朝鮮、満州の各地域における木材の生産・輸送・消費の数量的把握と山林政策の解明以上のものではなく、地域間や産業間の木材利用の比較や関連など検討されるべき点が残されている。

製紙業において木材は、製紙用のパルプ用材や工場の建設用材などに利用された。とくに需要の大きかったパルプ用材は、パルプ製造費の四〇～六〇％をしめる製紙業にとって不可欠の原料であった[3]。木材を資材として利用した鉄道業・電信事業・炭鉱業では、防腐材や小径木、鉄鋼材の利用による木材の節約が可能であったのに対し、木材を原料として利用した製紙業では節約が困難で[4]、パルプ用材消費量はパルプ・洋紙生産量に比例して急増した。日本の産業化において製紙業は、産業化に不可欠の金融・郵便・土地・学校などの諸制度の整備だけではなく、大衆への情報伝達をになった新聞・雑誌・書籍などの情報産業の発展にも大きく寄与した。本章では、紙の博物館および林業文献センター所蔵の王子製紙、富士製紙、樺太工業の経営資料や、農商務（農林）省の統計資料などを利用し、製紙業におけるパルプ用材の利用を明らかにする。

## 1 パルプ用材消費量の推移

図6-1は、一八八〇～一九四五年の全国のパルプ用材消費量と洋紙・パルプ生産量および輸入量の推移をしめしている。(5) 木材と同じくパルプ原料として利用された襤褸《ぼろ》（木綿・麻）や藁などの消費量はふくまれていないが、これらは低価格での量的確保が木材以上にむずかしく、消費量は増加したものの、それ以上にパルプ用材消費量が急増したために、パルプ原料消費量にしめる木材の割合は、一九一〇年の二八％から二〇年の七五％に上昇し、二二年以降は九〇～九九％で推移した。(6)

明治以降の日本の洋紙需要は、金融制度や郵便制度の整備にともなう紙幣や切手・はがきの発行数の増加や、教育制度の整備による国定教科書の印刷、また新聞・雑誌・書籍の発行数の増加(7)などにより著しく増加した。日清・日露戦時期や第一次大戦期には、とくに新聞用紙の需要が急増し、洋紙生産量は一八九〇年の六六五〇トンから一九一八年に二二万三〇〇〇トンに増加した。それにともなって製紙用パルプ生産量も一三年の七万六〇〇〇トンから一八年の一九万八〇〇〇トンに増加し、同時に第一次大戦期の製紙用パルプ輸入量の減少により自給率が高まり、パルプ用材消費量は一三年の一〇一万石から一九年の三三九万石に急増した。

大戦後には洋紙市場は供給過剰になり、日本製紙聯合会による第一次生産制限（一九二〇年一二月～二一年一二月）と第二次生産制限（二六年八月～二八年一一月）が実施された。しかし、加盟各社の利害が錯綜し、製紙各社は抄紙機械の増設や機械改良により能率向上をはかって激しい洋紙販売競争を繰り広げたため、洋紙生産量と製紙用パルプ生産量は急増した。それにともないパルプ用材消費量も増加し、梅村ほか編『農林業』（長期経済統計

**図6－1　パルプ用材消費量と洋紙・パルプ生産量および輸入量、1880～1945年**

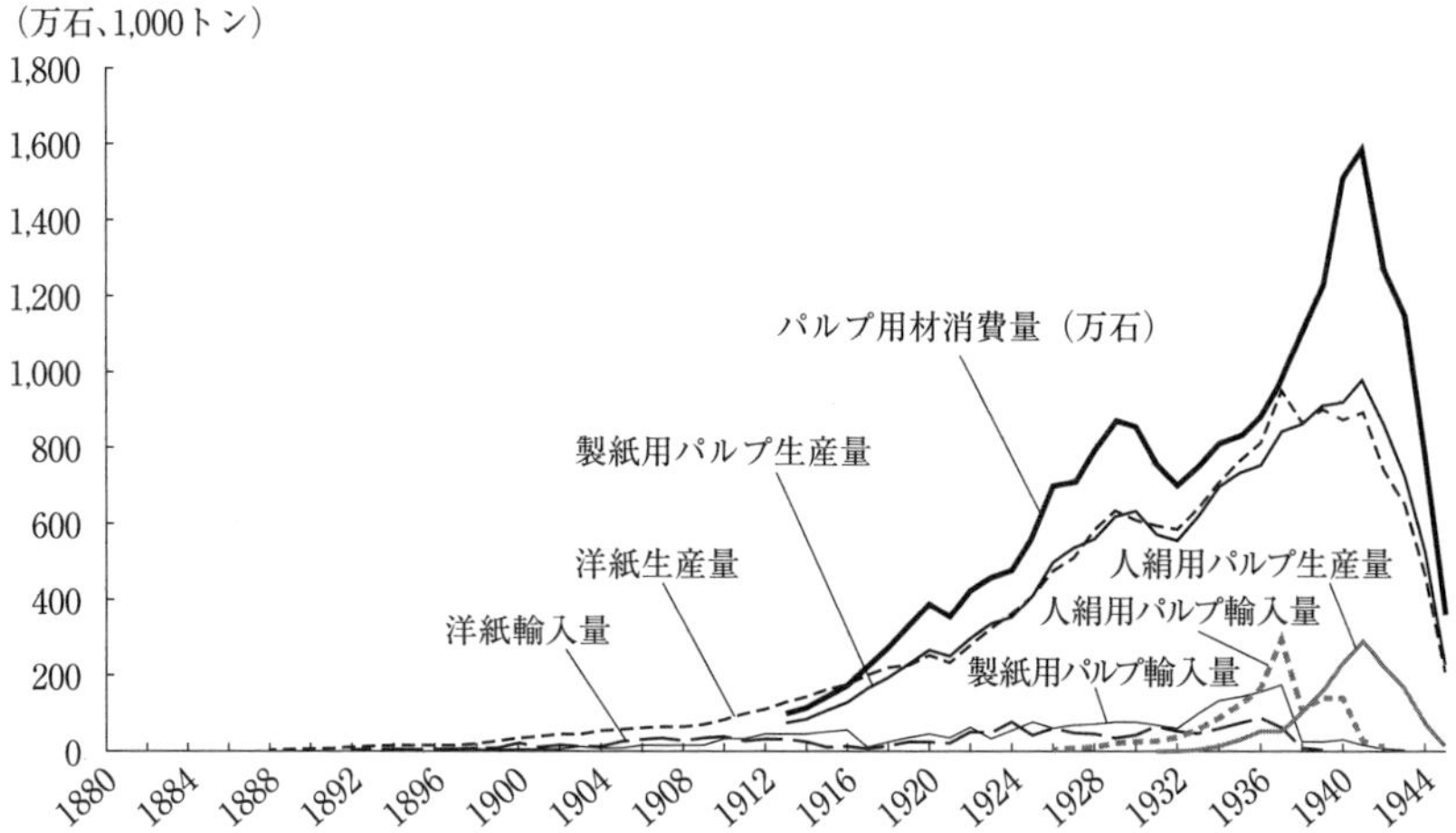


注：洋紙生産量に板紙はふくまない。洋紙輸出入量（1917～29年）は1ポンド＝0.45キログラムで換算した。

資料：鈴木尚夫編『紙・パルプ』（現代日本産業発達史12）交詢社、1967年、統計表15～17、22～24、30～31頁；日本製紙聯合会『紙業雑誌』1巻1号～40巻6号（1906～45年）；王子製紙山林事業史編纂委員会編『王子製紙山林事業史』1976年、546～547頁より作成。

九）で除外されている樺太のパルプ製造工場分をふくめたパルプ用材消費量は、二五年に五〇〇万石を上回り、二九年に八七一万石に達した。三〇～三二年の不況期には、洋紙・製紙用パルプ生産量は減少したものの供給過剰は解消されず、三三年五月に王子製紙、富士製紙、樺太工業の合併により王子製紙が設立され、市場シェアは七〇％に達した。

一九三三年以降、洋紙市場が回復にむかうにつれて、製紙用パルプ生産量は増加に転じ、三三年の六二万トンから三七年の八四万トンに増加した。また人絹用パルプの需要が二〇年代以上に増加したために、人絹用パルプの輸入量が急増し、国内生産量も増加した。こうした製紙用・人絹用パルプ需要の著しい増加にともなって、パルプ用材消費量は継続して増加し、三七年には九七九万石に達した。

## 2　年期契約区域の形成

### （1）内地の年期契約区域

パルプ用材には、坑木用材と類似した小径のマツ、トウヒ、ツガ、モミなどが利用された。しかし、パルプ用材の場合、パルプ製造の技術的およびコスト上の問題から実際に利用可能な樹種はこうした針葉樹にかぎられ、使用樹種の制約は小さくなかった[8]。

明治期の木材パルプの生産は、静岡県を中心に開始された。これは、同県がパルプ用材の確保と水力利用の利便性というパルプ製造工場の立地条件をみたしていたためで、たとえば、東京（王子）で襤褸パルプから地券紙・新聞用紙を製造していた王子製紙（一八七三年に設立、七六年に製紙会社、九三年に王子製紙に改称）は、輸入紙や他社製品との販売競争が激化するなかで、一八八九年に天竜川水系の気田川流域に気田工場を竣工した。また、九〇年には富士製紙（一八八七年設立）も富士川水系の潤井川流域に入山瀬工場を竣工し、木材パルプの生産を開始した[9]。パルプ原料であるモミやツガは、市場取引を通じて調達される場合もあったが、それ以上に年期契約による官林の払下げを通じて調達された。年期契約[10]は、山林管轄官庁が希望者に対して官林の立木の払下げを最長一〇年間にわたって保証するもので、主として随意契約のかたちがとられた。政府は、「苟も外国輸出品たる製品又は輸入品防止の製品を製造すべき原材料は努めて大量の年期払下方を許可し」、内地ではその対象となる山林が静岡大林区署管内に集中していたのである[11]。

資本集約産業の製紙業にとって年期契約による官林の利用は、市場での大量の木材（丸太）買付より所要量確保の確実性が高く、民有林の買付においても長期にわたる立木伐採契約が締結されるケースが多かった。王子製紙気田工場の場合、一八八八年に鈴木松太郎や藤原徳太郎ら七名から工場周辺の立木（約一一四町歩）を買い付け、翌年に静岡大林区署と気田川上流の官林（同年、御料林に移管）から一五年間に毎年三万六〇〇〇石[12]の立木の払下げをうける契約を締結し、九四年にはこれらの御料林材三万六〇〇〇石と民有林材一万二〇〇〇石を利用してパルプを生産した。一九〇〇年半ばに気田工場は、工場周辺の地元木材商から丸太を買い入れたが、一方で、御料局と静岡県奥山村御料林から一〇年間に毎年三万六〇〇〇石の立木の払下げをうける契約を締結した。気田工場と同じく静岡県に建設された王子製紙中部工場は、一八九六年にパルプ用材を確保するために近隣四カ村の共有林（一万町歩）からスギとヒノキをのぞく立木を五〇年間で伐採する権利を獲得した[13]。また富士製紙は、八八年九月に静岡大林区署と富士三地区官林（のち富士御料林）から一五年間に毎年五万四〇〇〇石の立木の払下げをうける契約を締結し、九七年には御料局と神奈川県丹沢御料林から一〇年間に毎年三万六〇〇〇石の立木の払下げをうける契約を締結した。このうち富士御料林からの立木払下げは、一九〇二年で満期終了となったので、富士製紙は御料局へ払下げの継続を出願し、〇四年に山梨県野呂川入御料林から一〇年間に二四万石の立木の払下げをうける契約を締結した[14]。

このように、パルプ用材には官林（国有林や御料林）の年期契約材が多く利用された。しかし、日清戦争以降、木材需要の増加と木材価格の高騰の影響をうけて、御料局は御料林の公売を積極的にすすめる方針をとるようになった。国有林については「国有林野主要産物年期売払規則」（一九〇五年制定）により年期契約が明記されたものの、対象となった内地国有林はパルプ原料にならないブナなどの天然林で、内地ではパルプ用材の確保を目的とした年期契約の締結がむずかしくなった。製紙会社は、木材伐採地の奥地化と水害による原料不足もかさなり、原料供給地域の変更・拡大を余儀なくされ、パルプ用材の供給地は、エゾマツ・トドマツが豊富であった北海道へシフトした[15]。

## (2) 北海道における年期契約区域

北海道における山林払下げは、拓殖事業と密接にかかわりながら展開され、一八九〇年代後半から一九〇〇年代前半に国有林の払下制度が整備された。すなわち、「北海道国有未開地処分法」(一八九七年制定)により産業資本の誘致を目的に国有地払下面積が拡大され、その後「北海道十年計画」実施の財源確保のために一九〇二年に制定された「北海道国有林原野特別処分令」により、道内の枕木・製紙・燐寸軸木などの事業者に対して随意契約による国有林の売払いが実施されることになった。同時に「年期特売」制度が確立され、事業者は「工業社ノ使用スル機械ノ馬力ヲ標準トシテ定ムル一箇年ノ需要額ノ十倍」をこえない範囲で、最大一〇年間の国有林の伐採が可能になった[16]。この「北海道国有林原野特別処分令」にもとづき、道内に工場を建設した製紙会社は、年期契約の締結に際して北海道庁に伐採計画を提出し、契約締結後は契約書に記載された年度別伐採計画にしたがって指定場所(年期契約区域)から契約数量を伐採した。売払単価は、毎年度、木材時価を基準に北海道庁が決定し、製紙会社に告示されたが、「何年間かは単価はその侭でやるのだと云う基準」があり、一般木材価格よりも高価格であることが多かった[17]。

年期契約による木材伐採量は、道内の国有林伐採量の三〇~六五%をしめ、このうち六〇~八〇%が製紙会社へ売り払われた。こうした木材の売払代金は、北海道の財政収入の約一〇%をしめ、小樽や釧路の築港事業などの経費にあてられ、一九一〇年の「拓殖十五年計画」実施以降は北海道拓殖費に繰り込まれた。北海道庁にとって製紙会社との年期契約の締結は安定した財政収入につながったため、パルプ用材の払下げは北海道拓殖政策とむすびついて進展し、北海道でも国有林や御料林が主要なパルプ原料の供給先となった。他方で、道内では農地・牧場の開拓時に伐採された不要木が取引されるパルプ用材市場が形成されたが、製紙会社は年期契約を締結した場合、年期契約による売払単価が市場価格より高価格であっても、契約通り年期契約区域から木材を伐採しなければならなかった[18]。

パルプ用材の調達方法として年期契約の締結と市場取引のどちらが選択されるかは、木材価格よりも、パルプ製造工場の木材需要量と市場の木材供給可能量のギャップに規定されていたと考えられる。王子製紙の場合、同社苫小牧工場の生産規模は、富士製紙江別工場の四倍、金山工場の二〇倍と大きく（表6-1）、王子製紙は苫小牧工場で利用するパルプ用材を調達するために、一九〇六年に御料局と千歳御料林から一〇年間に立木九六万石の払下げをうける契約を締結し、翌年には北海道庁と鵡川《むかわ》・沙流《さる》・厚岸の国有林から一〇年間に立木四三五万三〇〇〇石（〇九年に一三四万石が追加されて合計五七〇万石）の払下げをうける契約を締結した（図6-2）。図6-3によると、一九〇八～一三年の北海道における王子製紙のパルプ用材調達量は一〇万三〇〇〇～五八万一〇〇〇石で、このうち事業地材（主として年期契約材）[19]が六三～一〇〇％をしめた。一方、王子製紙苫小牧工場より小規模であった富士製紙の江別工場や金山工場、釧路天寧工場（一八九八年に前田製紙釧路天寧工場として操業、一九〇二年より前田製紙と共同経営し〇六年に合併）は、「多少の立木年期払下契約はあつたが、当面の手当を未開地材［一般買入材］ですまし、不要林その他の買山は恒続の林業資源として保存する」方法でパルプ用材を調達し、パルプ・洋紙を製造した[20]。富士製紙は、〇六年に北海道庁と阿寒国有林から六年間に立木五四万石の払下げをうける契約を締結し、〇七年にも金山・落合国有林から一一年間に立木七七万石の払下げをうける契約を締結したが、王子製紙と比較すると年期契約による払下数量は少なく、一九〇六～一二年に締結された年期契約ではいずれも一〇〇万石未満であった（図6-2）。

つまり、王子製紙のように木材需要量が多い場合には、パルプ用材の取引コストを低下させるために年期契約材を中心に利用せざるをえず、逆に富士製紙のように木材需要量が相対的に少ない場合には、一般買入材の利用に重点をおくことも可能であったと考えられる。しかし、市場での木材買付においては木材商による納入価格の吊上げを牽制する必要があったと推察され、一九〇六～一三年に富士製紙は、富良野や阿寒などに王子製紙の約四倍に相当する五五〇〇町歩の山林（図6-4-2①②の一部）を買収した[21]。

表6－1　王子製紙・富士製紙・樺太工業の主要工場のパルプ用材消費量、1913、25、35年

| 会社 | 工場名 | 所在地 | 開業年 | 1913年消費量（石） | 1925年消費量（石） | 1935年消費量（石） | 備考 |
|---|---|---|---|---|---|---|---|
| 王子製紙 | 気田 | 静岡 | 1890 | 28,846 | (801) | — | （　）は1922年の消費量、22年1月工場閉鎖 |
| | 中部 | 静岡 | 1899 | 50,066 | (33,080) | — | （　）は1924年の消費量、24年9月工場閉鎖 |
| | 伏木 | 富山 | 1919 | (6,270) | 74,080 | 116,448 | （　）は1919年の消費量、24年12月北海工業合併により王子伏木工場、砕木パルプ製造 |
| | 苫小牧 | 北海道 | 1910 | 481,863 | 1,104,362 | 1,088,000 | パルプ・洋紙の一貫製造、主として砕木パルプ・新聞用紙の製造 |
| | 大泊 | 樺太 | 1914 | (63,884) | 212,384 | 233,868 | （　）は1915年の消費量、亜硫酸パルプ製造 |
| | 豊原 | 樺太 | 1917 | (173,422) | 395,264 | 506,846 | （　）は1917年の消費量、亜硫酸パルプ製造 |
| | 野田 | 樺太 | 1922 | (184,027) | 255,938 | 468,827 | （　）は1922年の消費量、亜硫酸パルプ製造 |
| | 朝鮮 | 朝鮮 | 1919 | (43,572) | 152,512 | 226,252 | （　）は1919年の消費量、亜硫酸パルプ製造 |
| 富士製紙 | 入山瀬（富士第一） | 静岡 | 1890 | 62,587 | 88,550 | 61,189 | 亜硫酸・砕木パルプ製造 |
| | 富士第二 | 静岡 | 1897 | 62,002 | 90,379 | 0 | 砕木パルプ製造 |
| | 富士第三 | 静岡 | 1908 | (9,632) | 166,669 | 244,193 | （　）は1916年の消費量、亜硫酸・砕木パルプ製造 |
| | 芝川 | 静岡 | 1898 | 77,320 | 111,302 | 39,632 | 1919年四日市製紙合併により富士芝川工場、主に砕木パルプ製造 |
| | 神埼 | 兵庫 | 1894 | (15,134) | 22,749 | 41,876 | 1915年野田製紙所合併により富士神埼工場、砕木パルプ製造 |
| | 江別 | 北海道 | 1908 | 121,573 | 504,749 | 563,000 | 主に砕木パルプ製造 |
| | 金山 | 北海道 | 1908 | 25,009 | 67,797 | — | 1930年6月工場閉鎖、砕木パルプ製造 |
| | 釧路 | 北海道 | 1920 | (49,118) | 164,538 | 261,000 | （　）は1920年の消費量、19年北海道興業合併により富士釧路工場、主に砕木パルプ製造 |
| | 池田 | 北海道 | 1919 | (172,184) | 320,895 | — | （　）は1919年の消費量、30年7月工場閉鎖、亜硫酸パルプ製造 |
| | 落合 | 樺太 | 1917 | (100,000) | 457,524 | 998,586 | （　）は1917年の消費量、22年日本化学紙料合併により富士落合工場、亜硫酸パルプ製造 |
| | 知取 | 樺太 | 1926 | — | (342,423) | 708,804 | （　）は1927年の消費量、亜硫酸・砕木パルプ製造 |
| 樺太工業 | 中津 | 岐阜 | 1908 | 36,219 | 111,196 | 161,732 | 1925年中央製紙合併により樺太工業中津工場、亜硫酸・砕木パルプ製造 |
| | 坂本 | 熊本 | 1898 | 9,601 | 164,648 | 150,850 | 1925年九州製紙合併により樺太工業坂本工場、亜硫酸・砕木パルプ製造 |
| | 八代 | 熊本 | 1924 | — | 84,820 | 247,616 | 1926年九州製紙合併により樺太工業八代工場、亜硫酸・砕木パルプ製造 |
| | 泊居 | 樺太 | 1915 | (35,000) | 501,500 | 725,351 | （　）は1915年の消費量、亜硫酸パルプ製造 |
| | 真岡 | 樺太 | 1919 | (138,600) | 323,000 | 420,623 | （　）は1919年の消費量、亜硫酸パルプ製造 |
| | 恵須取 | 樺太 | 1925 | — | 17,000 | 686,531 | 亜硫酸パルプ製造 |

資料：王子製紙株式会社販売部調査課編『日本紙業総覧』成田潔英、1937年、45～79頁；鈴木編『紙・パルプ』152～153頁より作成。

図6－2　北海道における王子製紙と富士製紙の年期契約締結（更新）状況、1906～33年度

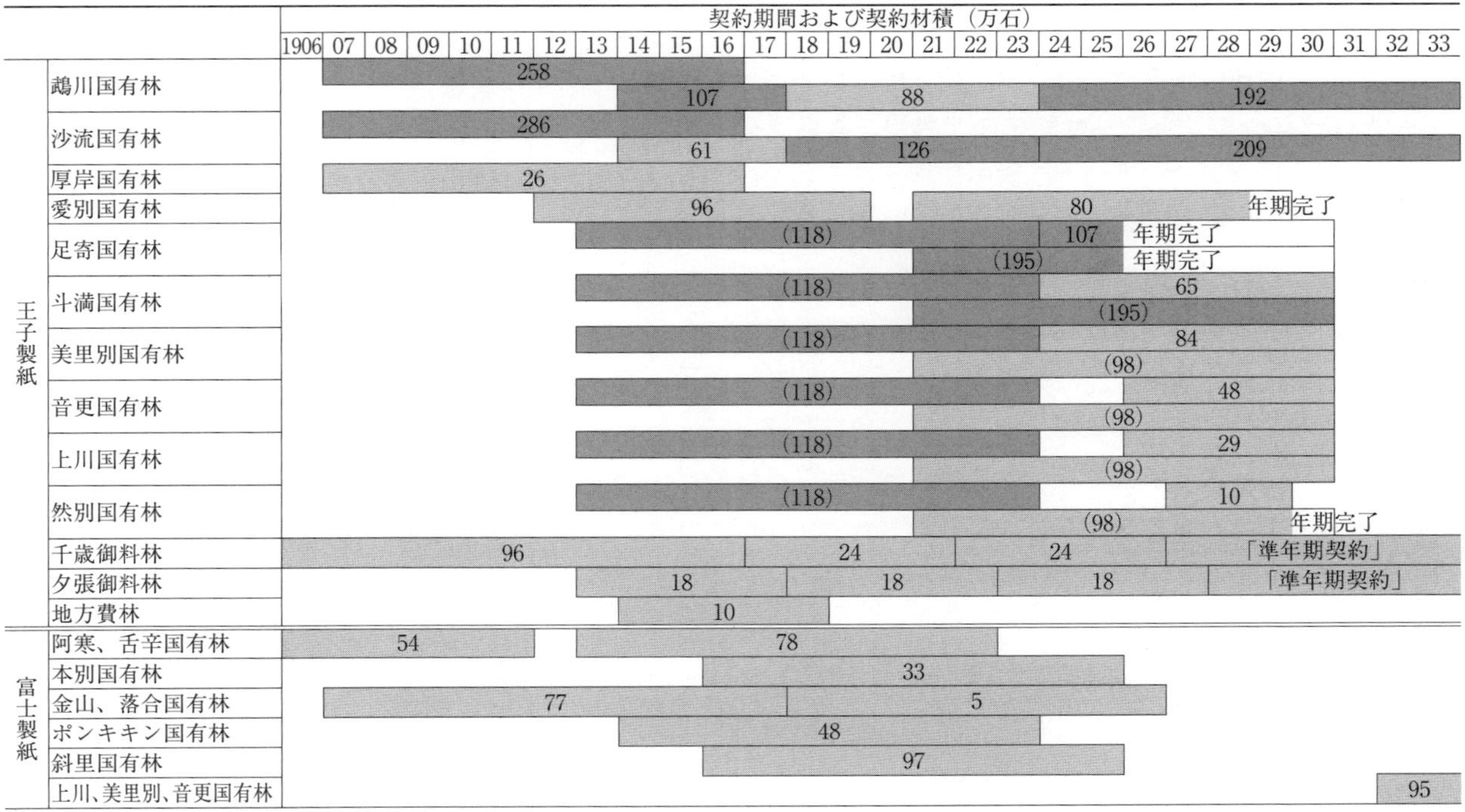


注：濃い網掛は契約数量が100万石以上のもの、薄い網掛は契約数量が100万石未満のもの。富士製紙については判明する国有林のみ記載した。括弧内の払下数量は、複数の国有林の払下数量の合算値を国有林数で除して算出したもの。1尺〆＝1.2石で換算した。

資料：赤井英夫「北海道におけるパルプ材市場の展開過程」『林業経営研究所研究報告』9巻2号（1967年10月）、44～45頁；北海道庁拓殖部『北海道森林統計書』1914、17年度版；北海道編『北海道山林史』1953年、683、690～691頁より作成。

図6－3　北海道における王子製紙のパルプ用材調達量内訳、1908～45年

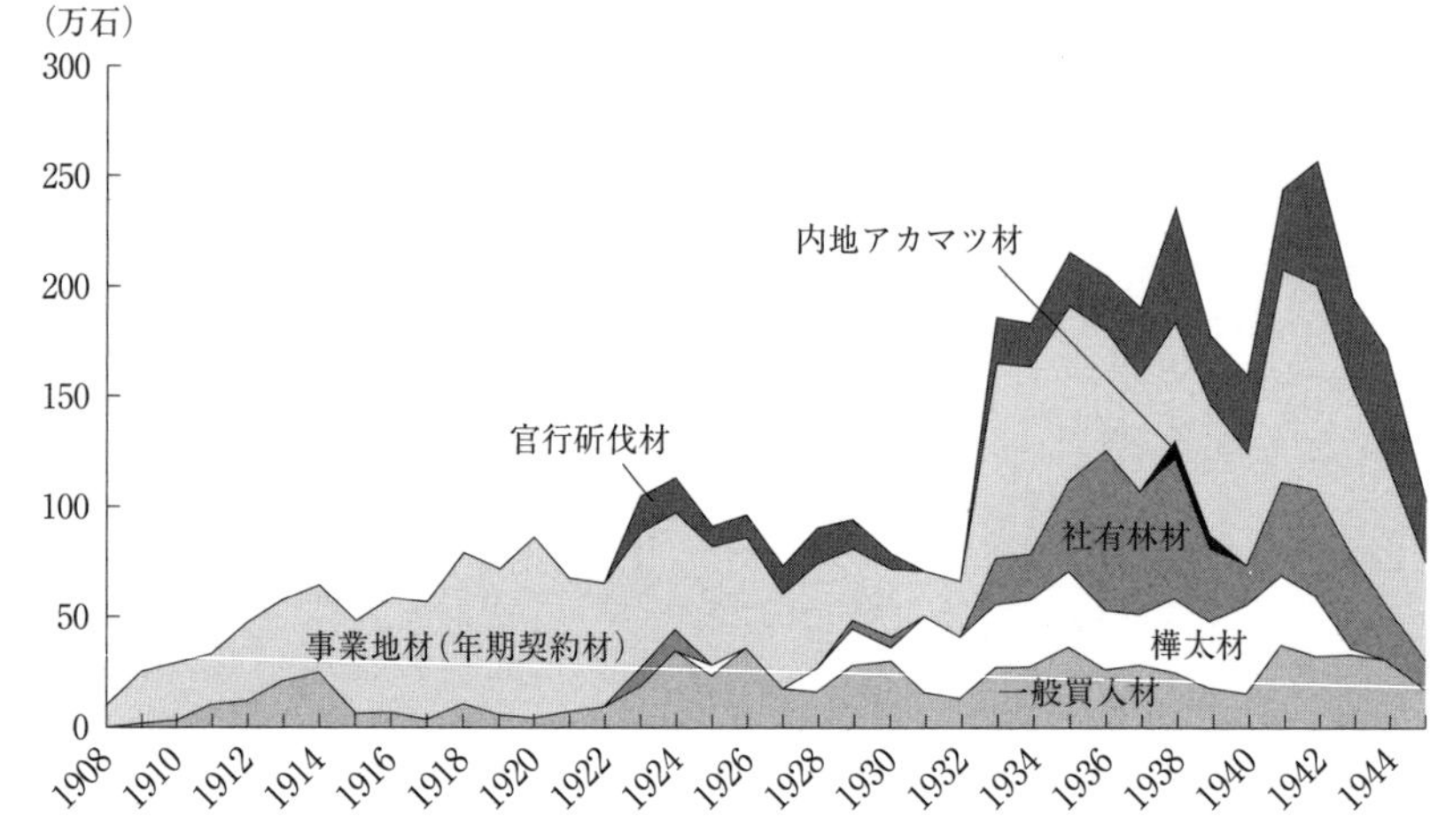


注：1904～32年は苫小牧工場のパルプ用材調達量、1933～45年は苫小牧、江別、釧路工場のパルプ用材調達量の合計。
資料：『王子製紙山林事業史』83、133、294～295頁より作成。

こうして北海道では、パルプ製造工場の近隣に設定された年期契約区域からパルプ用材の伐採がすすむとともに、パルプ用材の市場取引も進展した。内地材に比較して安価であった北海道材は、内地パルプ製造工場での利用も拡大し、一九一三年にはパルプ用材消費量の六二％をしめた。

### （3）樺太の年期契約区域

第一次大戦前に樺太材の利用は拡大しなかったが、樺太では北海道に類似した森林制度が整備され、年期契約の締結による払下げも拓殖事業とむすびつけられて実施された[22]。一九〇七年に樺太庁が設置されると、同庁は樺太拓殖事業推進のための財政収入の確保と島内への産業誘致を目的に、森林の年期契約制度の整備をすすめた。しかし、産業誘致は一向に進展しなかったので、樺太庁は三井の樺太進出を慫慂し、一〇年八月に三井物産が同庁へ森林の売払いを申請した。これをうけて樺太庁は、大口売払内規において「大口売払承認」という「一種変態的の処分行為」を規定し、「承認区域」とよばれる売払承認区域（年期契約区域）内の森林を、第三者からの

**図6-4-1　王子製紙の社有林分布**

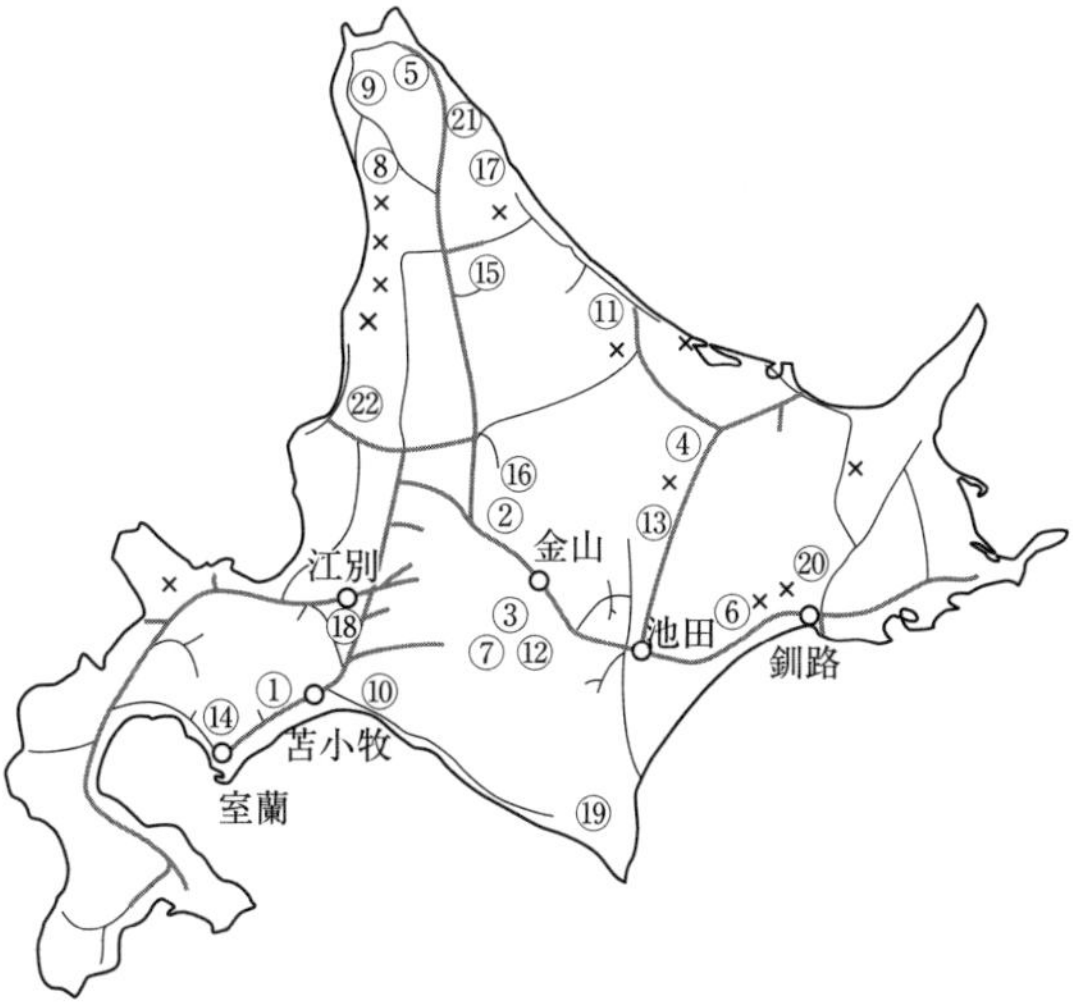


①苫小牧
②幾寅
③占冠
④留辺蘂
⑤猿払
⑥音別
⑦佐留田
⑧幌延・豊富
⑨稚内
⑩穂別
⑪鴻ノ舞
⑫日高
⑬上利別
⑭白老
⑮風連
⑯美瑛
⑰雄武
⑱夕張栗山
⑲様似
⑳阿寒
㉑浜頓別
㉒小平

**図6-4-2　富士製紙の社有林分布**

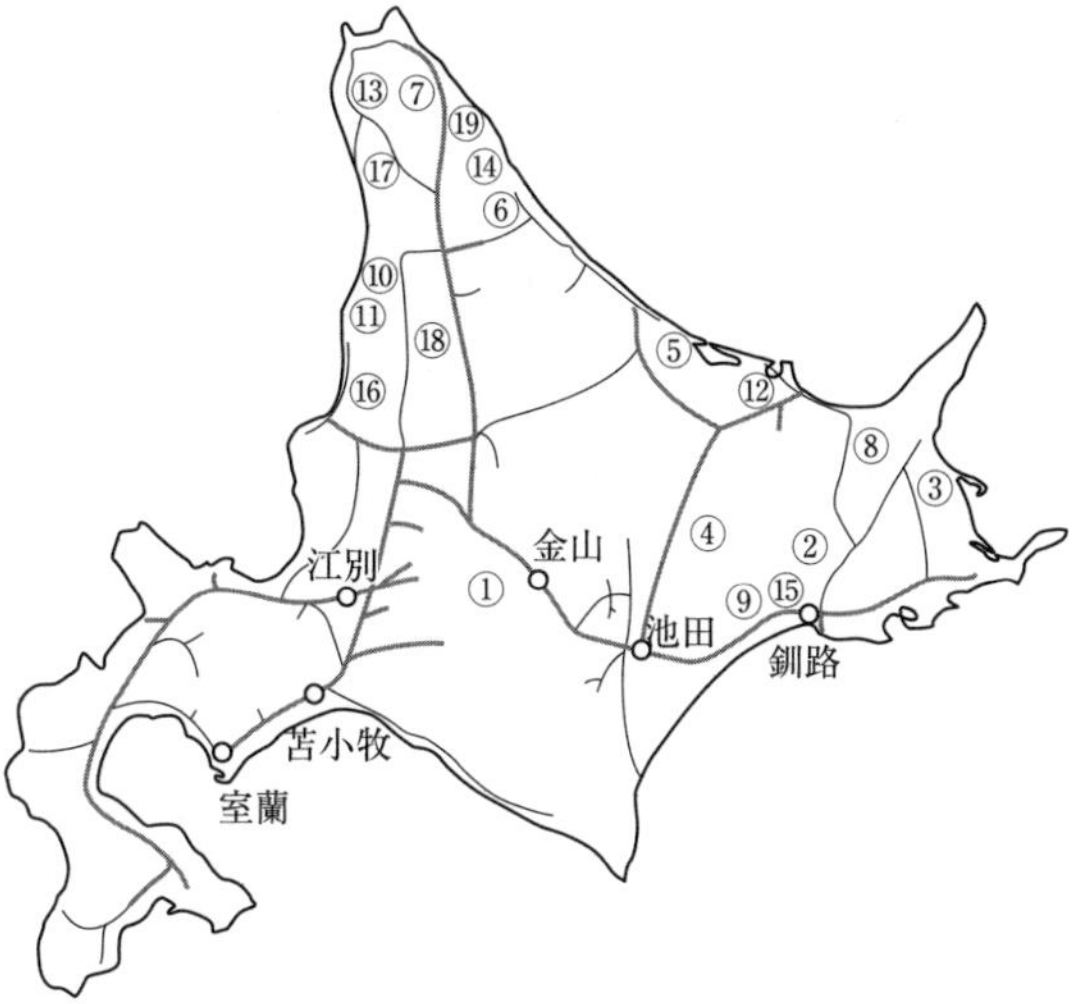


①南富良野
②阿寒
③標津
④津別
⑤湧別
⑥歌登
⑦猿払
⑧斜里
⑨音別
⑩遠別
⑪初山別
⑫網走
⑬稚内
⑭枝幸
⑮上茶路
⑯小平
⑰幌内・豊富
⑱雨龍
⑲浜頓別

注：――1920年末までに開通した線路　　――1940年末までに開通した線路
　　図6-4-1の×印は、王子造林株式会社による買収山林。
資料：『王子製紙山林事業史』469、578～582、587頁より作成。

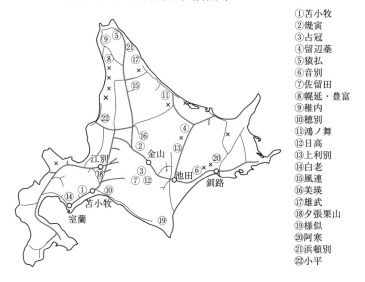

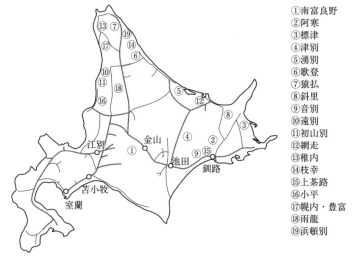

**図6－5　北海道および樺太の国有林の売払単価、1907～40年**

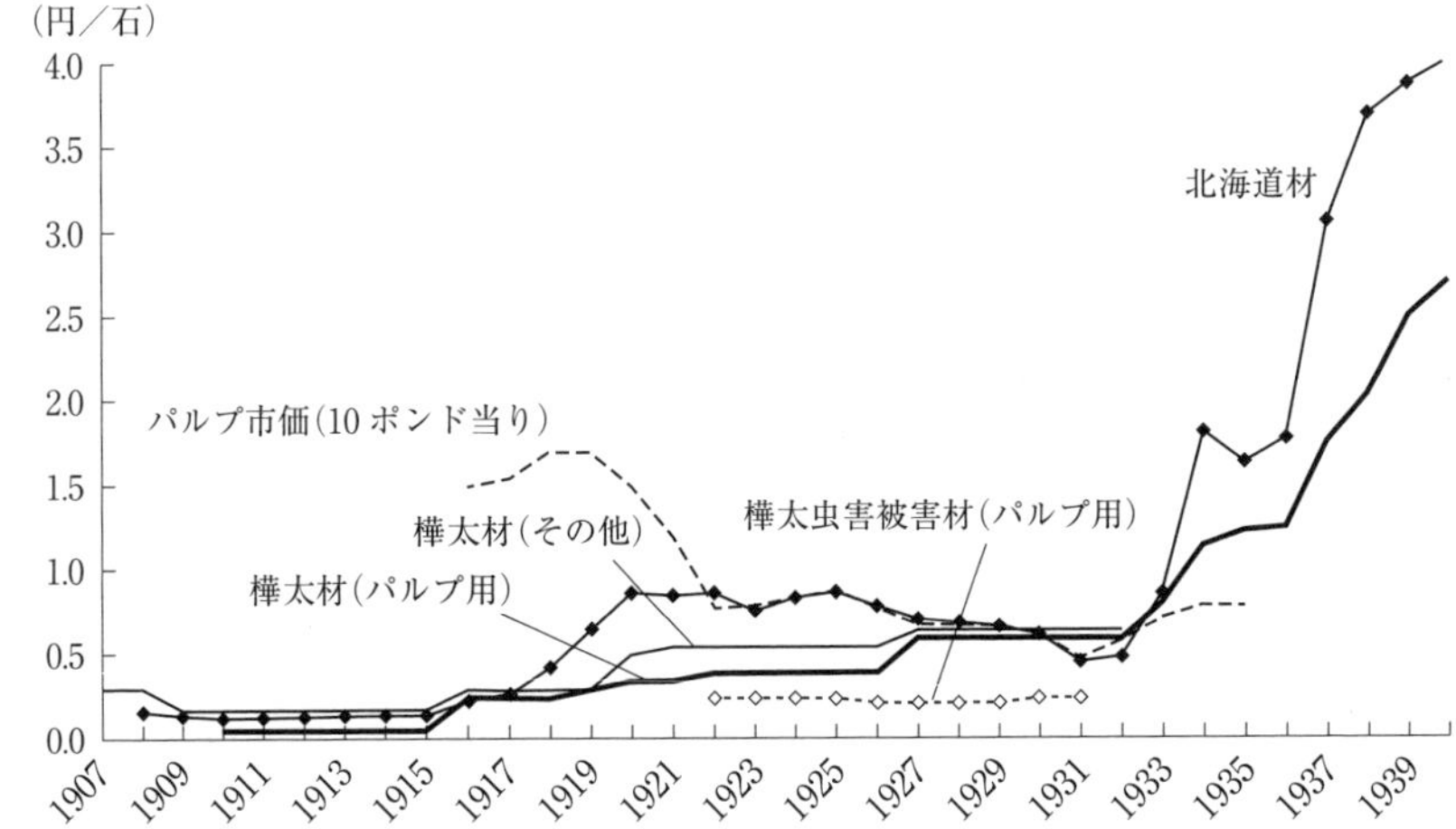


注：パルプ価格は王子製紙本社調べ。
資料：中牟田五郎『樺太森林開発事情』帝国森林会、1931年、165～166頁；「払下材価格表」作成年不明（『王子製紙山林事業史』編纂資料・林業文献センター所蔵資料）；王子製紙株式会社編『樺太山林事業誌』1949年（紙の博物館所蔵資料）、56頁；『王子製紙社山林事業史』137、139、192頁より作成。

売払出願があっても契約当事者の許可なく売り払わないことを決定した。さらに樺太庁は、「大凡十里許の距離」に一工場の間隔で計一一のパルプ製造工場の建設を計画し、各工場に木材を供給する区域を決定し、製紙会社を積極的に誘致しようとした[23]。

「樺太国有森林原野産物特別処分令」（一九一一年一二月）および同規則（一二年二月）の制定により年期契約が法的にさだめられると、製紙会社には最大二〇年間（その他の木材需要者には最大一〇年間）にわたる木材伐採権の入手の道がひらかれた。また製紙会社には立木売払単価の割引特典も付与され、樺太国有林の売払単価（工業原料材）は北海道国有林の売払単価三ヵ年平均の半額と決定されていたものの（図6-5）、払下げ開始当初は製紙業誘致のために四分の一から三分の一という低価格に設定された[24]。

しかし、第一次大戦前には、パルプ製造の技術的問題や内地—樺太間の輸送の高コスト問題から、内地の製紙工場では、パルプ相場の変動によっては輸入パルプを利用した方が有利な場合もあり、[25] 樺太森林に設定されたパルプ製造工場の年期契約区域は、三井合名、王子製紙および樺太工業の三区域にとどまった。三井合名は、一九一三年に大泊工場（三井合名樺太紙料工場）の建設に着手し、樺太における森林資源（三井物産）・石炭（三井鉱山）・パルプ工業（三井合名）の一体化した事業計画をすすめ、一五年七月に大泊工場と三井物産の年期契約区域を傘下の王子製紙に引き継がせた。また王子製紙も、野田寒工場（建設は大戦後に延期され野田工場となる）の建設のために、樺太庁と二〇年間に立木五一七万八〇〇〇石の払下げをうける契約を締結した。[26] 一方、元王子製紙専務であった大川平三郎は、三井合名の大泊工場の建設に対抗しようと、一三年九月に自ら社長や会社重役を務める九州製紙、中央製紙、四日市製紙、木曾興業、中之島製紙の五社およびその関係者の出資により樺太林産株式会社（一四年一二月に樺太工業株式会社に改称）を設立し、一六年八月までの泊居工場の建設着手を条件に、樺太庁より二〇年間に七二〇万石の木材の伐採を許可された。[27]

こうして樺太にも、製紙会社の年期契約区域が設定された。樺太庁は、独立会計を維持し樺太の内地編入を回避したかったため、財源確保を目的に年期契約区域の年間伐採量を制限するとともに、「年期間ヲ通シタル総計材積ヲ減少シ又ハ年期ヲ延長スル変更」を基本的に許可しない方針をとった。[28] 当該期の樺太材の利用は限定的であったが、戦前期を通じて樺太の年期売払材積の六〇～九五％が製紙会社へ売り払われ、また樺太財政収入にしめる「森林収入」の割合は、一九一〇年代前半には一〇％をこえなかったものの、一六～四〇年度には平均三三％（最高五三％）をしめることになった。[29]

図6-6　パルプと洋紙の価格、1913～40年

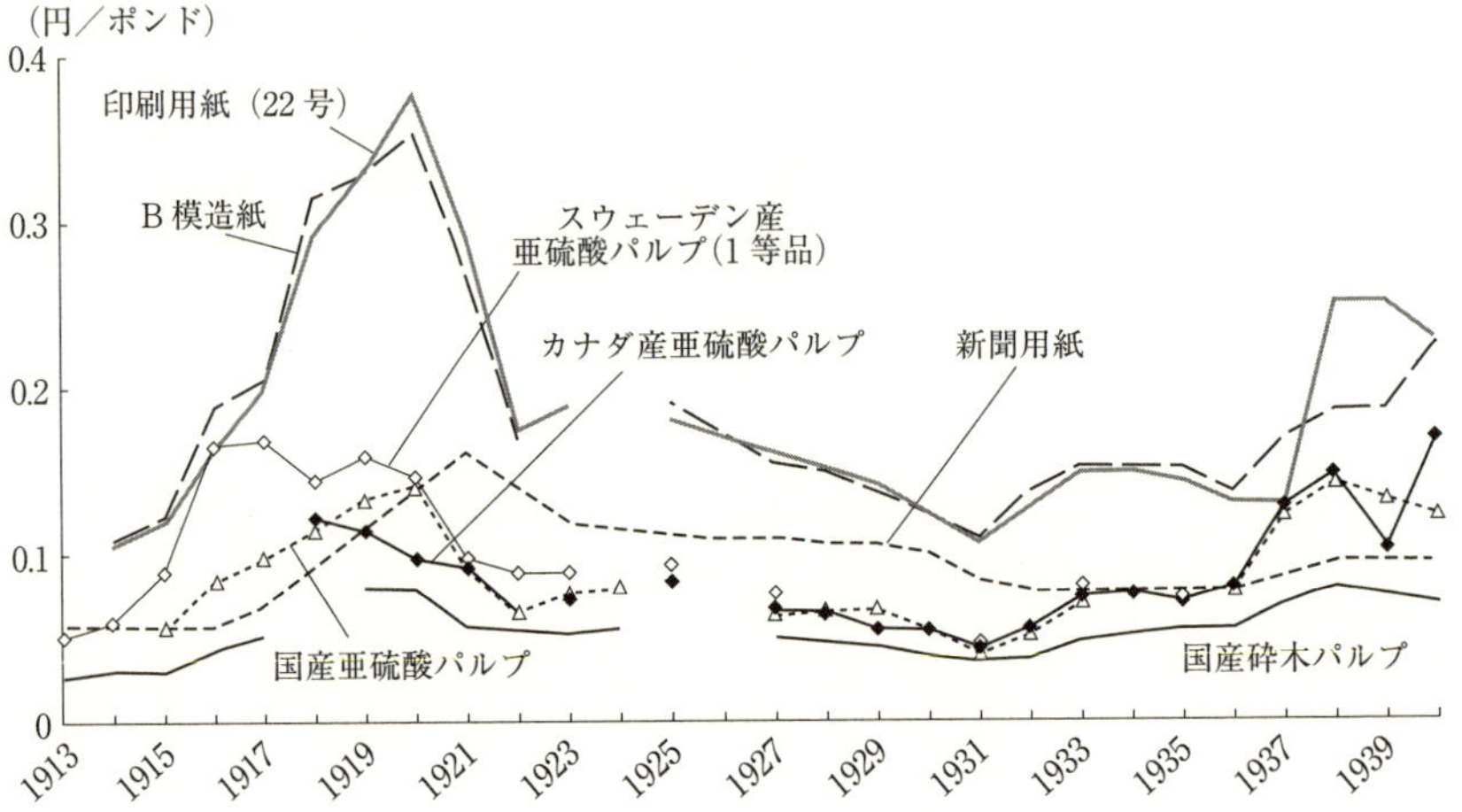


注：価格は製造者販売価格。印刷用紙（22号）の銘柄は1914～37年は「旗」、1937～40年は「水仙」と「金王」。最低価格と最高価格が記載されていた場合は、平均値をとった。亜硫酸パルプはすべて未晒パルプ。

資料：成田潔英『王子製紙社史』付録編、王子製紙社史編纂所、1959年、251～254頁；農林省山林局『本邦ニ於ケル木材「パルプ」生産状況』1930年版；農林省山林局『本邦に於けるパルプの生産状況』1936、38年版；王子製紙株式会社文献管理委員会編『重要紙業統計』1950年、277頁；鉄道省運輸局編『和紙、洋紙、パルプニ関スル調査』（『重要貨物状況』第15編）1926年；大蔵省主税局編『外国貿易概覧』1919～23年版より作成。

## 3　パルプ用材需要の急増と年期契約区域の拡大

第一次大戦期の好況期には木材需要が急増して森林伐採が急速に進行し、運賃や労賃も上昇して木材価格は急騰した。木材価格の高騰にともない、一九一五年から一九年の国産（未晒）亜硫酸パルプ（亜硫酸塩溶液で木材を蒸解して製造したパルプ）と国産砕木パルプ[30]（木材を繊維状に押しつぶして製造したパルプ）のポンド当り価格は、各々〇・〇六円から〇・一三円、〇・〇三円から〇・八〇円に上昇した。しかし、洋紙価格はパルプ価格以上に高騰したので（図6-6）、北海道を中心にパルプ生産量は急増し、樺太ではヨーロッパからの輸入依存度の高かった亜硫酸パルプの生産量が増加した[31]。一八年以降はカナダ産やアメリカ産の輸入パルプが漸増したものの[32]、パルプの

供給は需要においつかず、王子製紙や富士製紙はパルプ・洋紙製造機械の増設をはかると同時に他社の合併により生産設備を拡充し、また樺太工業も大川系五社へパルプを供給するとともに社外販売を拡大した[33]。こうしたパルプ・洋紙生産の拡大によってパルプ用材の需要は急増し、北海道山林と樺太山林を中心にパルプ用材の伐採がすすんだ。

一般の木材市場が逼迫する状況下で、製紙会社は年期契約区域からパルプ用材を調達せざるをえず、北海道では製紙会社の年期契約区域が拡大した。王子製紙は、一九一四年に北海道庁と鵡川、沙流国有林から五年間に立木一六八万石の払下げをうける契約を締結し、同契約が終了した翌一八年には両国有林の契約を更新し、さらに千歳、夕張御料林や安足間地方費林、苫小牧工場からやや遠隔地の足寄、斗満、美里別の国有林においても年期契約区域を拡大した（図6-2）。一九年の王子製紙の道内の伐採事業地は一六カ所におよび、事業地材（年期契約材）調達量は一四年の三九万五一〇〇石（北海道における同社のパルプ用材調達量の六一％）から一九年には六六万三二〇〇石（同九三％）に増加した（図6-3）。また市場での木材買付に重点をおいていた富士製紙[34]の木材払出単価も、一般木材価格の高騰により王子製紙の最大一・七倍に上昇し、年期契約区域の拡大が不可避となった。富士製紙は、阿寒、第二舌辛《したから》、本別、金山、ポンキキン、斜里の国有林において年期契約区域を設定し（図6-2）、さらに三万二〇〇〇町歩の山林（図6-4-2④〜⑱、図6-7）を買収するとともに、道内および内地工場で利用するために社有林伐採量（針葉樹）を一五年の一万八〇〇〇石から一九年の一三万石に増加せざるをえなかった[35]。

パルプ用材需要の急増とパルプ価格の高騰により、北海道にとどまらず、樺太、さらに朝鮮、満州に製紙会社の年期契約区域は拡大した。生産コストから判断すると、植民地および満州でのパルプ生産は内地工場や北海道工場に比較してかならずしも優利ではなかったが[36]、木材価格とパルプ価格が高騰する状況下で、製紙会社は年期契約区域の設定を急がざるをえず、第一次大戦期にはとくに樺太のパルプ用材供給地としての地位が高まった。王子製紙は、樺太に豊原工場の建設を決定し、一六年一月に樺太庁と一年以内の工場建設と二年以内の操業開始

図６－７　王子製紙・富士製紙の社有林面積と王子製紙の人工造林面積、1906～45年

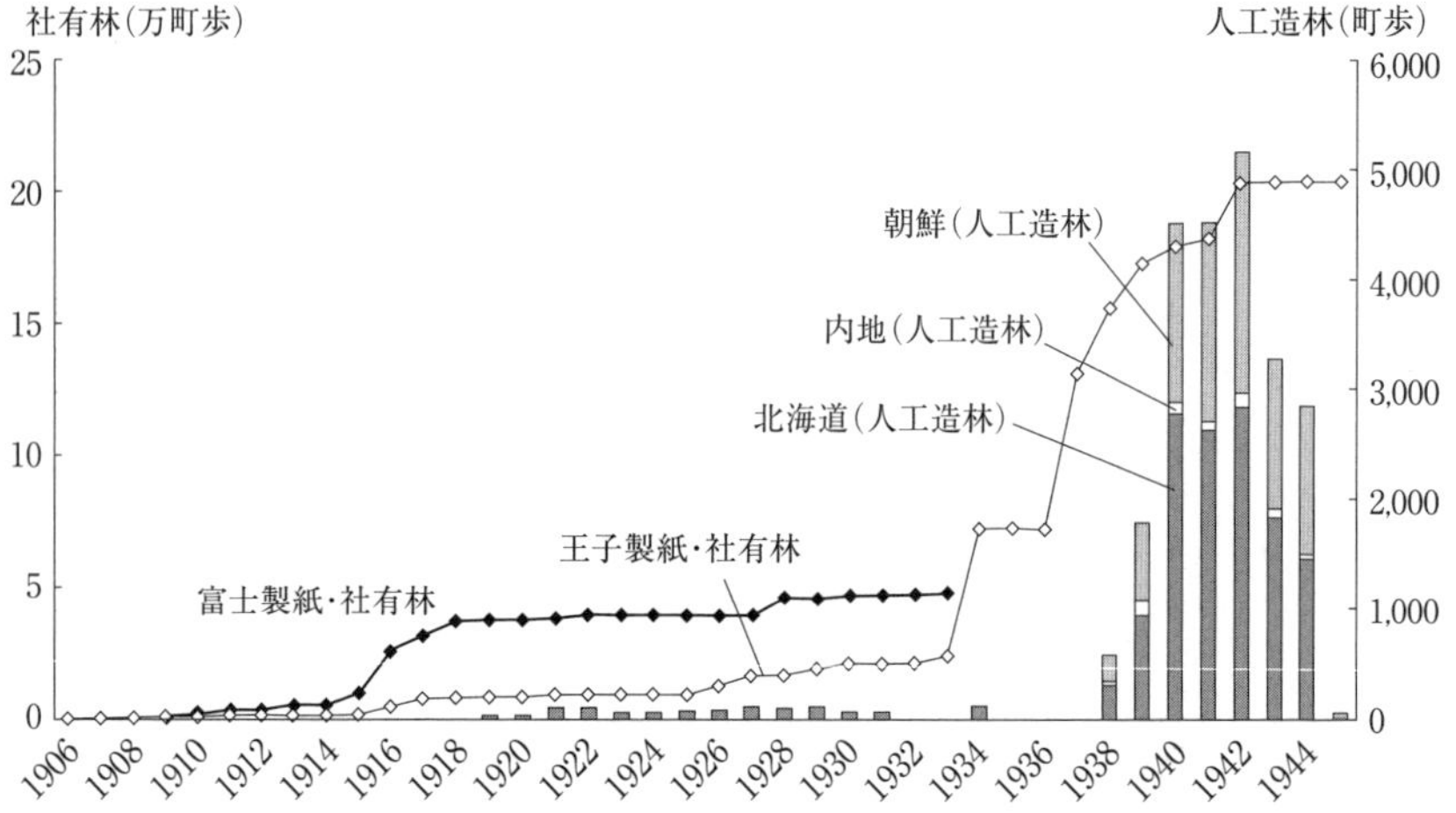


注：社有林面積は買収山林の合計面積で、処分山林面積は不明。1933年以降の王子製紙の社有林面積には、富士製紙と樺太工業からの引継山林をふくむ。人工造林面積は、1935～37年は不明、38年以降は王子製紙と王子造林の合計値。

資料：『王子製紙山林事業史』472、483、489～490、494、578～591頁より作成。

を条件に二〇年間に立木九一〇万石の払下げをうける契約を締結し、同年四月にも二〇年間に立木四〇〇万石の払下げをうける契約を締結した[37]。さらに王子製紙は、一七年七月に遠藤米七[38]から立木二八万石、一八年四月には松昌洋行から立木二八三万石の譲渡をうけ[39]、パルプ用材の調達区域を拡大した。一方、樺太工業は一七年七月に王子製紙に対抗して真岡工場の建設を決定し、樺太庁と五年以内の工場建設を条件に二〇年間に立木四三二万石の払下げをうける契約を締結し、翌年に操業を開始した。富士製紙も工場建設を計画し、樺太庁から二〇年間に立木一〇〇〇万石の木材伐採権を獲得して年期契約区域を拡大しようとしたが、当該期に工場建設は実現しなかった[40]。

　朝鮮では、一九一七年一〇月に「国有森林未墾地及森林産物特別処分令」（一二年八月公布・施行）の規程が改正され、製紙業は年期契約の締結可能な産業に指定された。同月、王子製紙は、朝鮮製紙株式会社（二一年一二月に王子製紙に吸収合併して王子製紙朝鮮分社）の設立を決定し、鴨緑江上流の営林廠

管内の国有林の木材伐採権を獲得し、一九年八月に操業を開始した。王子製紙は、同工場で亜硫酸パルプを製造し、それを自社の東京、大阪の各工場および苫小牧工場で使用した。[41] 一方、一九年五月に樺太工業社長の大川と大倉組は、満州の安東県（王子製紙朝鮮工場の鴨緑江対岸）に鴨緑江製紙株式会社を設立した。満州では、日華合弁により年期契約に類似した林場権（「林場」という一定区域に分割された森林に対して発給された一定年限内の伐採権）の獲得が可能で、鴨緑江製紙は、二一年一〇月に工場を建設し、生産したパルプを同一資本系列企業の九州製紙へ輸送したものの、地方軍閥間の抗争や排日運動などにより他の製紙会社の設立はみられなかった。こうして、第一次大戦期に北海道と樺太を中心に製紙会社の年期契約区域が拡大し、年期契約材の利用が増加した。

## 4　年期契約区域の不安定化

### (1)　樺太材利用の拡大

大戦後、戦後反動不況の影響をうけて木材価格は下落し、木材市場は、関税改正による米材の増加と、虫害被害木の伐採による樺太材の増加により供給過剰におちいった。また、大戦後にはパルプ・洋紙価格も下落し（図6-6）、一九二二年八月に王子製紙、富士製紙、樺太工業、鴨緑江製紙の四社は、増加する輸入パルプに対抗するために共同パルプ会社を設立したが、関東大震災によりパルプ・洋紙の在庫が焼失し、企業によっては一時的にパルプ不足が発生したので、当初企画したパルプの生産制限・共同販売は実現しなかった。[42] また日本製紙聯合会の洋紙の生産制限の取り決めにもかかわらず、製紙会社による洋紙の増産と販売競争が繰り広げられ、[43] 安価なパルプ用材の供給は、こうした生産・販売競争の前提条件となった。

第一次大戦期にパルプ用材の重要な供給地になった樺太では、一九一九〜二三年と二七〜三一年の二度にわた

図6－8　樺太における用材伐採量、1918〜39年

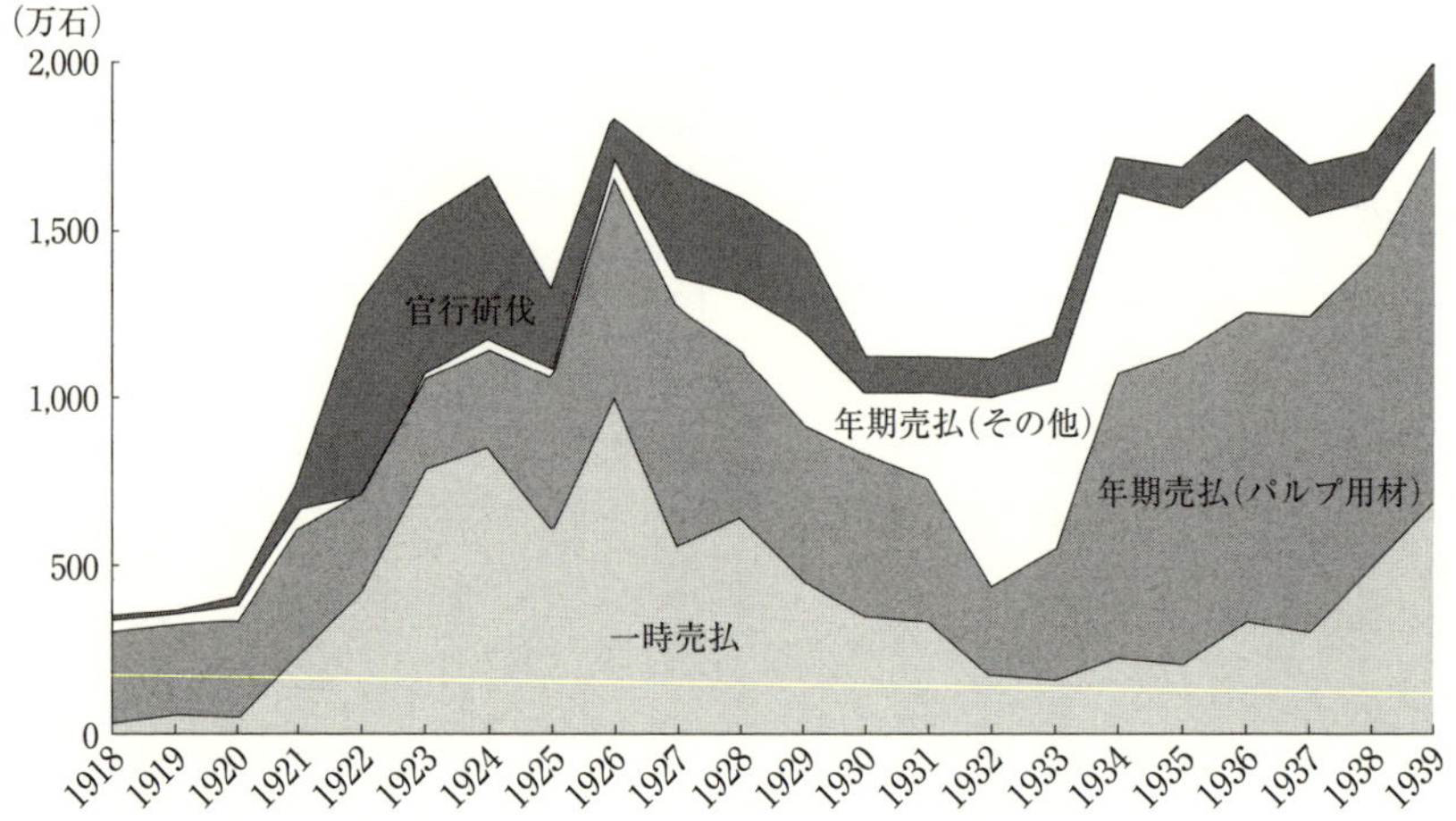


注：樺太島内向けと樺太島外向けの合計値。
資料：樺太庁『樺太森林統計』第１〜17回、1923〜39年版より作成。

り虫害が発生し、その被害材積は各々八八四五万石（樺太森林材積の一六％）、一三〇〇万石にのぼったといわれる。(44)虫害木は、被害後迅速に伐採すれば商品として販売可能であったので、二〇年の樺太庁による官行斫伐《しゃくばつ》事業（直営生産）の開始とともに払下量が増加し（図6-8）、木材市場に大量の樺太材が供給された。官行斫伐事業では、製紙会社の年期契約区域から伐採した虫害木は当該会社に売り払われたが、第三者から虫害被害区域内の売払出願が提出された場合には、出願者が有資格者であり、契約履行が確実であると判断されれば、年期契約区域内であっても樺太庁の実査・調査のうえ直ぐに売り払われた。また、二二年には売払処分規則が改正され、年割伐採量に関係なく大量に伐採できるようになり、二三〜二五年には島外移出用の虫害木の割増金も免除されたうえ、(45)虫害木の石当り売払単価も二二年の〇・二五円から二六年の〇・二二円へと引き下げられた（図6-5）。

樺太では、官行斫伐にくわえ一時売払による樺太材伐採量が急増し（図6-8）、一九二三〜二四年頃には虫害木処分が本格化し、木材業者の創業が相次いだ。また木材業者だけでなく、選挙資金の獲得などを目的とした利権屋が樺

太庁へ売払出願をおこない、出願者数は七〇〇名にものぼったという。こうしたなかには、樺太庁より払下げの許可をえると、実質的な払下単価を引き下げるために伐採許可区域以外の木材を不正に伐採する者も多かった[46]。図6-8によると、樺太材（用材）伐採量は、二一年の六八一万石から二四年の一五六六万石に急増し、二六年には一八五〇万石を凌駕したが、実際にはそれをはるかに上回る量の樺太材が伐採された。製紙会社の年期契約区域では、第三者による伐採がみられるようになり、製紙会社は自社の年期契約区域から伐採された木材を、一時売払材や盗伐材などとあわせて市場で買い付けなければならなかった[47]。

こうして樺太における製紙会社の年期契約区域は、「油断なく払下げを受けて伐採する方針に出でなければ」「とに角他人に侵さるることあるを覚悟せねばなら」ない、「悉る不安定、不安心なる区域」になった[48]。この頃には大口売払契約を新たに締結できる樺太森林はなくなっていたので、王子製紙、富士製紙、樺太工業は、パルプ用材を確保するには、小口契約を締結すると同時に既存の年期契約区域を「不可侵区域」にする以外になかった。また樺太庁にとっても、財源確保の観点から製紙会社の年期契約区域の維持は重要であったため、一九一九～二三年の最初の虫害被害後に実施された樺太林政改革にもとづいて、二八年五月に樺太庁と製紙三社は、従来の年期契約を破棄し、「所謂製紙団契約なるもの」を新たに締結して、年期契約区域を設定し直した[49]。この契約締結により、製紙三社は樺太森林の約八〇％を年期契約区域として保証され、一社当りの払下材積は二〇年間で六〇〇〇万石に決定された[50]。

樺太材価格の継続的下落にささえられ（前掲図1-6）、北海道や内地のパルプ製造工場でも樺太材の利用がすすんだ。北海道では、一九二〇年代前半まで樺太材はパルプ用材としてほとんど利用されていなかったが、二〇年代後半以降、パルプ用材消費量にしめる樺太材の割合は二～二〇％に増加した。王子製紙の場合、二〇年代前半に北海道材の市場買付を拡大したのに対して、二〇年代後半には樺太材の利用を拡大し、同社の樺太材調達量は、数値の不明な二七年をのぞくと二八年の一〇万石から三一年の三三万五〇〇〇石に増加し、パルプ用材調達

図6－9　生産地別パルプ用材消費量、1913〜45年

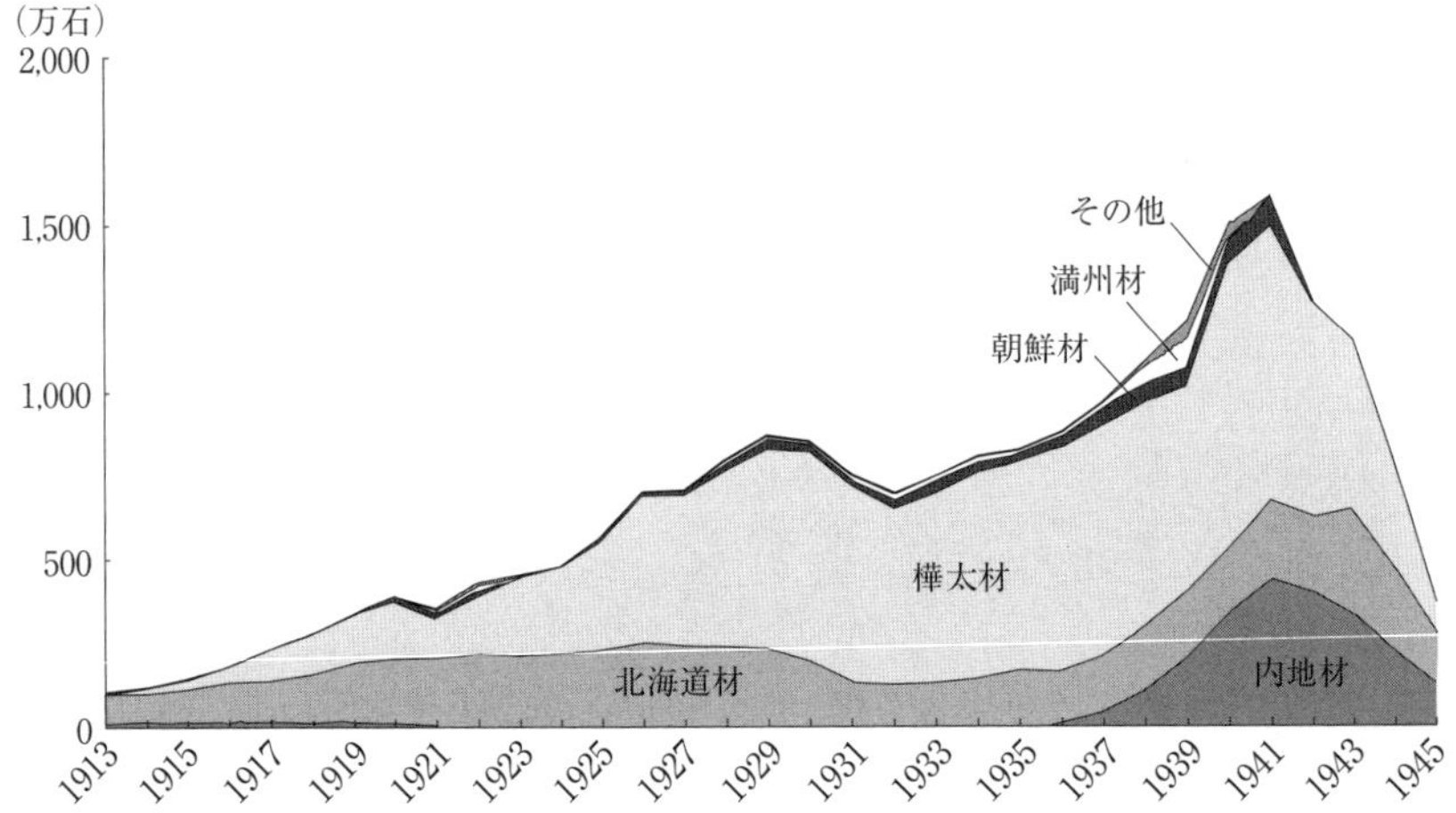


資料：『王子製紙山林事業史』546〜547頁；鈴木編『紙・パルプ』統計表30〜31頁より作成。

量の最大四八・五%をしめた（図6-3）。王子製紙の樺太材工場着価格は、北海道の一般買入材より〇・二〜一・〇円低価格であったという[51]。一方、内地パルプ製造工場では、樺太材の利用がさらに拡大し、二〇年代半ばにパルプ用材消費量にしめる樺太材の割合は八〇%を上回り、二七年以降はほぼ一〇〇%に達し、相対的に高価格であった北海道材や内地材の利用は減少した。こうして三〇〜三二年に樺太材は、樺太、北海道、内地、朝鮮におけるパルプ用材消費量全体の七五〜八〇%をしめるようになった[52]（図6-9）。

### （2）年期契約区域の縮小と樺太林政改革

樺太材の利用の拡大によりパルプ生産量は急増したが、一九二〇年代後半もパルプ・洋紙市況は回復しなかった。パルプを主力商品としていた樺太工業は、二七年頃にパルプ在庫の増加に対応して洋紙機械の増設を計画したが、三〇年に年間二万トンのパルプ販売先であった三菱製紙を顧客としてうしない、同年のパルプ在庫量は王子製紙、富士製紙をあわせると、三社で約一一万五〇〇〇トンにのぼった。製紙会社は、年期契約区域を維持するには、区域内の木材を計画的に伐採して契約を履行しなければならなかったが、パルプ在庫量の

増加とパルプ生産量の減少に比例して、年期契約区域の伐採量は減少した。三一年六、七月に製紙三社は、処分しきれなかった樺太材九三万三二〇〇石を京浜、大阪、名古屋の各市場で低価格で売却したにもかかわらず、同年下期に王子製紙は、樺太に八万トンのパルプ在庫をかかえて大泊工場の休業を余儀なくされ、同工場の年期契約区域の一部を樺太庁へ返還しなければならなかった。また同年一一月発表の樺太庁の違約者に対する契約解除予告一覧には、樺太工業と富士製紙の両社名が掲載されていることから、両社も契約不履行により年期契約区域の一部を返還せざるをえなくなったと推察される。(53) こうして樺太の年期契約区域の伐採量は減少し、その面積は徐々に縮小した。

北海道においても製紙会社の年期契約区域は、縮小傾向にあった。たとえば王子製紙の国有林の年期契約の締結・更新状況をみると（図6-2）、一九二五年度に足寄国有林事業地、二九年度に愛別国有林事業地と然別国有林事業地が整理され、さらに三〇年度に斗満、美里別、音更、上川の国有林事業地の契約期間満了をむかえたが、これらの契約も更新されず、残った国有林事業地は工場から比較的近距離にあった鵡川と沙流のみになった。二〇年代の北海道国有林の払下価格は、一般木材価格の下落に相応して引き下げられなかったが（図6-5）、王子製紙は、苫小牧工場で単位当り利益の最も少ない新聞用紙を製造していたので、パルプ・洋紙価格が下落する状況下で輸送費のかさむ遠隔地の事業地での契約を更新できなかった。二八年の王子製紙の事業地材の石当り工場着価格をみると、契約が継続された鵡川国有林事業地材と千歳御料林事業地材は四・三四円（うち「汽車費」〇・二一円）、四・四六円（同〇・五〇円）であったのに対し、契約が更新されなかった愛別、音更の国有林事業地材は各々五・五六円（同〇・八九円）、五・五八円（同一・〇五円）であった。(54)

また道内の森林減少の懸念から、北海道庁は、一九二三年以降、製紙会社への払下材積（丸太）を年間二一〇万石（立木換算四二〇万石）以下に制限していたことにくわえ、二九年以降は製紙会社によるパルプ在庫調整のための年期契約材の買控えが影響したのか、引渡場所や払下数量・価格などについて製紙会社側の希望をいっさい認めず、契約違反の場合には違約金をかした。[55] 富士製紙は、三〇年に王子製紙が更新できなかった上川や美里別などの国有林の年期契約を締結したものの、[56] 王子製紙は年期契約区域を縮小せざるをえなかったので、同社の北海道のパルプ用材消費量にしめる年期契約材の割合は低下した（図6-3）。

このように、北海道山林においても製紙会社の年期契約区域は縮小傾向にあったが、他者と直接競争せずにパルプ用材を伐採できる社有林の拡大は限定的であった。王子製紙の場合、一九二一～三二年に買収した北海道山林は一万二八〇〇町歩（図6-4-1⑤⑨⑰の一部と⑪～⑯）で、三一年まで継続した植林の累計面積は三五〇〇町歩（人工造林一〇六二町歩、天然更新二五〇九町歩）であった（図6-7）。王子製紙は、山林買収や社有林経営において木材賦存量・樹種および将来的経営・管理の可否を考慮したというものの、パルプ用材に適合する樹種の社外販売や不適合なカラマツの植栽に示唆されるように、パルプ用材の確保より余剰金の資産造成投資を目的に山林買収をおこなう傾向があった。[57] 富士製紙の場合には、二一～三二年に新たに九九八〇町歩の北海道山林（図6-4-2②の一部と⑲）が社有林に編入され、[58] 道内工場への社有林の供給率（推計）[59] は二三、二四年に二〇％以上をしめたが、二〇年代後半には五～一〇％に低下した。市場における安価なパルプ用材の買付が可能な状況下で、製紙会社にとって管理コストのかかる社有林をもつ意味は大きくなく、北海道炭鉱業のケースと同様に、社有林の編成は木材の市場取引とセットで実施されたにすぎなかった。

こうして、新たなパルプ用材の供給区域が拡大しないまま、主に樺太の年期契約区域内に残されたパルプ用材を利用して、パルプ・洋紙が継続して生産された。洋紙価格の下落に対し、日本製紙聯合会による一九二九年五月の第三次生産制限（印刷用紙と模造紙が対象）や三〇年以降の共同在庫管理も、また共同洋紙（〇一年に設立された新聞用紙共販カルテル）による新聞洋紙の共同減産も供給過剰を解消できず、こうしてカルテルをこえる統制手段として王子製紙、富士製紙、樺太工業の合併が模索されるようになった。[60]

この合併が模索されていた頃、樺太では一九二七～三一年の二度目の虫害とかさなって不十分に終わっていた林政改革が、改めて実施されることになった。二〇年代の樺太材の大量伐採により、樺太の森林材積は〇六～〇八年調査の推定一七億七六七五万石から、二七～二九年調査では五億六八四一万石に減少していた。三二年五月に樺太庁は「林政改革声明書」を発表し、製紙会社の年期契約は既得権として保証したものの、樺太財政の是正と森林収入の減少防止を主な目的に、樺太国有林売払単価の画一制度の廃止（島内処分場所や東京市場の木材価格などの勘案）、移出用材売払いのための随意契約の廃止、年期契約の整理と年期売払制度の廃止、立木売払・調査方法の改善と造林事業の拡大などを決定し[61]、これにより安価な樺太材の供給が制限されることになった。

## 5　パルプ用材市場の拡大とパルプ用材不足の深刻化

一九三三年五月に王子製紙、富士製紙、樺太工業の三社合併が成立した。この時期には日本国内の景気回復にともなってパルプ・洋紙市場も回復し、製紙用パルプ生産量は三三年の六二万トンから三七年の八四万トンに増加し、とくに人絹用パルプの需要が急増した（図6-1）。それにおうじてパルプ用材消費量が増加したが、パルプ用材が年期契約区域ではなくパルプ用材市場から調達されることになると、炭鉱業（坑木）をはじめ他の木材需要産業との間で木材の入手競争が激化する可能性があった。

一九三〇年以降パルプ用材の七五～八〇％を継続して供給していた樺太では、年期契約区域の拡大はほとんど不可能であった。樺太におけるパルプ用材の伐採状況を、王子製紙が樺太庁に提出した伐採計画書からみてみると、樺太の年期契約区域からの払下材積は、同社の樺太工場向け（一九三三～四七年度計）が一億一一三八万石、同社の北海道・内地工場向け（三四～四三年度計）が一三七〇万石、日本人絹パルプ（三三年四月に王子製紙が買収）の樺太工場向け（三四～四三年度計）が一一〇〇万石で、三三～三七年の伐採実行率（実行高／伐採計画）は九七～

一〇四%であった。それでもパルプ用材は不足し、王子製紙は東京大学・京都大学・九州大学の各大学演習林材、あるいは市町村・民間への払下げ材を買い取って利用せざるをえなかった[62]。

北海道においても、年期契約区域は拡大しなかった。一九三三〜三五年に王子製紙は、年間約二〇〇万石の道内パルプ用材所要量のうち、七九〜八八万石を年期契約区域から伐採して利用したが、一般木材価格の高騰により国有林や御料林の売払単価は二〜三倍に上昇したため（図6-5）、道庁や帝室林野局に売払単価の引下げを要求した。しかし、王子製紙への売払単価は、一般木材業者への売払単価に比較して低価格に設定されており、また王子製紙への独占的払下げに対する批判が強まっていたので、同社は道庁および帝室林野局の提示価格におうじざるをえなかった。王子製紙は、三六〜三七年に年期契約材調達量が五二〜五五万石に減少したが、樺太材の移入見込みも三〜四年程度であったので、栗林商会、岡崎公一、岩倉巻次などから二五〜三五万石のパルプ用材の買付を余儀なくされた[63]。

しかし、王子製紙は、木材業者からのパルプ用材の買入価格の上昇を回避できず、社有林の利用を拡大せざるをえなくなった。一九三三〜三七年に王子製紙の北海道社有林は新たに約三万町歩拡大し、パルプ用材調達量にしめる社有林材の割合は、三二年の〇・二%（一四〇〇石）から三六〜三八年には二八・五〜三五・〇%（五四〜七二万石）に上昇した（図6-3）。しかしながら、三六年一一月末の王子製紙の北海道社有林材積のうち、パルプ原料となる針葉樹は一〇二二万石であったので、造材歩留りを五〇%とすれば利用可能数量は約五〇〇万石となり、同社北海道工場消費量の二年半分にしか相当しなかった[64]。こうして北海道では、年期契約区域が拡大しないまま、パルプ用材とその他用材との配分が、木材需給調整の重要問題として意識されるようになった[65]。

こうした状況下で、満州において新たな年期契約区域の設定が期待された。当時、広葉樹のパルプ化も技術的には可能になっていたものの、生産費が高額であったため[66]、広葉樹の多く生育する東南アジア地域はパルプ用材の供給地にはならなかった。満州では、一九三三年三月発表の「満州国経済建設綱要」により重要産業の国家統制が規定され、パルプ産業が対象産業に指定された結果、三六年三月に日満パルプ製造株式会社（王子製紙系）、東満州人絹パルプ株式会社、満州パルプ工業株式会社、東洋パルプ株式会社の設立が許可された。しかし、四社の木材利用は、満州林業股份有限公司（三六年二月に設立された国策会社、三九年三月に満州林業株式会社に改称）の伐出材および官行斫伐材に制限された。また三四年六月の「林場権整理法」の制定により、共栄起業（二三年六月設立の王子製紙と大倉組による日支合弁企業）や鴨緑江採木などの木材会社が獲得していた林場権も否定され[67]、満州にはパルプ用材の年期契約区域は設定されなかった。

朝鮮においても、一九三六年五月に王子製紙により北鮮製紙化学工業株式会社が設立され、同年一二月に人絹用パルプの製造が開始されたが、朝鮮総督府との年期契約による国有林払下げ石数は年間わずか三八万石で[68]、王子造林株式会社（三七年八月設立[69]）が買収した三万七〇〇〇町歩にわたる社有林の材積（針葉樹）も、北海道社有林の一〇分の一（一三四万石）程度にすぎなかった[70]。

こうしてパルプ用材の需要急増は、内地におけるパルプ用材の伐採と市場取引の拡大をもたらした（図6-9）。この背景には、樺太材の移入量の減少にくわえ、新原料開発に乗り出していた王子製紙によるアカマツのパルプ化の成功と、パルプ価格の高騰により、相対的に高価格の内地材がパルプ用材として利用可能になったことがあった。王子製紙は、八代（一九三三年）、富士（三三年）、中津（三六年）、東京（三七年）、伏木（三七年）に山林第二課所属の出張所を開設し、アカマツを「三〇号材」と称して極秘に蓄積調査を実施し、買い付けた（表6-2）。たとえば八代出張所は、八代工場の土場・調木作業請負人かつ梱包用材の納材人であった松木国治と、坂本工場の納材人であった馬淵仙太郎に、球磨川流域と鹿児島本線一帯でアカマツ（丸太）の買付にあたらせた。彼らは、パルプ用材と樹種・規格がほぼ同一の坑木の取引価格を基準にパルプ用材の買付をはかったが、坑木業者やその他木材業者との木材入手競争が激化してパルプ用材価格が高騰したために、予定量を買い付けることができなかった。

**表6-2　王子製紙のパルプ用材調達地域と輸送先、1933～40年**

| 担当機関 | | 設置年 | パルプ用材調達地域 | 輸送先 | |
|---|---|---|---|---|---|
| | | | | 工　場 | その他 |
| 山林第一課 | 樺太分社山林部 | 1933 | 樺太 | 大泊、豊原、野田、落合、知取、恵須取、泊居、真岡 | 内地各出張所 |
| 山林第二課 | 北海道山林部 | 1933 | 北海道 | 苫小牧、江別、釧路 | |
| | 富士出張所 | 1933 | 静岡、山梨、長野 | 富士第一、富士第二、富士第三、芝川 | 中津出張所、江戸川、千住 |
| | 八代出張所 | 1933 | 熊本、鹿児島、宮崎、大分 | 八代、坂本 | |
| | 中津出張所 | 1936 | 長野、岐阜、愛知、滋賀、三重、奈良、和歌山、京都、大阪 | 中津、名古屋、神崎 | |
| | 東京出張所 | 1937 | 静岡、茨城、埼玉、東京、千葉、山形 | 十条、千住、江戸川 | 富士出張所、北海道山林部 |
| | 伏木出張所 | 1937 | 福井、石川、岐阜、長野 | 伏木 | |
| | 朝鮮分社山林部 | 1933 | 朝鮮 | 朝鮮 | |

注：輸送先の「その他」は、判明するもののみ記載した。

資料：樺太分社「決算報告書」1933～40年；北海道山林部「期末報告」1935年上期、37年下期、40年上期；富士出張所「山林部勘定内訳表」1940年3～12月、中津出張所「山林部勘定内訳表」1940年3～5、12月、八代出張所「山林部勘定内訳表」1940年3～5、12月；東京出張所「山林部勘定内訳表」1940年3～5、12月；伏木出張所「山林部勘定内訳表」1940年3～5、12月；朝鮮山林部「山林内部勘定内訳表」1940年3～5、12月（以上、紙の博物館所蔵資料）。

王子製紙は、木材の調達方法を丸太から立木の買付に変更せざるをえなくなり、輸送面を考慮して「採算有利ナル山林」を買い付けた。一九三七年以降、八代出張所は納材人を指名して鹿児島・宮崎・熊本各県で立木買付を本格化し、富士、中津両出張所は、山梨・長野両県を中心に大手の山林仲介業者からの情報収集と山林調査を通じて納材人を選定し、立木買付を実施した。同年下期以降は、地元木材業者との競争を回避するために、彼らが購入困難な三〇町歩以上の山林を買付対象に、王子製紙本社も直接立木を買い付け、また新たに四二五〇町歩の内地山林を社有林に編入した(71)。

このほか、中国地方では山陽パルプ工業（一九三七年五月設立の王子系企業）によるアカマツの伐採が開始され、東北地方では王子製紙と北越製紙のパルプ用材の入手競争が激化した。パルプ用材需要の急増に対し、三六年のパルプ用材（米材・カナダ材）

輸入の開始につづき、三七年三月に輸入人絹パルプ用材の免税措置がとられたが、パルプ用材不足は深刻化し、同時に木材市場におけるパルプ用材需要の増加は、坑木市場など競合関係にある木材市場に大きな影響をおよぼした[72]。

以上のように、パルプ用材消費量は第一次大戦を機に急増し、樺太におけるパルプ製造工場の消費分をふくめると、用材消費量の五～一二%をしめたと推察される。製紙業は、資本集約産業であったために一工場当りの木材消費量が多かったので、パルプ用材は市場での他産業との直接競争を回避して、主に樺太や北海道の年期契約区域から供給された。とくに樺太における広大な年期契約区域は、パルプ用材の重要な供給地となり、製紙業の発展とともに樺太の森林面積は減少した。一九三三年以降、年期契約区域からの供給のみで需要におうじることができなくなると、パルプ用材市場が内地へも拡大し、内地山林への負荷も高まったが、戦前期の製紙業の発展による内地山林や北海道山林への負荷は、樺太での森林伐採によって軽減されたのである。

## 注

（1）　四宮俊之『近代日本製紙業の競争と協調』日本経済評論社、一九九七年、鈴木尚夫編『紙・パルプ』（現代日本産業発達史一二）交詢社、一九六七年。このほかに、藤田貞一郎「近代日本製紙業の発達」（一）（二）『同志社商学』二四巻五・六号（一九七三年三月）、二五巻一号（一九七三年八月）、原沢芳太郎「王子製紙の満州（中国東北部）進出」土屋守章・森川英正編『企業者活動の史的研究』日本経済新聞社、一九八一年、第八章、大東英祐「戦間期のマーケティングと流通機構」由井常彦・大東英祐編『大企業時代の到来』（日本経営史三）岩波書店、一九九五年、五章、四宮俊之「紙・パルプ工業における技術革新」由井常彦・橋本寿朗編『革新の経営史』有斐閣、一九九五年、第三章、大嶋顕幸「我が国紙・パルプ産業の樺太への展開」（一）～（一三）『経済学季報』四七巻二号～五三巻三・四号（一九九八年二月～二〇〇四年三月）、神山恒雄「機械制大工業の移植」高村直助編『明治前期の日本経済』日本経済評論社、二〇〇四年、六章などがある。王子製紙の山林経営については大嶋顕幸『大規模林業経営の展開と論理』日本林業調査会、一九九一年、第三、四章を参照。

（2）萩野敏雄『北洋材経済史論』林野共済会、一九五七年、萩野敏雄『戦前期内地におけるパルプ材経済史』日本林業調査会、一九七七年、赤井英夫「北海道におけるパルプ材市場の展開過程」『林業経営研究所研究報告』九巻二号（一九六七年一〇月）、樺太林業史編纂会編『樺太林業史』農林出版、一九六〇年など。このほか樺太財政を分析した平井廣一『日本植民地財政史研究』ミネルヴァ書房、一九九七年、第五・六章や、歴史地理学の立場から樺太を考察した三木理史『国境の植民地・樺太』塙書房、二〇〇六年、および三木理史「樺太の産業化と不凍港選定」『日本植民地研究』一三号（二〇〇一年六月）においても、樺太における製紙業が取り上げられている。

（3）王子製紙苫小牧工場「決算報告書」一九三三年上期～四〇年下期（紙の博物館所蔵資料）、王子製紙大泊工場「決算報告書」一九二八年上期～四〇年下期（紙の博物館所蔵資料）、王子製紙豊原工場「決算報告書」一九二八年上期～四〇年下期（紙の博物館所蔵資料）。

（4）古紙を利用した洋紙の生産は、戦時統制期に積極的に取り組まれるようになったが、それ以前は技術的およびコスト上の問題から本格化しなかった（王子製紙株式会社編『紙業提要』（増訂版）丸善、一九四二年、二八頁、「反古紙からパルプ」『大阪朝日新聞』一九三八年四月二一日、「科学審議会の化学品類農産資源答申案内容（上）」『日本工業新聞』一九四〇年七月一一日）。また古紙は、家庭用および産業用の包装に利用されたため、洋紙原料としての利用は制約された（稲村光郎『ごみと日本人』ミネルヴァ書房、二〇一五年、一五〇～一五一頁）。

（5）ただし、洋紙生産量は、日本製紙聯合会（一八八〇年に製紙所聯合会として設立、九九年に日本製紙所組合、一九〇六年に日本製紙聯合会に改称）加盟企業の生産量の合計値で、一八九〇～一九〇〇年代に全国洋紙生産量の六五～八五％、第一次大戦期以降は九五％以上をしめたと推察される（農商務省編『農商務統計表』一八八六～一九二三年版、農商務（商工）省編『工場統計表』一九一九～三八年版）。

（6）檻褸・藁一ポンド＝〇・一二貫、木材の石当りパルプ生産量＝〇・四八～〇・六六ポンドで換算した場合の推計値で、板紙原料となった稲藁はふくまれていない。推計には以下の資料を利用した。竹越与三郎『大川平三郎君伝』大川三郎君伝編纂会、一九五二年、一二〇～一二八頁、鈴木編『紙・パルプ』八九～九〇頁、日本製紙聯合会『紙業雑誌』一巻一号～四〇巻六号（一九〇六～四〇年）、農商務省山林局『製紙原料木材パルプ』（山林公報臨時増刊）一九一九年、農林省山林局『本邦ニ於ケル木材「パルプ」生産状況』一九二七年版、農林省山林局『本邦に於ける木材パルプの生産状況』一九三八年版。なお、藁は藁製品の原料や商品の包装用品として、檻褸は製絨業・綿紡績業における原料として利用されるなど、製紙業以外における需要も増加した（稲村『ごみと日本人』一四七〜一四九頁）。

（7）たとえば新聞発行部数は、一九〇三〜〇九年の七九〜二一六万部（東京・大阪の新聞社一八社の発行数調査）から二七年に四七〇万部を上回り、四二年には八四七万部以上（東京日日、東京朝日、大阪朝日、大阪毎日など有力新聞社一一社の発行数の合計値）に増加した（山本武利『近代日本の新聞読者層』法政大学出版局、一九八一年、四一二頁）。

（8）王子製紙株式会社販売部調査課編『日本紙業綜覧』成田潔英、一九三七年、一八六〜一八七頁、成田潔英『王子製紙社史』第二巻、王子製紙社史編纂所、一九五七年、二七六頁、宮原省久「東日本のパルプ資材界展望」『紙業雑誌』三二巻七号（一九三七年九月）、二五頁。

（9）成田潔英『王子製紙社史』第一巻、王子製紙社史編纂所、一九五六年、四五〜四八、一〇五〜一一三、二五五〜二七七頁。萩野『戦前期内地におけるパルプ材経済史』五〜三〇頁。

（10）資料中には「年期売払契約」、「年期払下契約」、「年期売買契約」などと表記されているが、本書ではこれらを統一して「年期契約」と表記し、「年期契約」により伐採を許可された区域を「年期契約区域」と表記する。

（11）王子製紙山林事業史編纂委員会編『王子製紙山林事業史』一九七六年、四〇〜四一頁、和田國次郎『明治大正御料事業誌』林野会、一九三五年、二〇九頁。一九一二年までに操業した内地の木材パルプ生産工場一二工場のうち、八工場は静岡県に建設された。

（12）一尺〆＝一・二石（木材市場通信社『木材取引要覧』一九三〇年、二三頁）で換算。以下、尺〆表示のものは同様に換算した。

（13）「気田分社民有林立木買付一覧」作成年不明、「中部民有林立木買入状況」作成年不明、「中部山林遠山川流域山方事務所別買入出材一覧」作成年不明（以上、『王子製紙山林事業史』編纂資料・林業文献センター所蔵資料）、王子製紙中部工場「決算報告書」一九〇六年下期〜〇八年上期（紙の博物館所蔵資料）、王子製紙気田工場「決算報告書」一九〇三年上期〜〇四年下期（紙の博物館所蔵資料）、『王子製紙山林事業史』四五〜四六、四九〜五〇、五九〜六一、六八〜六九頁。

（14）和田『明治大正御料事業誌』二〇八〜二一〇頁、帝室林野局編『帝室林野局五十年史』一九三九年、七一五〜七一七頁、北斗生「富士製紙株式会社」『紙業雑誌』四巻一二号（一九一〇年二月）、二〇〜二五頁、須田忠治「旧富士製紙会社内地工場の山林事業」一九六四年（紙の博物館所蔵資料）、二六〜二七頁。

（15）「中部民有林立木買入状況」、『王子製紙山林事業史』五七頁、農商務省山林局『製紙原料木材パルプ』一六三頁、「日本の製紙業」『紙業雑誌』二巻七号（一九〇七年九月）、一七頁、秋林幸男「戦前期における北海道国有林経営の展開過程に関す

る研究」『北海道大学演習林研究報告』三五巻二号（一九七八年一二月）、二〇五頁。
(16) 北海道編『北海道山林史』一九五三年、二八九～三一二頁、鈴木編『紙・パルプ』一七二～一七四頁。
(17) 林野庁調査課「北海道及び樺太における林業開発事情について」（林業発達史資料第一〇号）一九五三年、二六～二七頁。
(18) 西尾幸三『北海道の経済と財政』東洋経済新報社、一九五三年、一〇〇～一一一頁、『北海道山林史』六九二頁、北海道編『新北海道史』第八巻（史料二）、一九七二年、一三九～一四四頁、林野庁調査課「北海道及び樺太における林業開発事情について」二六頁、王子製紙株式会社「前社長高島菊次郎殿の御話」一九六五年一〇月一三日（林業文献センター所蔵資料）、九頁。
(19) 事業地材には、年期契約材のほか特売（随意契約による払下げ）材も含まれるが、内訳の判明する一九三〇年代後半には特売材はわずかであった（王子製紙北海道山林部「期末報告」一九三五年上期、三七年下期、四〇年上期、紙の博物館所蔵資料）。
(20) 林常夫『北海林話』北海道興林株式会社、一九五四年、四八頁。
(21) 大嶋『大規模林業経営の展開と論理』七四～七五頁、『王子製紙山林事業史』五七八～五八二頁。王子製紙は工場用地・土地利用を目的に、一三〇〇町歩の山林（図6-4-1①の一部）を買収した。
(22) 樺太は、北海道の延長上に認識され、台湾や朝鮮などの「外地」に比較して「内地化」措置が多くとられた（三木理史「農業移民に見る樺太と北海道」『歴史地理学』四五巻一号、二〇〇三年一月、二〇～三五頁、三木「樺太の産業化と不凍港選定」一九～三七頁）。
(23) 中牟田五郎『樺太森林開発事情』帝国森林会、一九三一年、六六～六七頁、三井文庫編『三井事業史』本篇第三巻上、一九八〇年、二〇一～二〇三頁、『樺太林業史』七一～七二頁、「失態だらけの樺太開発事業」『東京日日新聞』一九二四年八月一三日、鈴木編『紙・パルプ』一七八頁。
(24) 中牟田『樺太森林開発事情』七八～八四頁、『王子製紙山林事業史』一二一頁。
(25) 「木材パルプの大勢」『紙業雑誌』六巻四号（一九一一年六月）、六頁。
(26) 『三井事業史』本篇第三巻上、一八六～一九五、二〇四～二〇六頁、中牟田五郎「樺太区留布工業の沿革」『大日本山林会報』四一九号（一九一七年六月）、二一～二七頁、三木「樺太の産業化と不凍港選定」三〇～三一頁。
(27) 中牟田「樺太区留布工業の沿革」二六頁、四宮『近代日本製紙業の競争と協調』一〇六～一一四頁、樺太庁『樺太庁施政三十年史』上巻（復刻版）、原書房、一九七三年、四八四～四八五頁。

(28) 樺太庁『樺太森林法規』一九二〇年、一五頁。
(29) 樺太庁『樺太庁統計書』一九四一年。樺太財政と森林払下げについては、平井『日本植民地財政史研究』第五章および第六章を参照。
(30) 砕木パルプは、同量の木材で亜硫酸パルプの約二倍の量が製造できるが、低品質で主として新聞用紙や模造紙に利用された。
(31) 亜硫酸パルプは砕木パルプより動力を必要としないため、北海道に比較して水力に乏しかった樺太では、亜硫酸パルプの製造が選択された（「樺太の紙料材に就て」『紙業雑誌』八巻六号、一九一三年八月、三頁）。
(32) 「洋紙値上決定」『大阪毎日新聞』一九一五年八月二四日、「天井知らずの紙相場」『中外商業新報』一九一六年一月三一日。
(33) たとえば一九一六年下期の樺太工業の亜硫酸パルプの製造費と販売価格は、各々〇・〇四円と〇・〇九円であった（「本邦パルプ会社の現状並に将来」『紙業雑誌』一三巻一二号、一九一八年二月、一九頁）。
(34) 歩留りを五〇％と仮定し、図6-2より富士製紙の国有林年期払下材を算出すると、一九一五〜一九年に同社の木材消費量の四〇％程度であったと推察される。
(35) 南満州鉄道株式会社東亜経済調査局編『北海道木材調査』一九二一年、二四頁、須田「旧富士製紙会社内地工場の山林事業」一八頁、農商務省山林局『製紙原料木材パルプ』一六三頁、『王子製紙山林事業史』五七八〜五八二頁、大嶋『大規模林業経営の展開と論理』八七頁。
(36) 農商務省の調査によれば、一九一七年のポンド当り亜硫酸パルプの推定生産コストは、内地工場〇・〇七七円（うち「木代金」〇・〇四六円）、北海道工場〇・〇七九円（同〇・〇二〇円）、樺太工場〇・〇六〇円（同〇・〇一三円）で、樺太の工場―港間と樺太―内地間の運賃計〇・〇二七円を考慮すると、内地工場の方がやや優位であった（農商務省山林局『製紙原料木材パルプ』九二〜九五頁）。
(37) 樺太庁『樺太庁施政三十年史』上巻、四八四〜四八五頁、中牟田「樺太区留布工業の沿革」二五〜二六頁。
(38) 遠藤米七は、一九〇五年に樺太（豊原）へ移住して土木請負業を開始し、伐採事業を展開するとともに複数の会社社長や豊原商工会議所役員および豊原町評議員をつとめ、王子製紙豊原工場の建設資材を提供した（「遠藤米七褒章下賜ノ件」一九二八年一一月、国立公文書館所蔵資料、林野庁調査課「北海道及び樺太における林業開発事情について」四七頁）。
(39) 樺太庁『樺太庁施政三十年史』上巻、四八四〜四八五頁、『王子製紙山林事業史』一二七〜一二八頁、中牟田「樺太区留布工業の沿革」二五〜二六頁。

(40) 中牟田「樺太区畱布工業の沿革」二五〜二七頁。
(41) 萩野敏雄『朝鮮・満州・台湾林業発達史論』林野弘済会、一九六五年、二五〜二七頁、鈴木編『紙・パルプ』一八九頁。
(42) 「内地パルプ供給難　共同パルプの放任主義に輸入激増す」『時事新報』一九二四年一二月三一日。
(43) 四宮『近代日本製紙業の競争と協調』一八八〜二二〇頁。日本製紙聯合会は、年一回、洋紙問屋が組織する大正会と洋紙需給量を協定し、毎月決定する最高・最低価格の範囲内で日本製紙聯合会加盟企業の製品を洋紙問屋を通じて販売したが、洋紙問屋は複数の製紙会社と販売契約を締結していたので、製紙会社は市場シェアの維持・拡大のために、競って低価格で洋紙問屋に洋紙を売り込もうとした（日本銀行「紙及紙料ニ関スル調査」一九二〇年、日本銀行調査局編『日本金融史資料』第二四巻、一九六〇年、一一五〜一一六、一二一〜一二三頁、日本紙パルプ商事株式会社編『日本紙パルプ商事百三十年史』一九七五年、二二三頁）。
(44) 『樺太林業史』九六〜一〇一、一六六〜一七〇頁、『王子製紙山林事業史』一五四〜一五六、一六〇〜一六三頁。
(45) 『樺太林業史』一〇六〜一〇七、一一五〜一二八、二〇六〜二〇九頁、『王子製紙山林事業史』一五六〜一六三、一九三頁。
(46) 林野庁調査課「北海道及び樺太における林業開発事情について」四七〜四八、五八〜五九、六四〜六七頁、帝国森林会編『樺太の森林及林業』一九三〇年、二二頁。
(47) 『王子製紙山林事業史』一六六〜一六七頁。樺太における王子製紙、富士製紙、樺太工業のパルプ用材調達量の合計は、一九二三年から二七年に一七五万石から三四〇万石に倍増し、これにしめる一般買入材の割合は一〇％から五二％に上昇した（樺太庁『樺太森林統計』一九二三〜二九年版）。
(48) 中村茂樹「樺太パルプ原料材ニ就テ」一九三〇年五月二三日（紙の博物館所蔵資料）。
(49) 林野庁調査課「北海道及び樺太における林業開発事情について」五八〜五九、六七頁、鈴木編『紙・パルプ』一八六〜一八七頁、「見込みの薄い人絹パルプ計画」『大阪朝日新聞』一九二八年八月二二日。この契約締結により、樺太庁には製紙三社の年期契約区域の材積の約一〇％を新設の人絹パルプ会社に払い下げ、樺太財政に対し発言力の強まった製紙三社を牽制しようという意図もあった。
(50) 『王子製紙山林事業史』一八五〜一八八頁。
(51) 「北海道原木年度別工場着車上仕上価格」作成年不明（『王子製紙山林事業史』編纂資料・林業文献センター所蔵資料）。
(52) 農林省山林局『本邦ニ於ケル木材「パルプ」生産状況』一九二六、三〇年版。
(53) 「第六三八回 報告」（一九三三年五月一日）王子製紙株式会社『取締役会議事録』一九三一〜三六年（紙の博物館所蔵資料）、

王子製紙株式会社「考課状」一九二九年下半期、三一年下半期（紙の博物館所蔵資料）、王子製紙大泊工場「決算報告書」一九三〇年下期～三一年下期、樺太工業株式会社「報告書」一九二七年五月～二八年一一月（紙の博物館所蔵資料）、『樺太林業史』一九一～一九三頁、「製紙会社はさらにパルプ問題の解決を要す」『中外商業新報』一九三〇年一一月五日、桑田治『日本木材統制史』林野共済会、一九六三年、五二頁。

(54)『王子製紙山林事業史』一三六～一四五頁。

(55)「洋紙の消費激増と木材供給の不安」『ダイヤモンド』一九二五年五月一日、三七頁、「一年費八百万石を要す」『紙業雑誌』二〇巻五号（一九二五年七月）、一～二頁、『王子製紙山林事業史』一四六頁、萩野『北洋材経済史論』一一六頁。

(56)赤井「北海道におけるパルプ材市場の展開過程」五二～五三頁。

(57)『王子製紙山林事業史』四六八、四七二、五七八～五八二頁、大嶋『大規模林業経営の展開と理論』八二、八六～八八、九九～一〇五頁、王子製紙苫小牧工場「苫小牧山林沿革史」一九五六年（紙の博物館所蔵資料）、林野庁調査課「明治・大正時代における北海道の林業事情」（林業発達史資料第三号）一九五二年、九頁。

(58)『王子製紙山林事業史』五七八～五八二頁。

(59)富士製紙の社有林（針葉樹）伐採量は、一九二一年の八万石から二三、二四年に各々三八万石、六六万石に増加し、二六～二九年には一〇～二〇万石に減少した。このうちの道内工場輸送分から、道内工場への社有林供給率を算出した（大嶋『大規模林業経営の展開と論理』八七頁）。

(60)詳細は、四宮『近代日本製紙業の競争と協調』第四章および第五章を参照。

(61)樺太庁「森林事業の状況」（会計検査院総務科『昭和一三年度決算検査特別調査事項』一九四〇年、国立公文書館つくば分館所蔵資料）、「第六六九回　報告」（一九三八年五月一一日）王子製紙株式会社『取締役会議事録』一九三七～四〇年（紙の博物館所蔵資料）、王子製紙株式会社編『樺太山林事業誌』一九四九年、二七頁。

(62)王子製紙株式会社編『樺太山林事業誌』四五～五〇、六四～七一頁、『王子製紙山林事業史』三〇三～三〇四頁。

(63)王子製紙北海道山林部「期末報告」一九三五年上期、王子製紙北海道山林部から専務取締役宛書簡、一九三五年一月九日（林業文献センター所蔵資料）。

(64)「社有林蓄積調表」作成年不明（『王子製紙山林事業史』編纂資料・林業文献センター所蔵資料）、王子製紙北海道山林部から専務取締役宛書簡、一九三五年一月九日、一〇月一七日。

(65)渡邊全『日本の林業と農山村経済の更生』養賢堂、一九三八年、二五八頁。

(66) 「市場へ出るまで　パルプの巻（一二）」『中外商業新報』一九三八年三月二三日。

(67) 鈴木編『紙・パルプ』二八七〜二八九頁、『王子製紙山林事業史』三三七〜三四〇頁。共栄起業が伐採権を有する林場は、一九三〇年頃に五八万二九九八町歩（二億六六〇七万石）に達した（帝国森林会編『満蒙の森林及林業（森林資源及林場編）』一九三二年、八二〜八六頁）。

(68) 『王子製紙山林事業史』四一二〜四一三頁。

(69) 王子造林は、朝鮮・北海道・内地の社有林の管理・山林買収・植林事業によるパルプ用材の確保、および傍系会社へのパルプ用材の供給をになった。王子製紙の北海道での造林事業は、三七年八月以降に王子造林が担当したが、三八年の植栽に対する補助金交付の開始と、道内山林五〇町歩以上の所有者に施業案編成を義務づけた四〇年九月の改正「森林法」の施行まで積極的におこなわれなかった。また樺太での造林事業は、三四年の「樺太庁拓殖一五カ年計画」および「樺太造林奨励規則」にもとづいておこなわれ、樺太分社営林係が担当した。

(70) 「王子造林朝鮮社有林蓄積表」作成年不明（『王子製紙山林事業史』編纂資料・林業文献センター所蔵資料）、「社有林蓄積調表」。王子製紙は、王子証券の朝鮮林業開発株式会社（一九三七年八月設立の造林事業をおこなった国策会社）への投資を通じて朝鮮国有林におけるパルプ用材の確保をはかろうとした。王子造林の株式受取機関であった王子証券株式会社は、朝鮮銀行の担保流れになった山林の買取を積極的におこなった（鈴木編『紙・パルプ』二八六〜二八七頁）。

(71) 『王子製紙山林事業史』二七二〜二九一頁、宮原「東日本のパルプ資材界展望」二五頁、萩野『戦前期内地におけるパルプ用材経済史』七七〜八五頁。

(72) 宮原「東日本のパルプ資材界展望」二四〜三〇頁、日本米材輸入組合ほか編『日本米材史』一九四三年、四一二〜四一六頁。

# 第7章　戦時統制期の木材利用

戦時統制期は、戦前から戦後の日本経済の大きな転換点に位置づけられる。日本経済は、戦時統制期を機に欧米型市場経済から計画経済へと変容し、当該期に形成された戦時経済システムは戦後日本にもかたちをかえて引き継がれた。先行研究では、統制の計画化と進展の詳細な考察や、戦前・戦中・戦後の連続・断絶性の視点から金融システムや企業システムの分析などがすすめられてきた(1)。

戦時統制期においても木材は重要資材として利用され、鉄鋼材の供給制約が強まったために、代替関係にあった木材の需要は増加した。しかし、木材の供給先は国内山林に限定され、木材市場は、木材の需要におうじて供給量が規定される需要主導型の市場から、木材の供給量によって需要が制約される供給主導型の市場に転換した。本章では、木材と鉄鋼材を中心に戦時統制期における資材統制を考察したうえで、鉄道、電信・電話、電力、炭鉱、製紙業の木材利用を鉄鋼材の利用とあわせて明らかにする。

# 1　資材統制――木材と鉄鋼材

## (1)　統制の開始

「高橋財政」以降、日本経済は軍需産業を中心に回復にむかったが、一九三六年末には軍備拡張にともなう国際収支の悪化が顕在化し、三七年六月に第一次近衛文磨内閣は「財政経済三原則」を公表し、国際収支の均衡と物資需給の調整のもと、戦争遂行に必要な生産力拡充の方針を決定した。同年七月に勃発した日中戦争は、この計画の実施をはやめることになり、九月には「輸出入品等臨時措置法」「臨時資金調整法」および「軍需工業動員法適用法」が制定され、資金・物資両面から本格的な経済統制が開始された。日満支を一体とした生産力の拡充が国策の中心にすえられた状況下で、国際収支の悪化を打開する解決策は、直接統制以外にはなく、輸入額の大きい棉花・羊毛・木材などの輸入制限と「不要不急」品の禁輸措置をこうじて、調達困難な原料や軍需物資の「円ブロック」内での確保がはかられた(2)。

一九三八年一〇月には企画庁と資源局を合併して企画院が設置され、「輸入力」の算定を基礎に物資動員計画(以下、物動計画)が作成されるようになった。生産力拡充の対象産業には、鉄鋼、石炭などの基礎産業のほかに造船業や機械工業などが指定され、これらの産業用資材(鉄鋼類・非鉄金属類・木材類など)は、物動計画の物資供給可能総額から陸海軍需を差しひいた官民需枠のなかから割り当てられた。しかし、三八年物動計画の「輸入力」の破綻により、ふたたび基礎作業から立案がおこなわれたために、「生産力拡充計画要綱」は三九年一月にようやく閣議決定され、四カ年計画としてスタートした。毎年度の実施計画は、企画院生産力拡充委員会により作成され、それにもとづいて実際の生産や資材・労働力の配給を実施したのは、商工省の各統制協議会と統制団体として新たに再編成された従来のカルテル団体であった(3)。

生産力拡充対象産業のなかでも重要視されたのは鉄鋼業で、政府は、すでに一九三七年八月の「製鉄事業法」の公布により鉄鋼業を国家統制のもとにおき、鉄鋼の生産・配給・消費の統制を強化していた。そのうえに生産力拡充計画が実施され、製鉄各社は計画にもとづいて生産設備を拡大したものの、三九年九月の第二次世界大戦の勃発と日米関係の悪化の影響をうけ、鋼材原料の銑鉄と屑鉄の輸入量は三七年の九九万トン（うち満州二一万トン）、二四二万トンから、四〇年の六九万トン（同四三万トン）、一三九万トンに各々減少した。[4]さらに三九年夏の異常渇水による電力不足と石炭生産の停滞がかさなって、鉄鋼生産計画の達成は困難になり、同年一〇月の「価格等統制令」の公布・施行以降は、鋼材価格が凍結された一方で、原料品価格高騰により生産コストが上昇し、その結果、企業の生産インセンティブは低下し、鉄鋼生産は停滞した。[5]

こうした鉄鋼材の不足に起因する木材需要の増加や、軍需用材の需要の急増、棉花・パルプ製品の輸入制限によるパルプ自給化計画の推進、さらに満州・中国向け木材輸出の増加などにより、木材市場は逼迫した。木材輸入は、軍需用材と人絹用パルプ用材をのぞいて規制され、また過伐状態の樺太山林からの供給にも期待できず、木材供給地は国内山林に限定されていった。一九三八年に農林省は、木材の合理的配給調整をおこなうために全国木材用途別調査を実施し、[6]こうした状況下で軍需用材にくわえて坑木とパルプ用材の確保が、木材需給バランス改善のための重要課題のひとつに位置づけられるようになった。

一九三八年八月に農林省は、民有林間伐材斡旋協議会を開催し、そこで任命された特別委員による協議会での決定事項にもとづき、全国山林会聯合会・府県山林会を通じて石炭企業と製紙企業へのアカマツ間伐材（坑木・パルプ用材）の斡旋販売を開始した。[7]また需要が急増した軍需用材にかんしては、日中戦争勃発以降、東京・名古屋・大阪三都市における公用材供出組合と三井物産が陸軍用材を供出し、三都市の有力木材商が海軍用材を供出していたが、三九年八月以降に供給地域が全国に拡大され、農林省から通知をうけた府県知事の割当にもとづいて道府県木材業組合聯合会が供出にあたるようになった。しかし、軍需用材の協定価格は、市場で取引されるその他の木材価格よりも低価格に抑制され、木材業者は軍需用材の納入により発生する損失をその他の木材販売でカバーしようとしたために、木材価格はさらに騰貴した。

そこで農林省は、「価格等統制令」の施行にあわせて「用材生産統制規則」（一九三九年九月）と「用材規格規定」（三九年一〇月）を制定し、木材の用途指定と価格統制を開始した。[8] また一九四〇年六月には用材の樹種指定が開始されるとともに、各府県に坑木とパルプ用材の供出組合が組織され、同年九月には改正「森林法」も施行され、民有林への行政介入が可能になった。四一年二月には「用材配給統制規則」（同年一〇月）にもとづいて木材の配給統制がはかられ、その中枢機関として日本木材統制株式会社が設立された。[9] こうして国内山林から重要産業を中心に木材が供給される体制が整備され、国産材生産量は三七年の九四〇〇万石から急増して、四〇年には一億二〇〇〇万石を上回り（前掲図1-1）、森林伐採面積は急速に拡大した（前掲図0-1）。

## (2) 統制の強化

以上のような経済統制は、官僚統制による場当たり的対応の繰り返しにより運営され、次第に行き詰まりをみせた。一九四〇年一二月に、政府は「経済新体制確立要綱」を閣議決定し、官民協力体制のもとで統制経済の立て直しをはかることにし、その具体化策として、四一年八月公布の「重要産業団体令」にもとづいて鉄鋼、石炭、機械工業など二二業種（四三年一月までに三三業種）に統制会を設立した。輸入制約と軍需の拡大から計画の大幅な変更を余儀なくされた政府は、配給機構整備と企業整理を通じた企業別「重点主義」的生産統制の代行機関として統制会を位置づけ、従来の「総花主義」・「平等主義」的方針を「重点主義」に転換して計画目標の達成をはかったのである。[10] 統制会は、統制会メンバーである企業の生産などかんする資料の政府への提出を通じて計画の立案にも参加し、「重点主義」にもとづく資材や労働力の割当計画の実施をになうことになった。しかし、実際には、利害調整機関として機能した統制会が、期待された成果をあげることはほとんどなかった。[11]

一九四一年一二月には太平洋戦争が開始され、アメリカをはじめとする諸外国との関係悪化にともない、資源確保の重点は中国・東南アジア地域への進出におかれたが、戦局の悪化にともなって船舶不足と海上輸送が大きな問題となり、資源不足は深刻化した。すでに鉄鋼業は、四一年一〇月のアメリカの対日屑鉄輸禁措置により大打撃をうけていたが、鉄鉱石と原料炭（コークス用炭）の輸入量の減少により、銑鉄生産量（普通銑・特殊銑）は四二年度の四二五万トンから四四年度の二六七万トンに減少した。鉄鋼材生産量（特殊鋼をふくむ）は、四二年度の五〇五万トンから四三年度に五五七万トンに漸増したものの、四四年度には四九三万トンに減少し[12]、基礎資材である鉄鋼材の不足により、造船・飛行機用材や坑木などの木材需要が増加した。

木材業においては、一九四一年三月制定の「木材統制法」にもとづき、一元的配給統制機関として日本木材株式会社[13]とその下部組織として地方木材株式会社が設立され、軍需用材や枕木、電柱用材、坑木、パルプ用材などの生産・配給の統制が強化された[14]。また「木材統制法」の制定により、政府の強制伐採（立木売払）命令が可能になり、製材・木材販売は許可制となった。四三年度からは、一般木材も物動計画に組み込まれて艦船・飛行機用材の増産がはかられ、四四年度には「木材配給統制規則」（七月）の公布により、改正「森林法」の施行以降設立がすすんだ森林組合は地方木材株式会社へ吸収され、一元的配給の強化がはかられた。一方で、林野所有権を無視した「兵力伐採」による民有林の伐採が開始され[15]、四二～四四年度の用材生産量および消費量は一億一〇〇〇万～一億二五〇〇万石に達し（前掲図1-1）、このうち軍需用材が消費量の二六～三六％をしめた（前掲図1-2）。

## 2 産業における木材利用

### (1) 鉄道業

戦時統制期に物資輸送の需要は増大し、鉄道省は生産力拡充四カ年計画に対応して車輌製造に重点をおいた輸送力拡充四カ年計画を策定した。一九四〇年一月には、政府は「陸運統制令」と「海運統制令」を公布(二月施行)し、官民協調による軍需輸送の遂行と生産力拡充計画に関係する重要物資輸送の確保をはかった。[16]また政府は、石炭や鉄鉱石などの鉱物資源の輸送のために日満支の輸送連携を重視し、ダイヤ・運賃の改正、車輌数の増加、および日中合弁による華北交通株式会社と華中鉄道株式会社の設立(三九年四月)などを通じて、[17]華北から華南までをふくめた植民地鉄道の運営体制の確立をはかった。

こうした輸送計画の実施にともない、必要資材も増加した。一九三〇年代後半の鉄道省の資材購入総額にしめる鉄鋼材(レール、車輪・車軸、橋桁など)と木材(枕木)の割合は、各々一四~二一%、五~八%で石炭(二六~二八%)に次いで高く、両資材を利用して製造される機関車・貨車をふくめると割合はさらに高かった。[18]鉄鋼製品のなかでも最も消費量の多かったレールは、棒鋼・線鋼などの他の鉄鋼製品に比較して早くから生産が圧縮され、[19]鉄道省への新レールの配給と私鉄および炭鉱への古レールの配給が計画におりこまれていたものの、鉄道省のレール契約(使用)量は、三七年度の七万七〇〇〇トンから四〇年度の四万五〇〇〇トンに減少した。[20]枕木については、木材市場の逼迫にともなって購入単価(並枕木・クリ二等品)が三七年度の一・二九円から四〇年度の二・五一円に上昇して入手は困難になり、四一年度に日本木材株式会社との一括契約がおこなわれて以降も、枕木生産者の廃業や軍需用材の需要増加などにより入手難は改善しなかった。[21]また、鉄道省が重点をおいた車輌製造も、艦船・航空機の増産にともなう鉄鋼材と木材の需要増加の影響をうけて計画通りに進展しなかった。[22]こうした資材不足と輸送需要の急増に対応するため、四〇年度以降は完成間近の線路をのぞいて新規工事は停止され、既設幹線の整備・改良に重点がおかれた。

また私鉄や満州・華北・華中・朝鮮の鉄道においても、資材不足の状況は同様であった。植民地鉄道は、新線建設や鉄道買収により一九四〇年には総延長距離が国有鉄道を上回っていたが、車輪・車軸・レールなどの必要資材の多くを内地からの輸移入に依存していた。[23]そのため植民地鉄道をふくめた資材の需給調整が重要課題となり、「鉄鋼需給計画」の確立を契機に、四一年度第四四半期以降、鉄道省を中心にレールの需給調整がおこなわれた。また、四二年一月には鉄道省需品局（四二年一一月に工作局と合体し資材局）に事務局をおく日満支鉄道資材懇談会が成立し、関係機関との協議を通じてレール以外の鉄鋼製品、金属製品、枕木、潤滑油などの内外地の需要量を調整し、割当・現品化・輸出にかんする事業をになった。[24]

しかし、鉄道資材の供給不足に改善がみられないまま、海運の陸運転移の進行にともなって、鉄道資材の需要は増加した。すでに一九四一年八月のアメリカの対日石油輸出禁止措置を背景に、遠距離船舶輸送の鉄道輸送への転換がすすめられていたが、四二年一〇月に「戦時陸運ノ非常体制確立ニ関スル件」が閣議決定され、鉄道輸送を基軸にした計画輸送が実施された。[25]日満支鉄道資材懇談会は、これに必要な資材の調整をおこなったものの、華北・華中の原料炭・鉄鉱石の輸送をになった朝鮮国鉄では、船舶不足により内地からの資材輸送が困難であったために、満鉄や華北交通からレールや継目板、ボルトなどの資材提供と機関車・貨車の貸出を余儀なくされた。[26]また内地においては、山陽・東海道本線の臨時列車の増発、九州炭輸送のための関門トンネルや釜石・草津などの鉄山開発のための線路の建設など、軍事輸送と資源開発を重視した線路の建設・補修用資材の需要が増加した。しかし、資材不足は深刻で、四三年度以降は重要物資輸送に利用されない一時的休止区間のレール、枕木、橋桁などが重要区間に転用され、終戦までに鉄道省線二〇線三〇五キロが撤去され、地方鉄道二二線一二〇キロと軌道一七線八〇キロが転用や企業整理のために廃止された。[27]

こうして重要物資輸送がすすめられた結果、一九四三年度以降、石炭や木材にくわえて鉄の鉄道輸送量が急増したが、一方で資材不足は深刻化し、運輸通信省（四三年一一月に鉄道省と逓信省が統合されて設置）の四四、四五年度の枕木消費量は、戦前期の五〇〇万〜六〇〇万挺に対して二四五万挺、一三六万挺に減少し（前掲図2-1）、腐食・破損した枕木の十分な取替えが実施できなかったために、敷設総数四五〇〇万挺の約三〇％が不良枕木であった。レールも年間八万トンの需要量に対し、四五年度の消費量は一万二六〇〇トンにすぎず、不十分な軌道の修理・補修と戦災によって事故が多発した。[28] また、輸送力の強化と炭質悪化により鉄道用石炭需要量が増大し、全国石炭消費量にしめる鉄道省（運輸通信省）のシェアは四二年度の一二％から四五年度には三〇％に急増し、[29][30]他の石炭需要を圧迫した。

## (2) 電信・電話事業と電力業

日中戦争の勃発以降、政府は軍事・国防上緊要な通信設備の整備・拡充をはかったが、資材の供給制約により電信・電話事業計画は大幅な変更を余儀なくされた。日中戦争の直前に立案された電信拡張五カ年計画（一九三七〜四一年度）のうち一般公衆用の計画はすべて延期となり、また電話事業の一〇カ年計画（三七〜四六年度）も四一年度以降の新規五カ年計画に置き換えられ、一般公衆通信にかんする整備・拡充計画は一部しか実施されなかった。一方で日満支間の通信ネットワークの整備・拡充がはかられ、三九年一月に国際電気通信株式会社（日本無線電信と国際電話の吸収合併により三八年三月に設立）に海外における通信設備の建設が許可されると、同社はその下部組織として通信工事を担当した日本電信電話工事株式会社（三七年四月設立の国策会社）[31]とともに、政府による日本帝国内の有線・無線の通信設備の整備・拡充をすすめた。[32]

しかし、最大の問題は資材不足で、逓信省は資材節約のために、銅のアルミニウムでの代替や鉛使用量の削減により製造したケーブルや、「多少曲がった」電柱用材を使用せざるをえなかった。電柱は、はやくから節約の対象とされたが、鉄鋼材不足により鉄筋コンクリート柱の生産が困難になり、また一九三八年五月以降は銑鉄を使用した電柱製造が禁止されたうえに木材の供給制約も大きかったので、逓信省は低品質な電柱用材を使用しなければならず、従来腕木に利用していたケヤキも相対的に安価であったブナで代替した[33]。また、満州や華北・華中においても通信設備の建設がすすめられたために電柱需要が増加し、とくに満州（大連）向けに電柱用材が輸出された[34]。このほか、朝鮮・台湾・樺太・関東州の電信柱・電話柱の使用本数（年度末現在）は三〇年代後半に五〇万本に達し[35]、日本の支配地域における電柱需要量も少なくなかった。さらに、物動計画や生産力拡充計画の達成のために電力供給量の増加がはかられたために、電気柱の需要も増加した。生産力拡充対象産業であった電力業では、三九年四月に日本発送電株式会社が設立されて正式に電力国家管理がスタートし、長距離送電による水力発電に重点をおいた電源開発が推進され[36]、とくに同年夏の異常渇水による深刻なエネルギー危機の際には、電力供給量の増加が緊急の課題となった。

しかし、資材の供給制約が強まる状況下で、電信・電話事業においても電力業においても、さらなる計画変更と代替資材の利用を余儀なくされ、電信・電話事業では一九四〇年度第三四半期以降、物動計画による資材配給量が著しく削減された。翌四一年度の実施計画における資材割当量は、当初の物動計画の約六〇％に削減され、電気銅や鉛などの非鉄金属類の割当量は所要量のわずか二〇％にすぎなかった。電柱は、四一年度に日本木材株式会社を通じて配給されることになったものの供給不足は緩和されず、使用本数（年度末現在）は、三七年度以降継続して減少した（前掲図3-1）。とくに国内山林からの供給がむずかしくなっていた長尺物の不足は深刻で、鉄柱・鉄塔の供出も増加したので、長さ三〇メートル以上の電柱を必要とした無線電信設備には、数本の木材を継ぎ足した継柱が増加した。こうした配給資材のほとんどは補修用で、また低品質の代用品が多かったために通信環境は悪化し、公衆通信施設の強制的改修や電話供出運動などを通じて重要部門へ通信資材が振り向けられ、四一年からは一般公衆通信の利用規制が実施・強化された[37]。四三年以降、政府は平常通信設備の停止時の通信確保のために、国防電話局・措置局・代位局などの防衛通信網の建設の必要にせまられたが、資材不足の深刻化により建設予定数六〇局に対し、実際に建設できたのは東京と大阪の二局のみであった。他方で戦災の増加にともない、終戦までに電信回線の七五%（一六〇二回線）と市外電話回線の二九%（五〇二五回線）、電信局や電話局の約三〇%（三五局、五一局）が被害をうけ[38]、こうした通信設備被害の最低限の補修ですら困難であった。

電力業においては、資材や労働力の不足により新規の電源開発はすすまず、一九四〇年度の「電力生産力拡充実施方針」において発電設備拡充の抑止と一般電力需要の抑制が決定された。とくに四一年度以降は資材不足が顕著になり、日本発送電では鉄鋼（土建用）や電線の割当量が所要量の各々一七%、一三%でしかなかったために、在庫品や代替品の利用が増加し、発電・送電所の建設計画は、資材が比較的少なく短期間で完成可能なものを選択し、繰り返し改訂された。こうした状況下で、企業所有がみとめられていた既存の主要水力発電設備や送電設備の日本発送電への出資（第二次電力国家管理）が実施され、電源設備の拡充と効率的な送配電体制の構築がはかられた。日本発送電は、一万三七九二キロメートル（全体の三三%）の送電線（架空線）を管轄することになり、従来複数の事業者により重複していた送電線の整理を実施したが、こうした工事には「不要」区間の撤去資材を利用せざるをえず、このほか、腐食の多い基礎部分にのみコンクリートを使用した電柱や鉄筋を竹筋で代替したコンクリート電柱なども利用された。しかし、資材不足の状況は、各地域の配電を担当した九配電会社においても同様で、送配電網の整備は進展せず、電気柱の使用本数（年度末現在）は四一年度に減少に転じた（前掲図3-1）。既存設備の総合的運営を通じて、電力生産力（生産）拡充計画の達成率は、四三年度まで九九〜一〇〇%であったものの、四四年度には不良資材による事故が年間一〇〇件をこえ、また四四〜四五年度には送電線の戦災被害も二三五八件に達した。四五年度には発電量が大幅に低下し、火力発電は資材不足にくわえて炭質の悪化になやまされ、設備の酷使と不十分な修理により、戦後の可能出力の低下の原因になった[39]。

## (3) 炭鉱業

炭鉱業は、生産力拡充産業のひとつに位置づけられた基礎産業で、石炭の大幅な増産を要請された。一九三七、三八年の出炭トン当り資材費にしめる鉄鋼材（機械類・抗枠レールなど）と木材（坑木・炭車など）の割合は、九州の諸炭鉱で二八％、二九％、北海道の諸炭鉱で二四％、三三％で、両資材で資材費の過半をしめた[40]。しかし、鉄鋼材入手量は次第に減少し、石炭鉱業聯合会の調査によれば、三八年度第三四半期の鉄鋼材割当高は二・七万トン、同年九月末現在の未納高は二・八万トンであったのに対し、三九年度第一四半期の鉄鋼材割当高は二・三万トン、同年六月末現在の未納高は四・二万トンで、鉄鋼材の割当未納高は増加傾向にあった[41]。鉄鋼材のうち、坑枠レールなど支柱用に利用された鉄道古レールの供給不足は、新坑開発や増産優先の無計画な採炭とともに、坑木需要の増加要因となった。また、一方で原料の確保のために満州・中国向けの坑木輸出が増加し、同時にパルプ自給化政策が推進されたので、炭鉱業の坑木と製紙業のパルプ用材の入手競争が激化した[42]。

一九三八年五月に九州石炭鉱業会十日会は、農林省に国内炭鉱用坑木、輸出用坑木、パルプ原料の供給地域の確定と坑木用材の供給斡旋を要請した。同年八月に農林省は、石炭七団体とパルプ製造一七社を招集して民有林間伐材斡旋協議会を開催し、九月に数府県ごとに木材供給先として内地の炭鉱とパルプ製造工場を指定し、各府県に斡旋数量を割り当てた[43]。実施初年度（三八年九月〜三九年八月）の坑木販売斡旋割当量は二二万八八〇〇石に決定されたが、これは三八年の九州の坑木消費量の五％にすぎず、たとえば三井三池鉱業所では消費量の二％、田川鉱業所でも消費量の一〇％以下にすぎなかった[44]。一方、北海道では、三八年三月に北炭、三井鉱山、三菱鉱業、住友鉱業、三井物産の五社により北海坑木株式会社が設立され、国有林・御料林・大学演習林の一括払下げを通じた企業間の需給調整がはかられた。翌三九年六月に同社は、道内のその他の炭鉱業者、坑木業者、金属鉱山なども出資して北海道鉱山林業会社（資本金三〇〇万円）に改組され、民有林材をふくめた道内坑木の一元的配給がはかられた[45]。

こうした炭鉱用資材の調達は、石炭政策の変更にともなって変化した。一九三八年九月の政府による昭和石炭株式会社（石炭販売カルテル組織）への炭価引下げ命令以降、同社加盟企業の収益が低下して出炭が停滞し、これに三九年夏の異常渇水による電力不足がかさなった結果、深刻なエネルギー危機が生じた。政府は、石炭増産方針の変更を余儀なくされ、従来の生産方針を「平等主義」から「重点主義」に転換し、同時に「重点主義」的資材配給の実現のために炭鉱物資協議会聯合会（四〇年一〇月に設置、四一年一一月以降は石炭統制会資材部に引継ぎ）を設置して、資材の一元的配給組織を整備した。この組織を通じて鉄鋼材、セメント、火薬などの配給がおこなわれるようになり、坑木についても石炭統制会資材部の設置以降は、同会が農林省と折衝して一括割当をうけ、出炭計画目標の達成のために、「重点主義」的資材配給方針にもとづき会員企業への割当量を決定した。[46] しかし、石炭統制会は、会員企業間の利害調整をおこなう必要があったために「重点主義」的配給を追求できず、実際には「平等主義」的資材配給を実施せざるをえなかった。[47]

鉄鋼材不足の深刻化にともない、一九四二年度以降の炭鉱業への鉄鋼材の割当は、鉄鋼材生産量（特殊鋼を含む）のわずか一％にすぎなくなり、炭鉱業の圧延鋼材充足率（消費量／所要量）は四一年度の六三％から四二年度に五〇％をきり、四四年には三〇％に低下した。[48] そのため政府は、華北・華中の開灤・中興炭鉱など原料炭の生産炭鉱向けの機械類の供出や坑木の配給を実施する一方で、[49] 炭鉱の整理・合併を通じて重要炭鉱への資材や労働力の移転をはかったが、石炭統制会や会員企業では「平等主義」的資材配給が継続され、機械力を労働力で代替する非効率な出炭による割当計画の達成がはかられた。

こうした状況下で、全国の出炭トン当り坑木消費量は、一九三七年度の〇・一二石から四二年度の〇・二一石へと約二倍に増加し、[50] 坑木は直接採炭にかかわる資材であっただけに、「石炭増産に要する資材の中最も致命的な隘路」[51] と位置づけられた。農林省および石炭統制会は、四三年度集荷配給要綱において不適格坑木[52]の原因となる数量（石数）割当制の廃止と、長径級別本数割当の採用を決定するとともに、木材業者への報奨金交付などを通じて坑木の集荷改善をはかった。また、日本木材株式会社と府県中核体会社にわかれていた坑木の大口・小口需要の取り扱い区別を撤廃し、坑木入手ルートの複雑化にも対応した[53]。さらに石炭統制会は、日本木材株式会社から坑木買付業務を分離するために坑木会社の設立を検討し、四四年六月に石炭統制会九州支部の協力機関として西日本炭鉱坑木統制組合を設立し、九州における坑木の一括購入・配給を開始した[54]。北海道においては北海道地方木材株式会社（四二年四月設立、北海道鉱山林業会社は同年九月に合併）による坑木の一括集荷配給がおこなわれたために、新たな機関は設立されなかったと推察される。

石炭統制会は、鉄鋼材や非鉄金属、ゴム製品、電気材料、医療品などについても、一九四四年一一月に同会資材部の別動機関として炭礦物資施設組合を組織して、一括購入や現品化をはかったものの効果はなく、また軍需省との協議で結成された「炭鉱隣組」[55]による資材融通もほとんど機能しなかった[56]。石炭企業は、出炭割当計画達成のために企業内における資材融通を推進し、たとえば北炭は、四三年二月に資材調整委員会を設置して資材の有効利用と事業所間の資材融通をはかるとともに、株式会社夕張製作所（三五年四月に北炭作業部管轄、三八年三月に設立）による機械の製作・修理を通じて、廃品の再利用をはかった[57]。三井鉱山の各鉱業所は、本店資材部・防衛部と資材部大阪出張所、三井物産大阪出張所との情報交換を通じてワラジ、純綿、医薬品、作業衣などを入手し、また四五年三月の福岡、札幌事務所の設置により、九州、北海道両地域における資材の確保・融通をはかったと考えられる[58]。同様に三菱鉱業も、四四年七月に九州監督と北海道監督を設置して地域別に資材の確保・融通の連絡・斡旋をおこない、同年八月には本店に臨時物資動員審査委員会をおいて資材融通の促進をはかった[59]。

しかしながら、こうした資材融通によっても鉄鋼材、ゴム、セメントの入手状況は改善せず、一九四四年度のこれらの資材の充足率は三〇～四〇％であった。一方で、採炭に直結する坑木の優先的配給が実施されたために、坑木の充足率は四三～四五年度に八六～九六％を維持していたので、資材のアンバランスが顕著になった[60]。石炭生産力（生産）拡充計画の達成率は、四〇～四三年度に九五～一〇一％、四四、四五年度においても八五％、七八％

という高い数値が維持されたが、[61] 補助金交付にささえられた「増産第一主義」にもとづく非効率な採炭が継続されたために、出炭能率は著しく低下し、[62] 坑木の節約や坑内整備は放棄された。

## (4) 製紙業

日中戦争勃発後の本格的な輸入統制の開始により、製紙用パルプ輸入量は一九三七年の一七万九〇〇〇トンから三八年の三万トンに急減し、また棉花や羊毛の輸入制限により需要が急増した人絹用パルプの輸入量も、二九万五〇〇〇トンから一一万六〇〇〇トンに減少した（前掲図6-1）。とくに人絹用パルプの八〇%以上は輸入に依存していたので、三八年一月に政府は「パルプ増産五カ年計画」を閣議決定し、国家的にパルプの増産をはかることにした。計画の達成に必要とされる一六三八万石の木材（満州をのぞく）は、当面は樺太における「虫害木其他損傷木ノ整理伐」、北海道における「各種損傷木其他ノ集約的利用」、内地における「造林地ノ間伐」により確保する方針がとられたが、国策パルプ工業と東北振興パルプ二社[63]への国有林払下げをのぞいて、パルプ用材の具体的供給策が打ち出されたわけではなかった。[64]パルプ用材消費量にしめる樺太材の割合は、三八年度に六〇%にのぼっていたが、樺太山林はすでに過伐状態にあり、また三七年三月以降免税措置がとられていた人絹用パルプ用材の輸入によっても供給不足を解消を期待することはむずかしく、[65] パルプ用材の増産は内地・北海道の山林からの供給にもとめられた（前掲図6-9）。

とくに内地では、製紙企業によるパルプ用材の買付が増加し、製紙業に対する批判的な世論が形成された。[66] また木材需給バランスの悪化が懸念されたため、一九三八年九月以降、パルプ用材および坑木用に間伐材の販売斡旋が実施され、沖縄をのぞく全府県の府県山林会から間伐材がパルプ製造企業に販売された。しかし、間伐材の出材量は、割当初年度（三八年九月〜三九年八月）に一一四万石、次年度（三九年九月〜四〇年八月）には一二六万石で、内地工場の年間パルプ消費量の一六〜二〇%にすぎなかったうえ、[67] 間伐材は多種多様で統一性に欠けていた[68]。また間伐材の割当量は、パルプ製造工場の規模と立地条件から決定されたが、各社の立木・山林保有量も割当の条件であったために、王子製紙のように立木・山林保有量が比較的多い場合には、所要量に対する割当量は相対的に低くなった[69]。そのため王子製紙・王子造林は、東北と中国・四国地方を中心に山林の購入を増加し、関東から九州にわたって立木の買付を拡大しなければならなかったので、炭鉱業などとの間でマツの入手競争が激化し、東北振興パルプでブナの利用が開始されると、ブナをめぐる産業間の競争も生じた[70]。

生産力拡充計画が決定されると、「パルプ増産五カ年計画」は「パルプ生産力拡充計画」へと引き継がれた。北海道においては、国策パルプ工業の旭川工場に続き、野付牛、札内、道南に三工場の建設が予定され、三工場の木材所要量約二四〇万石は、国有林からの供給が決定された[71]。しかし、人絹用パルプ用材の輸入も一九四〇年頃には減少したので、パルプ増産の推進によるパルプ用材とその他の産業用材との競合が危惧された。そのため四〇年一〇月に農林省は、企画院・商工省などの関係官庁およびパルプ製造企業二五社、全国山林会聯合会、日本木材業組合聯合会の代表者によるパルプ資材配給協議会を開催し、四〇年度のパルプ用材の生産配給要綱を決定した[72]。これにもとづき生産・配給の再割当が実施され、内地パルプ製造工場は、パルプ用材配給区域にしたがって指定地域からパルプ用材を調達しなければならなくなり、社有林材の配給先も指定された[73]。

樺太にかわるパルプ生産地として期待されていた満州においては、「満州産業開発五カ年計画」の一環として、鴨緑江製紙（一九三五年に王子製紙が買収）と日満パルプ製造・東満州人絹パルプ・満州パルプ工業・東洋パルプの新設四社による計七万トン、および新設予定のパルプ製造会社による二三万トンの合計三〇万トンのパルプの増産が計画された[74]。新設四社は、資材不足により設立許可後約五年を経過してようやく操業開始にいたったものの、生産割当量が過少で利益が見込めないうえに、企業合同も許可されず、さらに木材不足と石炭不足もかさなったために、生産量は増加しなかった[75]。また針葉樹と広葉樹の混合林の多い満州では、パルプ原料となる針葉樹の選択伐採・運搬に費用がかさみ、不採算の懸念から予定された新会社の設立も実現せず[76]、パルプ増産計画は転換を余儀なくされた[77]。

木材の供給制約が強まる状況下で、不要不急産業の紙・パルプ産業は、一九四二年度に生産設備の拡充を打ち切られた。製紙用パルプの生産力（生産）拡充計画達成率（内地・樺太・台湾・朝鮮計）は、三八～四一年度の九四～一〇七％から四二年度には八五％に低下し、同様に人絹用パルプの計画達成率も八九～一一〇％から八〇％に低下した[78]。四三年度に紙・パルプ産業は、生産拡充対象産業から除外されて企業整理の対象となり、四三年一二月現在で一二九の製紙用パルプ・洋紙製造工場と三一の人絹製造工場が軍需関係へ転用された[79]。内地工場では、パルプ用材の割当量は四一年度の五六三万石から四三年度の三八一万石に低下し、入荷量（率）も四九四万石（八六％）から二三六万石（六二％）に減少した。四三年度の入荷量の内訳（入荷率）をみると、「手山材」一〇八万石（八六％）、間伐材八九万石（四三％）、官材三七万石（七五％）で、約半分が企業所有の立木や社有林から供給されていた[80]。王子製紙では、資材・労働力・輸送力などの制約から北海道・樺太における操業の制限を余儀なくされ、内地においては王子・亀戸・富士第一・芝川・名古屋・京都の各工場の機械の運転停止と、その他工場における「重点的操業」により、能率増進をはからざるをえなかった[81]。こうして四四、四五年度には、さらにパルプ用材の割当量は減少し、それにともなってパルプ用材消費量とパルプ生産量は継続して減少した（前掲図6-1）。

以上のように、戦時統制期には軍需関連産業の木材需要の増加と、顕著な鉄鋼材の不足により、全体として木材需要は増加した。木材の供給先は国内山林に限定され、国内の森林資源の最大限の活用が企図されたが、急峻な山岳地帯での森林伐採には輸送設備などのインフラ整備が必要とされたので、木材の増産には限界があり、木材の需要は供給量に規定されるようになった。こうして森林伐採は生産コストとは無関係に進行し、国内山林への負荷は高まった。木材供給量の制約のために、炭鉱業には優先的に木材が配給されたものの、鉄道業や電信・電話事業および電力業では既存設備の維持のための木材でさえ十分な確保はむずかしく、製紙業ではパルプ用材割当量の減少にともなってパルプ生産量の減産を余儀なくされた。

## 注

（1）近代日本研究会編『戦時経済』（年報近代日本研究九）山川出版社、一九八六年、中村隆英編『「計画化」と「民主化」』（日本経済史七）岩波書店、一九八九年、岡崎哲二・奥野正寛編『現代日本経済システムの源流』日本経済新聞社、一九九三年、原朗編『日本の戦時経済』東京大学出版会、一九九五年、石井寛治・原朗・武田晴人編『戦時・戦後期』（日本経済史四）東京大学出版会、二〇〇〇年、原朗・山崎志郎編『戦時日本の経済再編成』日本経済評論社、二〇〇六年、柴孝夫・岡崎哲二編『制度転換期の企業と市場　一九三七～一九五五』ミネルヴァ書房、二〇一一年、原朗『日本戦時経済研究』東京大学出版会、二〇一三年など。

（2）中村隆英・原朗「資料解説」中村隆英・原朗編『国家総動員（一）』（現代史資料四三）みすず書房、一九七〇年、xiv～xxii頁。

（3）山崎志郎「生産力拡充計画の展開過程」近代日本研究会編『戦時経済』、岡崎哲二「日本――戦時経済と経済システムの転換」『社会経済史学』六〇巻一号（一九九四年五月）、一二～一九頁。物資動員計画および生産力拡充計画の詳細については、椎名悦三郎『戦時経済と物資調整』（戦時経済国策体系　第一巻）産業経済学会、一九四一年を参照。

（4）飯田賢一・大橋周治・黒岩俊郎編『鉄鋼』（現代日本産業発達史四）交詢社、一九六九年、三二二頁。

（5）岡崎哲二「第二次世界大戦期の日本における戦時計画経済の構造と運行」『社会科学研究』四〇号四号（一九八八年一一月）、四～七頁。

（6）「資材争奪防止に農林省木材需要量調査」『中外商業新報』一九三八年四月二九日。

（7）萩野敏雄『戦前期内地におけるパルプ材経済史』日本林業調査会、一九七七年、一三三～一三八頁。

（8）一九三八年一一月には「木造建物建築統制規則」（商工省令第六七号）の制定・施行により、一定建坪（農家四八坪、一般家屋三〇坪）以上の木造建築物の新設・増設は許可制となり、用材の最大の消費用途であった住宅建築用材の利用も制限された。

（9）東洋経済新報社編『昭和産業史』第二巻、一九五〇年、六〇〇～六〇一頁、林業発達史調査会編『日本林業発達史』下巻（稿）五編、出版年不明、八一～九三頁、「昭和十六年度のパルプ界回顧」『紙業雑誌』三七巻三号（一九四二年五月）、二四

頁、萩野『戦前期内地におけるパルプ材経済史』一四七～一四八頁。
(10) 宮島英昭「戦時経済統制の展開と産業組織の変容」(二)『社会科学研究』四〇巻二号(一九八八年八月)。
(11) 杉山伸也『日本経済史』岩波書店、二〇一二年、四三二～四三四頁。
(12) 小島精一編『日本鐵鋼史』(昭和第二期篇)文生書院、一九八五年、五四四頁、飯田・大橋・黒岩編『鉄鋼』統計表一七頁。
(13) 日本木材統制株式会社と東亜木材貿易株式会社が改組され設立された。木材統制については、本書の第一章・第二節(四)も参照。
(14) 日本木材株式会社の設立にむけて実施された調査によると、軍需用材・生産拡充用材など統制対象となる木材は全国木材消費量の約六〇%であった(「統制木材の数量」『大阪朝日新聞』一九四一年二月二二日)。
(15) 東洋経済新報社編『昭和産業史』第二巻、六〇二頁、「農林水産省百年史」編纂委員会『農林水産省百年史』中巻、一九八〇年、四五七～四七二頁。
(16) 日本国有鉄道編『日本陸運十年史』第一巻、一九五一年、二一七～四二一頁。
(17) 華北・華中の鉄道運営に必要な人員と資材は、物資動員計画におりこまれ、華北へは満鉄(一部は朝鮮国鉄)を、華南へは台湾総督府を通じて供給された(高橋泰隆『日本植民地鉄道史論』日本経済評論社、一九九五年、四七一頁)。
(18) 鉄道省編『鉄道統計資料』第一編、一九三五～三六年度版、鉄道省編『鉄道統計』第一編、一九三七～三八年度版。
(19) 飯田・大橋・黒岩編『鉄鋼』三二五頁。一九三七～四四年度の国内鋼材(普通鋼)生産量にしめる鉄道省の消費量(施設用と車輛用の合計)は、四～五%であった(吉次利次『国鉄の資材』一橋書房、一九五一年、一六二頁、日本国有鉄道編『日本陸運十年史』第二巻、一九五一年、四九七頁)。
(20) 吉次『国鉄の資材』一五九、一七二頁、『日本陸運十年史』第二巻、五〇一頁。
(21) 『日本陸運十年史』第二巻、三九〇頁、日本枕木協会『まくらぎ』一九五九年、八、一三頁。一九三九年に鉄道省工務局は、地方鉄道局に一カ所ずつレールと枕木の修理工場を新設し、破損品の補修につとめた(「レール、枕木の継足し　寿命を倍にする　国鉄が修理工場新設」『読売新聞』一九三九年八月四日)。
(22) 『日本陸運十年史』第二巻、四九五～四九八、五一一～五一七頁。
(23) 『日本陸運十年史』第二巻、五一七～五三二頁、林采成『戦時経済と鉄道運営』東京大学出版会、二〇〇五年、二九～三〇頁、高橋『日本植民地鉄道史論』五三七～五三八頁。一九四〇年度の物動計画では、日本産枕木の約一〇%が満州・中国向けに割り当てられた(「自昭和一三年至同二〇年度物動総括表(農林関係)」原朗・山崎志郎編『昭和十九・二十年度生産拡充計画・実績』生産力拡充計画資料第九巻、現代史料出版、一九九六年)。
(24)『日本陸運十年史』第二巻、五一八~五一九。
(25)『日本陸運十年史』第一巻、四三~四七頁。
(26)『日本陸運十年史』第二巻、五二二~五三二頁、高橋『日本植民地鉄道史論』四三二~四三三頁、林『戦時経済と鉄道運営』一一四頁。
(27)『日本陸運十年史』第一巻、一一七~一一八、一二八、一五九~一六三、二三七~二三九頁。
(28)日本枕木協会『まくらぎ』一四頁、吉次『国鉄の資材』一七〇~一七二、『日本陸運十年史』第一巻、三三二頁、『日本陸運十年史』第二巻、五〇二頁。
(29)鉄道貨物輸送量は、一九四三年度まで増加して四一二億トンキロに達し、四四年度にも四一〇億トンキロを維持した(『日本陸運十年史』第一巻、三二五~三二六頁)。
(30)吉次『国鉄の資材』四〇三~四〇五頁。
(31)逓信省指名の民間通信機器製造業者一九社により設立され、海外での通信設備の整備・拡充のため、従来の通信建設請負工事もおこなった。一九三九年四月に国際電気通信株式会社が有力株主になった。
(32)日本電信電話公社編『電信電話事業史』第一巻、一九五九年、一一七~一一八頁、村松一郎・天澤不二郎編『陸運・通信』(現代日本産業発達史二二)交詢社、一九六五年、四一八~四二一頁。満州には一九三三年八月に満州電信電話株式会社が設立されていたが、三八年八月に華北に華北電信電話株式会社、華中に華中電気通信株式会社が各々設立された。
(33)「代用産業謳歌のコンクリートポール」『中外財界』一三巻八号(一九三八年八月)、二五頁、大阪屋商店調査部『時局下の発展事業株』大同書院、一九三八年、一七八~一七九頁、「戦時型の電柱」『朝日新聞』一九三八年七月一四日、「物資総動員の驀進(七)」『東京日日新聞』一九三八年七月二九日。
(34)一九四〇年度の物動計画では、日本産電柱の約一四%が満州・中国向けに割り当てられていた(「自昭和一三年至同二〇年度物動総括表(農林関係)」)。
(35)逓信省通信局編『通信統計要覧』一九三五~三九年度版。
(36)日本発送電株式会社解散記念事業委員会編『日本発送電社史』技術編、一九五四年、九~一一頁。
(37)郵政省編『続逓信事業史』第四巻、一九六一年、八五~九五、一七一~一八〇頁、日本電信電話公社東海電気通信局編『東海の電信電話』一九六二年、二六四頁、関東電気通信局編『関東電信電話百年史』上、一九六八年、五八九~五九二頁、日本電信電話公社編『電信電話事業史』第六巻、一九五九年、七二〇頁、「無電の大鉄柱も応召」『朝日新聞』一九四四年六月二五日。

(38)『電信電話事業史』第一巻、一〇八～一一〇頁、村松・天澤編『陸運・通信』四二八～四二九頁。電信局数と電話局数には、郵便局の電信課・電話課をふくむ。

(39)『日本発送電社史』技術編、一二九～一五〇、二〇八～二一〇、二三〇、二五八頁、日本発送電株式会社解散記念事業委員会『日本発送電社史』業務編、一九五四年、二五七～二五八頁、栗原東洋編『電力』(現代日本産業発達史三) 交詢社、一九六四年、三〇九～三一〇、三二六頁、橘川武郎『日本電力業発展のダイナミズム』名古屋大学出版会、二〇〇四年、一七七～一七八頁、「生産力拡充計画ト其ノ実績　総括一覧表」(原・山崎編『昭和十九・二十年度生産拡充計画・実績』)。

(40) ただし、資材に電力はふくまれていない。石炭鑛業聯合会「第百五拾四回理事会決議録附属書類」一九三九年七月（三井砂川鉱業所「石炭鉱業会評議委員会議事録・石炭聯合会理事会決議録　昭和一四年度」、慶應義塾図書館所蔵「日本石炭本石炭産業関連資料コレクション」(以下、「石炭コレクション」) COAL/C/8158)、日本経済研究所『石炭国家統制史』一九五八年、一七四頁。

(41) 石炭鉱業聯合会「第百五拾五回理事会決議録附属書類」(三井砂川鉱業所「石炭鉱業会評議委員会議事録・石炭聯合会理事会決議録　昭和一四年度」)、石炭鑛業聯合会「加盟炭礦昭和十三年第三期（七月-九月）普通鋼材配給実績表」一九三八年一〇月（「石炭鑛業聯合会理事会決議録　自昭和十二年一月至昭和十三年十二月」、三井文庫所蔵資料、三池二〇三五)。

(42)「三池鉱業所沿革史」第一一巻倉庫課、一九三九年（三井文庫所蔵資料)、一一二、一一六頁、「三井鉱山五十年史稿」巻一七第一一編資材、一九三九年（三井文庫所蔵資料)、三三一頁。

(43) 萩野『戦前期内地におけるパルプ用材経済史』一三三～一三八頁。

(44)「三井鉱山五十年史稿」巻一七、三三一～三三三頁、「三池鉱業所沿革史」第一一巻、一一九頁、「田川鉱業所沿革史」第一一巻第八編資材、一九三九年（三井文庫所蔵資料)、二九頁、「農林省の坑木用材販売斡旋」石炭鑛業聯合会『石炭時報』一五一号（一九三八年一〇月)、五九～六〇頁。

(45)「三井鉱山五十年史稿」巻一七、六〇、六四頁、三菱鉱業株式会社・三菱美唄鉱業所「北海道鉱山林業会社　其一」一九三八年（九州大学付属図書館付設記録資料館所蔵資料)、三菱鉱業株式会社・三菱美唄鉱業所「鉱山林業会社」一九三九年（九州大学付属図書館付設記録資料館所蔵資料)、「資材購買ニ関スル座談会速記録」一九四二年（三井鉱山五十年史編纂資料・三井文庫所蔵資料)。常磐では一九四〇年九月に東北坑木株式会社が設立され、坑木の一手買入と配給の円滑化がはかられ

たが、九州においては坑木会社の設立が検討されたものの未成立に終わっていた（筑豊石炭鉱業会『常議員会決議録』一九三九年一〇月～四〇年三月、直方市石炭記念館所蔵資料、「東北坑木会社設立」『日満支石炭時報』三号、一九四〇年七月、八五頁）。

(46) 林英雄「炭礦物資配給の概況（一）」『日満支石炭時報』二二号（一九四二年二月）、一〇～一三頁、「炭鉱物資協議会聯合会の創立」『日満支石炭時報』五号（一九四〇年五月）、六九～七〇頁、『石炭国家統制史』四五三頁。

(47) 戦時統制期の資材問題については、山口明日香「戦時統制期の石炭増産と資材問題」杉山伸也・牛島利明編『日本石炭産業の衰退』慶應義塾大学出版会、二〇一二年、第一章を参照。

(48) 資源庁長官官房統計課編『製鉄業参考資料』日本鉄鋼連盟、一九五〇年、四頁、北海道立労働科学研究所「北海道炭礦統計資料集成」一（業態編、研究調査報告第一一号）、一九五〇年、一八二頁、東洋経済新報社編『昭和産業史』第三巻、一九五〇年、二五四頁。

(49) 三井砂川鉱業所「北支那非常対策用機械供出ノ件」一九四一年九月（三井砂川鉱業所「本店總務部　昭和一六年」、「石炭コレクション」COAL/C/6324）、軍管理開灤礦務総局「重要資材対策ニ関スル調書」一九四四年四月（「開灤鉱務局資料」防衛研究所図書館所蔵資料、陸軍・文庫・巽史料一九一）、大東亜省「北支蒙疆向坑木供給緊急措置ニ関スル件」一九四四年五月（「坑木関係資料」防衛研究所図書館所蔵資料、陸軍・文庫・巽史料一九八）、農林省「那支向坑木緊急供出ニ関スル件」一九九四年五月（「坑木関係資料」）。

(50) 商工省鑛山局編『本邦鉱業の趨勢』一九三七～四五年版。

(51) 七瀬善吉「坑木と戦力」『石炭統制会報』二巻三号（一九四四年三月）、一六頁。

(52) 「如何にすれば坑木は円滑に出廻るか」『北九州石炭時報』坑木特別号（一九四四年四月）、三頁、七瀬善吉「坑木統制機構に就て」『石炭統制会報』二巻三号（一九四四年三月）、一一～一五頁、「石炭協力会と坑木確保対策」『重産協月報』三巻一号（一九四四年一月）、三九頁。石炭企業の入手坑木の二〇～三〇％は不適格坑木であったという。

(53) 石炭統制会「坑木問題の根本対策」『石炭統制会報』二巻一号（一九四四年一月）、二三～二六頁、七瀬「坑木統制機構に就て」一一～一四頁。

(54) 石炭統制会「坑木問題の根本対策」二三～二六頁、資材部「主要坑木供出奨励制度に就て」『石炭統制会報』一巻四・五号（一九四三年一二月）、三五～三七頁、林業発達史調査会編『九州地方における坑木生産発達史』（林業発達史資料第七七号）一九五八年、七九～一〇四頁。

(55) 九州・山口で一二組、常磐で二組、北海道で四組が結成された。「『炭鑛の隣組』近く本道にも誕生」三井砂川鑛業所産業報國會『すな川新聞』一九四四年五月二一日（「石炭コレクション」COAL/F/69-7）、『石炭国家統制史』三六八、四四九頁、「石炭統制会に調整課新設」『日満支石炭時報』二五号（一九四二年五月）、八七頁。
(56) 「資材相互融通の現状と今後の問題」『重産協月報』三巻九号（一九四四年一一月）、一〇頁。
(57) 北海道炭礦汽船株式会社「七十年史」制度編下巻、第一次稿本、一九五八年（「石炭コレクション」COAL/C/6030）、六四～六五頁、北海道炭礦汽船株式会社七〇年史編纂委員会編『北海道炭礦汽船株式会社七十年史』一九五八年、一七六～一七七頁。
(58) 三井砂川鉱業所「D本店関係書簡綴」一九四五年度（「石炭コレクション」COAL/C/6147）。
(59) 三菱鑛業株式会社「三菱鑛業株式会社規則」一九四四年（「石炭コレクション」COAL/C/6415）。
(60) 『石炭国家統制史』四五八～四六一頁。北海道立労働科学研究所「北海道炭礦統計資料集成」一、一八二頁、『昭和産業史』第三巻、二五四頁。
(61) 「生産力拡充計画ト其ノ実績　総括一覧表」。
(62) 労働者一人当りの全国年間出炭量平均は、一九三七年の二〇三トンから四〇年に一七八トン、さらに四四年には一三〇トンに減少した（運輸省鉄道総局総務局編『石炭鑛業の展望』一九四七年、一二〇頁）。
(63) 国策パルプ工業（北海道旭川工場）は、一九三八年六月に人絹製造業者と王子製紙をのぞく製紙業者により設立され、また東北振興パルプ株式会社（秋田、宮城の二工場）は、「パルプ増産五カ年計画」の決定直前に、独占批判の世論を牽制したい王子製紙と東北の産業開発・経済振興を目的に設立された東北興業（三六年五月設立の国策会社）の折半出資で設立され、いずれも四〇年に操業を開始した。
(64) 萩野『戦前期内地におけるパルプ用材経済史』一〇八～一一〇頁。
(65) 日本米材輸入組合ほか編『日本米材史』一九四三年、四一二～四一六頁。
(66) 「東北パルプ会社原料材に関する山林局および会社側の懇談会」一九三八年五月七日（林業文献センター所蔵資料）。
(67) 「パルプ事業と間伐材」『紙業雑誌』三五巻一号（一九四〇年三月）、一八頁、馬場賀訓「第三期間伐材の斡旋」『紙業雑誌』三五巻一一号（一九四一年一月）、二〇頁、「パルプ資材配給統制確立」『紙業雑誌』三五巻一一号（一九四一年一月）、二一頁。
(68) 南満州鉄道株式会社『本邦パルプ工業ノ現状ニ関スル一調査』満鉄産業部東京出張所、一九三七年、一二三頁。

(69)「昭和十四年度パルプ資材ニ対スル会社工場別供給区域樹種数量表」作成年不明（『王子製紙山林事業史』編纂資料・林業文献センター所蔵資料）、萩野『戦前期内地におけるパルプ用材経済史』一〇五、一四二〜一四三頁。一九四〇年九月に王子製紙は、東海紙料と東洋紡績に次ぐ三三〇万石の立木を保有していた。

(70) 王子製紙山林事業史編纂委員会編『王子製紙山林事業史』一九七六年、三六一頁。パルプ用材は、薪材とも競合関係が生じた（馬場「第三期間伐材の斡旋」二〇頁）。

(71)「パルプ増産の現況とその資源」『紙業雑誌』三五巻一〇号（一九四〇年一二月）、二三〜二五頁、土居禛夫「本邦パルプ工業の趨勢と其資源」『紙業雑誌』三五巻七号（一九四〇年九月）、二六〜二七頁。

(72)「パルプ用等木材需給を円滑化」『大阪朝日新聞』一九四〇年一〇月三日、「木材軍需、生拡用確保に軍需の統制を強化」『大阪朝日新聞』一九四〇年一〇月三日。

(73)「パルプ用等木材需給を円滑化」、「パルプ資材配給統制確立」『紙業雑誌』三五号一一号（一九四一年一月）、二一〜二二頁、眞田武夫「パルプ原木の統制に就いて」『紙業雑誌』三六巻七号（一九四一年九月）、一五〜一八頁。一九四〇年五月に、軍官協力のもと国策パルプ工業により大日本再生製紙株式会社が設立され、古紙（新聞紙）利用の拡大もはかられた（有沢広巳監修『日本産業史』第一巻、日本経済新聞社、一九九四年、三五九頁）。

(74) 萩野『戦前期内地におけるパルプ用材経済史』一二四〜一二六頁、満州興業銀行『満州に於けるパルプ事業と斯業五ヶ年計画』一九三八年二月、九一〜九二頁、『王子製紙山林事業史』四二八〜四二九頁。

(75)「憂ふべき満州国のパルプ生産状況」『紙業雑誌』三四巻三号（一九三九年五月）、一六〜一九頁。

(76) 満州興業銀行『満州に於けるパルプ事業と斯業五ヶ年計画』九二〜九三頁、『王子製紙山林事業史』四三二頁。

(77)「満州パルプ政策の転換と各社」『紙業雑誌』三二巻四号（一九三七年六月）、一九頁。満州や台湾において代用原料として期待されたバガスや藁なども、石炭不足による燃料への転換、単位当り繊維抽出量の低さ、収穫時期などの問題から木材の代用原料にはならなかった（「昭和十六年度のパルプ界回顧」二六頁、「代用パルプの増産を阻むもの」『紙業雑誌』三五巻一号、一九四〇年三月、二六〜二七頁）。

(78)「生産力拡充計画ト其ノ実績　総括一覧表」。

(79)「製紙企業の整備」『紙業雑誌』三七巻九号（一九四一年五月）、一七〜一九頁、安藤良雄「海軍監理長会議資料を通じてみた一九四三（昭和一八）年段階における日本戦争経済の実態」『経済学論集』三六巻一号（一九七〇年四月）、九七頁。

(80) パルプ資材懇話会「昭和十六年度（自昭和十六年四月至十七年三月）府県別パルプ資材割当額・入荷量比較表」一九四二

年五月（林業文献センター所蔵資料）、「昭和十八年度原木出材者別入荷実績表」作成年不明（『王子製紙山林事業史』編纂資料・林業文献センター所蔵資料）。

（81）　王子製紙株式会社「考課状」一九四三年上半期、四三年度臨時決算期（紙の博物館所蔵資料）。

# 終章　日本の産業化と森林資源

本書では、「環境経済史」の試みとして森林資源である木材に焦点をあて、近代日本の産業化の過程において木材がどのように利用され、木材市場がどのように変化したのかを、森林減少と関連づけながらミクロ的に考察してきた。木材の利用形態は、燃材（薪炭）と用材に大別されるが、このうち最大の需要先が家庭部門であった薪炭（とくに薪）は自給されることが多かったので、対象を主に市場で取引された用材に限定して考察してきた。用材は、建築用材として利用されたほか、土木用材、鉄道枕木、電柱、鉱業用材、パルプ用材などに利用され、産業化の過程において不可欠の産業資材や原料としての役割をになった。各章で明らかになった点をまとめると、以下のようになる。

第1章では、産業の木材利用や用途別の木材市場の考察の前提として、木材市場のマクロ的動向を需要市場と供給市場にわけて明らかにした。燃材と用材のうち、消費量が多かったのは燃材で、二〇世紀初頭から第一次世界大戦前の時期に産業用エネルギーは薪炭から石炭へシフトしたが、それ以降も薪炭は家庭や在来産業における重要なエネルギーとして利用されたため、燃材消費量は戦前期を通じて一億石以上で推移した。一方、用材消費量は、一八八〇年代には約二〇〇〇万石であったが、第一次大戦期の「大戦ブーム」にともなって急増し、一九二〇年代以降も継続的に増加して三九年に一億石を凌駕し、二〇年代後半以降は木材消費量の三五～四三％をしめた。用材消費量のうち、一八八〇～九〇年代には建築用材が過半をしめたものの、産業化の進展にともなって公共事業や運輸・通信事業、鉱業における木材消費量が着実に増加し、さらに一九〇〇年代以降は電力業や製紙業における用材消費量も増加した。戦前期を通じて木材の需要市場は約五倍に拡大するとともに、建築用材の割合が低下し、その他の産業用資材・原料としての木材の割合が上昇した。

こうした木材の需要市場の変化におうじて、供給市場も変化した。明治初期にはすでに森林荒廃が広くみられたが、一方で輸送ネットワークの拡充により未開発地の森林の伐採が可能になり、木材供給地域が拡大した。とくに鉄道網の拡充は木材市場の拡大に大きく寄与し、一八八〇～九〇年代には年間二一〇〇万～三八〇〇万石、二〇世紀以降は年間四〇〇〇万～五〇〇〇万石の用材が国内山林から伐採され、また北海道材を中心にアジア向けの木材輸出も増加した。第一次大戦前までの時期は、こうした国内山林からの供給のみで需給バランスが維持されていたが、第一次大戦期の木材需要の急増にともなって、用材伐採量は五〇〇〇万石から七〇〇〇万石に急増し、国内山林からの供給は一時的に限界に達したために、国産材価格は急騰した。その結果、木材輸入の促進による木材価格の引下げを目的に、一九二〇年に木材の関税引下げが実施され、木材市場には国産材より相対的に安価になった輸入材（米材）が増加した。また大戦後の木材市場には、樺太での虫害の発生により大量に伐採された安価な樺太材も増加したために、国内の用材伐採量は五五〇〇万石前後に抑制された。しかし、輸移入材の増加と不況の影響により木材は供給過剰となり木材価格が下落したので、二九年に国内林業の保護を目的に木材の関税引上げが実施され、また森林破壊が深刻化した樺太で三二年に林政改革が実施された結果、日本の木材輸入量および移入量は減少した。三三年以降は日本国内の景気が回復し、軍需関連産業を中心に木材需要が急増するとともに、都市建設や鉄道建設用の満州向け木材輸出が増加した。主要な木材供給地となった国内山林では生産地の奥地化がすすみ、森林伐採が急速に進行したために、用材伐採量は三三年の六四〇〇万石から三〇年代半ばには八〇〇〇万石に増加した。三七年の日中戦争勃発以降は、代替関係にあった鉄鋼材不足の深刻化もかさ

表8－1　産業における木材の調達・利用

| 産業 | 木材<br>供給地域 | 調達方法 | 取引相手 | 買入価格の<br>引下げ | 主な<br>使用樹種 | 代替財 |
|---|---|---|---|---|---|---|
| 鉄道業 | 内地<br>北海道 | 「一般競争入札」<br>→「随意契約」 | 多様な木材商<br>→大規模木材商 | 調達の集中化 | クリ<br>ヒノキ<br>ヒバ<br>→防腐材 | — |
| 電信・<br>電話<br>事業 | 内地<br>北海道 | 「一般競争入札」 | 多様な木材商<br>→大規模木材商<br>防腐事業者 | 調達の集中化 | スギ<br>ヒノキ<br>→防腐材 | 鉄柱・鉄塔・<br>鉄筋コンク<br>リート |
| 電力業 | 内地<br>北海道 | 市場取引 | 木材商 | （不明） | スギ<br>ヒノキ<br>→防腐材 | 鉄柱・鉄塔・<br>鉄筋コンク<br>リート |
| 九州<br>炭鉱業 | 九州<br>四国<br>中国<br>近畿 | 市場取引 | 多様な木材商<br>→大規模木材商 | 調達の集中化<br>炭鉱間における<br>坑木問題の討議<br>組織の設置 | アカマツ<br>クロマツ | 古レール |
| 北海道<br>炭鉱業 | 北海道<br>東北 | 市場取引<br>払下げ<br>社有林による内部化 | 多様な木材商<br>北海道庁<br>帝室林野局（御料局） | 調達の集中化<br>社有林の編成 | トドマツ<br>エゾマツ<br>カラマツ | 古レール |
| 製紙業 | 内地<br>北海道<br>樺太<br>朝鮮<br>満州 | 年期契約<br>市場取引<br>社有林による内部化 | 北海道庁<br>樺太庁<br>帝室林野局（御料局）<br>朝鮮総督府<br>関東軍<br>木材商 | 現地生産（輸送<br>コストの削減）<br>社有林の編成 | モミ<br>ツガ<br>トドマツ<br>エゾマツ<br>アカマツ | 艦褸<br>藁<br>葦 |

なって木材需要は増加したが、供給先は国内山林に限定されざるをえなかったために統制による森林資源の最大限の活用が企図され、木材市場は、需要におうじて木材の供給量が規定される需要主導型の市場から、木材の供給量によって需要が制約される供給主導型の市場に転換した。こうして戦時統制期には、年間一億～一億二五〇〇万石の用材が国内山林から伐採され、国内の森林が急速に消失した。

第2章から第6章では、こうした木材市場のマクロ的な変化を背景に、各産業における木材利用および木材市場の変化を実証的に考察した（表8-1）。用材の最大の消費先は建築業で、建築用材の大半は住宅の建築・補修に利用されたが、近代日本の産業化において不可欠な産業資材・原料として木材の役割の大きかった鉄道業、電信事業、炭鉱業、製紙業の各産業を考察の対象として取り上げた。鉄道・電信・炭鉱は、明治政府の「殖産興業」政策の中心的な育成対象産業で、経済発展に不可欠な交通・通信インフラの提供とエネルギー供給という重要な役割をになった。また製紙業は、産業化の基盤となる金融・郵便・土地・学校などの諸制度の整備や、大衆への情報伝達をになった新聞・雑誌・書籍などの情報産業の発展にも大きく寄与した。

第2章では、基幹輸送産業として発展した鉄道業における木材利用を、鉄道事業用材の主要な用途であった枕木に焦点をあてて考察した。鉄道業では鉄道網の拡充にともなって枕木の需要が増加し、一九世紀末には全国各地の山林から枕木用材が伐採された。しかし、クリ、ヒノキ、ヒバなどの枕木適材の賦存量は少なく、また枕木と競合関係にあった建築用材の伐採も増加したため、近隣の山林から供給される良材は不足するようになり、供給地域の拡大と生産地の奥地化が進行した。国有鉄道の場合、「一般競争入札」の入札参加条件を制限して良質な枕木の確保をはからなければならなかったが、一九〇六、〇七年の鉄道国有化により枕木所要量が急増すると、〇九年度の購入分より「一般競争入札」から「随意契約」へ調達方法の変更を余儀なくされた。すなわち国有鉄道は、資産規模の比較的大きな枕木商を取引相手に指定して、調達の集中化をはかり、安価な枕木の選択買付の実施により、単年度の予算内で枕木所要量を確保せざるをえなくなった。こうして枕木市場は、国有鉄道と指定枕木商の取引が中心の市場に変化したが、第一次大戦の好況期には木材需要が急増したために、指定枕木商は高利益の見込める他市場での販売活動を活発におこなうようになり、また伐採可能な山林からの木材供給も限界に達して枕木不足が顕著になった。大戦後、木材市場への輸移入材の増加により木材価格は下落したが、大戦前から枕木の適材不足が着実に進行していたので、枕木に適さない樹種にクレオソート油を注入した防腐枕木の利用が増加した。大戦後には鉄鋼材価格も下落したが、二〇年代半ばにようやくレールの自給が達成された状況では鉄鋼製枕木は利用されず、枕木市場は多様な樹種取引の増加と品質の低下をともないながらも拡大した。こうした状況下で、単年度主義の予算制約があった国有鉄道では、三〇〜三二年度に「指名競争入札」の実施を余儀なくされ、三三年度以降はふたたび「随意契約」にもどしたものの、枕木やその他の木材の需要の増大に対して供給量は増加せず、枕木市場では供給不足と品質低下が深刻化した。鉄道業の発展による山林負荷は、他産業と比較して大きかったわけではないが、鉄道ネットワークの拡充は適応樹種の確保のために未開発地域の森林の伐採を促進し、枕木の消費量以上に山林負荷を高めることになった。

第3章では、電信事業における木材利用を、電信事業用材の主要な用途であった電信柱を取り上げて、電話柱（電話事業）と電気柱（電力業）の利用とあわせて考察した。電柱用材には真っ直ぐなスギやヒノキの良材が利用され、これらは賦存量が少なかったので、電信線路の建設が開始されると、比較的早い時期に近隣の山林から良質な電柱用材がなくなり、一八七〇年代末には硫酸銅を注入した防腐電信柱が利用されるようになった。しかし、硫酸銅の注入は、伐採後二四〜七二時間以内に処理しなければならず、防腐用電柱用材の供給可能な山林は周辺地域にかぎられたので、電信・電話事業を管轄した逓信省は、不良品を排除して良材を確保するために、「一般競争入札」の入札参加条件を厳格化せざるをえなかった。日露戦後になると、大規模水力発電と長距離高圧送電の開始による配電網の拡大にともなって、電気柱の需要が増加した。第一次大戦期にはさらに電気柱需要が急増し、電柱市場が拡大するとともに、電柱市場の中心は電信柱・電話柱から電気柱に変化した。国内山林では森林伐採が急速に進行したが、競合関係にあった建築用材や土木用材（杭木）の需要も増加したために電柱不足が生じ、電柱所要量の多かった電力業においては電気柱の十分な防腐処理は時間的かつ経済的にむずかしかったものの、電信・電話事業では銅価格の高騰により相対的に安価になったクレオソート油を注入した防腐電柱の利用が増加した。第一次大戦後には、電柱用材の生産地の奥地化により硫酸銅注入電柱の生産はむずかしくなり、またクレオソート油の価格の低下によりクレオソート注入の電信柱・電話柱の利用が増加した。一方で、輸移入材の増加により木材価格が下落したため、電力業においては依然として防腐剤注入電柱を利用するよりも、低価格の電柱を設置する方が合理的であった。また電柱市場の継続的な拡大にともなって、鉄柱・鉄塔・鉄筋コンクリート柱の利用もみられたが、高価格であったために利用は増加しなかった。一九三三年以降、木材需要の増加にともない木材価格が高騰すると、三六年に逓信省は電柱の入札実施方法を地方から中央（本省）に変更せざるをえなくなった。電力業においては、クレオソート注入電柱の利用が拡大したものの、防腐処理が十分にほどこされていない従来の電気柱の交換率が高かったために、電柱需要は増加した。しかし、それにおうじて国内山林からの供給量は増加せず、電柱市場では供給不足が進行した。電柱用材は、真っ直ぐな良材が需要されたので、賦存量の減少速度は速く、競合関係にあった建築用材や土木用材をふくめて輸移入材の利用がなければ、枯渇を回避することはむずかしかった。

第4章と第5章では、炭鉱業の主要な木材用途であった坑木の利用について、九州と北海道の炭鉱業を比較しながら考察した。坑木にはマツの小径木が利用され、パルプ用材と強い競合関係にあったものの、坑木市場は相対的に独立性の強い木材市場であった。九州では、坑木需要の増加にともなって、坑木供給地域は九州南部や中国・四国地方へ拡大し、坑木入手競争が激化した。三井や三菱など「財閥」系企業の大規模炭鉱は、大量納入が可能でかつ契約を遵守できる優良坑木商との契約の締結によらなければ、所要量を確保することが困難になった。他方、九州より炭鉱開発時期の遅かった北海道では、坑木市場が十分に発達していなかったので、北炭の場合、創業当初から本社での坑木の一括購入を余儀なくされ、また開拓事業推進のための山林払下制度を通じて国有林の利用や社有林の編成をおこなった結果、坑木の供給先が多様化した。第一次大戦期になると坑木需要が急増し、国内山林では坑木用材の伐採が進行して坑木市場は拡大したが、他産業における木材需要も増加したために供給が需要においつかず、九州、北海道両炭鉱業では坑木不足が発生し、坑木価格は高騰した。九州においては、大手石炭企業は供給地域の拡大に対して調達の集中化をはかって安価な坑木の選択買付を実施せざるをえなくなり、大手石炭企業間には坑木買入価格の上昇を回避するために資材問題討議組織が設置された。また北海道では、大手石炭企業は社有林を拡大し、坑木商による坑木買入価格の吊り上げの牽制とともに社有林の利用を余儀なくされた。

大戦後になると坑木価格は下落したが、石炭需要の減少により石炭価格も下落したので、石炭企業は合理化を推進して坑木費の低減に取り組まなければならず、坑木需要は減少し、それにともなって坑木市場は縮小した。九州では坑木より小径の木材（成木）、北海道では割材の利用が各々増加し、より安価な坑木利用が追求されるとともに、長期維持が目的の坑道では古レールやＩビームなどの支柱用鉄鋼材の利用が進展した。こうした鉄鋼材の入手は、鉄道網が早く発達した九州の方が容易であったために、坑木の節約度は九州の方が高かったが、他方、北海道では社有林の編成と造林による坑木の育成がすすめられた。しかし、景気が回復し、石炭需要が増加すると、ふたたび坑木需要も増加に転じ、九州・中国・四国地方および北海道の山林を中心に全国的に坑木用材の伐採が進行し、坑木市場は急速に拡大した。坑木価格の高騰で、石炭企業は調達方法の変更を余儀なくされ、全国的な事業展開をした三井鉱山の場合には、自ら設立した三鉱商店による坑木の買付を通じて、また地域的な事業展開をした北炭の場合には、山林買収や造林事業の拡大を通じて、坑木の確保をはからざるをえなかった。明治以降、産業用エネルギーの薪炭から石炭への転換がすすみ薪炭材の伐採は抑制されたものの、一方で採炭に不可欠な坑木の需要は増加し、九州炭鉱業と北海道炭鉱業の発展によって、九州・四国・中国・北海道地方を中心に国内の森林面積は減少した。

第6章では原料としての木材利用として、製紙業におけるパルプ用材の利用を考察した。パルプ用材には、坑木と同じくマツの小径木が利用されたが、技術的・コスト的な問題から使用樹種の制約が大きかったうえ節約も困難で、パルプ用材消費量はパルプ・洋紙生産量に比例して急増した。また資本集約産業であった製紙業では、工場規模に相応した大量の木材が必要で、それを市場で買い付ける際に発生する不確実性を回避するために、パルプ用材は年期契約の締結により供給されることが多かった。年期契約区域は、一八八〇〜九〇年代には静岡県を中心に設定されたが、日露戦後には、パルプ用材に利用可能な樹種が分布し、かつ開拓事業とむすびついて木材の払下制度が整備された北海道と樺太に拡大した。王子製紙のように年期契約区域の拡大に重点をおくか、あるいは富士製紙のように市場買付と社有林の拡大に重点をおくかで企業の調達方針には相違がみられたが、とくに木材価格が高騰した第一次大戦期には、北海道、樺太および朝鮮において製紙業の年期契約区域が急速に拡大した。しかし、一九二〇年代になると、北海道や樺太における年期契約区域の拡大は困難になり、さらに樺太における二度の虫害の発生により、パルプ用材として安価な樺太材の利用は可能になったものの、年期契約区域の木材賦存量は大きく減少した。また三〇〜三二年の恐慌期には、パルプ・洋紙の供給過剰により年期契約区域におけるパルプ用材の伐採は減少し、年期契約の締結を通じたパルプ用材の利用は困難になった。三三年以降、パルプ・洋紙市場が回復してパルプ用材需要が増加すると、王子製紙は社有林の利用やパルプ用材の市場買付を拡大せざるをえなくなり、適応樹種の不足の懸念から新樹種のパルプ化が実現したことを背景に、とくに内地木材市場でパルプ用材の買付を拡大し、坑木市場をはじめ他の木材市場に大きな影響をおよぼすようになった。こうして三〇年代にはふたたび内地山林への負荷が高まったが、戦前期の製紙業の発展による内地および北海道山林への負荷は、樺太での森林伐採の進行によって軽減された。

以上のように、木材市場では需要におうじて供給量が変化し、各産業では用途にあわせて木材が利用されたが、立地や樹種など地理的自然条件により木材の利用方法に変化がみられた。また、いずれの産業においても、木材所要量の確保や買入価格の引下げを目的とした取引相手の選定、資材調達の集中化および社有林の編成、あるいは耐久年数の延長を目的とした防腐材の利用など、企業による木材市場の変化への継続的対応がみられた。しかし、生産合理化などが急務とならないかぎり、木材の節約がおこなわれることはなかった。こうした市場経済下の木材利用に対し、第7章では戦時統制期における木材利用を、木材と代替関係にあった鉄鋼材の利用とあわせて考察した。戦時統制期には軍需関連産業用の木材需要が増加し、また鉄鋼材不足が顕著になって木材需要が急増したが、主要な供給先は国内山林に限定されたため、統制によって国内の森林資源の最大限の活用がはかられた。急峻な地形の多い日本の山林では、生産・輸送インフラの整備をともなわずに木材の増産はむずかしかったので、木材の伐採可能な範囲はかぎられており、木材供給量の増加には限界があった。木材需要の増加にともない、価格や生産・消費の統制が強化されたが、とくに軍需関連産業における木材需要の急増は、その他の用途への木材供給を制約した。そのため、炭鉱業には坑木が優先的に配給されたが、鉄道業や電信・電話事業および電力業では、休止区間や「不用」区間の資材を転用して利用する以外に枕木や電柱の不足に対応できず、製紙業ではパルプ用材の割当量の減少にともなって生産を縮小せざるをえなかった。

こうした戦前・戦時の木材利用を通じて、国内の森林伐採面積と森林減少累計面積は着実に増加し、終戦時には伐採可能な山林はほぼ限界に達していたといえる（前掲図0-1）。それでも、戦時統制期と比較すれば、それ以前の市場経済下における国内の森林伐採面積と森林減少累計面積の増加は緩やかであった。しかし、それは輸移入材の利用の増加によるところが大きかった。第一次大戦期の木材価格高騰の影響をうけて、大戦後に関税引下げが実施された結果、木材市場に相対的に安価な米材が流入し、くわえて虫害木の大量伐採により樺太材移入量も増加したことにより、国内の森林伐採が抑制されたのである。つまり、二〇年代の国内山林の負荷の軽減は、アメリカや樺太など日本国外の森林伐採の進展のうえに可能になった。こうして戦前期の木材市場では、需要におうじて供給量が変化し、各産業では木材価格の変化に対応して調達方法は柔軟に変化したものの、木材は継続して利用された。しかし、木材の供給制約が強まった戦時統制期においても、需要の拡大におうじるために森林伐採が促進された。森林伐採は生産コストとは無関係に進行し、伐採可能な森林資源はほとんど伐りつくされてしまい、むしろ市場経済下以上に山林負荷が高まった。戦前・戦時の異なった条件下であっても、木材よりも代替財の利用が経済的に優利な状況にならないかぎり、木材は産業資材・原料として継続して利用され、したがって森林伐採が抑制されることはなかった。

本書での考察が、これまでの近代日本の産業化の議論に新たな側面を付加しうるとすれば、それは、近代日本の産業化が森林資源の犠牲のうえに達成されてきたということである。近代日本の産業化における森林資源の役割はもっと強調されるべきであり、資材・原料・エネルギーとしての森林資源の利用があってはじめて、日本の産業化は可能になった。そして、こうした森林資源に強く依存した日本の産業化は、国内山林および海外山林への負荷を増大させながら進展したのである。従来の経済史や経営史の研究では、産業化が自然環境との関係で議論されることはほとんどなかったが、本書では、産業化における自然環境の重要性を、産業化における森林資源の利用という視点から実証的に考察し、これまでの環境史研究においてほとんど進展のみられなかった経済史的なミクロ分析を通じて、産業発展と森林破壊の関係を明らかにした。

しかし、残された課題は多い。第一に、本書では、森林伐採面積や人工造林面積の統計を利用して産業発展と森林破壊の関係を考察したにとどまり、過度の森林伐採が引き起こす洪水・土壌流出や、政府や民間の森林保護活動についてはふれることができなかった。第二に、輸出入先である日本国外の木材市場の変化や森林破壊についても十分に考察することができなかった。これらをふくめて木材利用を解明するためには、グローバルな視点からの木材貿易の考察が必要であると思われる[1]。第三に、水産資源、鉱物資源、水資源など森林資源以外の資源利用についても解明される必要がある。森林資源と異なる特徴をもつこれらの資源利用の分析は、経済と環境の関係を多面的に解明するための今後に残された重要な課題である。「環境経済史」研究は、ようやく第一歩を踏みだしたばかりである。

## 注

(1) その試みとして、山口明日香「グローバル・ヒストリーのなかのアジア木材貿易」井上泰夫編『日本とアジアの経済成長』晃洋書房、二〇一五年、第五章。

# あとがき

本書は、二〇一一年三月に慶應義塾大学に提出した博士論文を大幅に改稿したものである。産業化における木材利用というテーマに取り組みはじめたのは、博士課程一年が終わろうとしていた頃で、それまで私は在来的な地域産業の研究をしていたものの研究にいきづまり、半年ほど悩んだ末に思い切って研究テーマをかえた。その機会をあたえてくださったのは指導教授であった杉山伸也先生で、先生はお忙しいなか、よく議論につきあってくださった。当初は「環境経済史」という意識はあまり強くもっていなかったが、テーマ変更から数カ月後におこなった報告でほめていただいたときの嬉しさは、今でもよくおぼえている。ここから私の「環境経済史」研究がスタートした。先生は、研究史を丁寧におさえつつ、一方で研究史にとらわれない新しい発想・問題意識をもつことの重要性と、研究目的・意義の明確化および実証性・客観性の追究過程を繰り返しご指導くださった。そうした研究にどこまで近づけたか不安は大いにあるが、杉山先生にご指導いただかなければ、本書が書かれることはなかった。

また慶應義塾大学では、古田和子先生、牛島利明先生、神田さやこ先生、細田衛士先生をはじめ多くの先生方にも、授業や研究会、研究プロジェクトなどを通じて、温かくご指導いただいた。また博士論文審査では、斎藤修先生（一橋大学名誉教授）から貴重なコメントをいただいた。大学院での授業や研究会は、緊張の連続であったが、議論や雑談につきあってくださる先輩・後輩にめぐまれ、すでに就職され慶應をはなれていらしたにもかかわらず親身にご指導くださった諸先輩の存在も、研究活動の大きな支えであった。また修士課程でお世話になった長野ひろ子先生（中央大学）には、視点（歴史主体）をかえて史実を解釈していく作業とその重要性を教えていただいた。学会・研究会では、苦手な報告の失敗で落ち込むことが多かったが、コメンテーターや参加者の方々が、有益なコメントと励ましをくださった。こうした多くの方々に、心より御礼を申し上げたい。

資料調査・閲覧においては、圓徳産業株式会社、株式会社長谷木、株式会社吉本林業、越井木材工業株式会社、小館木材株式会社、材惣木材株式会社、高島産業株式会社、NTT東日本情報通信史料センタなどの企業の方々、運輸調査局資料室、紙の博物館、鉄道博物館、直方市石炭記念博物館、福岡県地域史研究所、防衛庁防衛研究所図書館、北海道開拓記念館、三井文庫、三菱史料館、宮若市石炭記念館、郵政史料館、夕張地域史調査室、林業文献センター、国立国会図書館、国立公文書館などの資料館・図書館の方々、さらに慶應義塾、九州大学、東京大学、北海道大学と、昨年度より赴任した名古屋市立大学の図書館の方々にご協力いただいた。とくに青木隆夫氏（当時夕張石炭博物館長、現夕張地域史研究資料調査室）には、北海道での資料調査にご同行いただいたうえ、フィールドワークを通じて貴重な体験をさせていただいた。この場をかりて御礼を申し上げたい。

田舎育ちの私にとって、森林は身近なものであった。子どもの頃は、木々の生い茂った自宅近くの山にはいって、姉妹でよく遊んだ。その頃から目にしていた森林は、間伐などの手入れが不可欠なスギの人工林で、二〇年前に他界した祖父は、「大人になったら売ればいい」といっていたが、手入れがいきとどかなくなったいまでは、その山にはいることすらむずかしい。現在、日本各地でみられるこうした人工林の多くは、戦時・戦後の森林荒廃をうけて一九五〇～六〇年代に植林されたが、その後、外材や鉄鋼材、コンクリート、電力などの利用の増加により放置され、生物多様性の減少や土砂災害の増加の要因になっている。本書を書き終えることができたいま、こうした現在の森林荒廃、さらに水産資源や水資源の不足、大気・土壌・海洋汚染などが歴史的問題であることをあらためて認識し、「環境経済史」の発展の可能性を強く感じられるようになったが、同時にスタート地点にたったばかりであることも痛感している。本書の刊行は、当初の予定より遅れ、慶應義塾大学出版会の木内鉄也氏にはご迷惑をおかけしたが、構成の段階から最後まで的確なアドバイスと温かい励ましをいただいた。この場をかりて、御礼を申し上げたい。なお、本書の内容の一部は二〇〇六年度に鈴渓学術財団より研究助成をいただき、出版にあたっては二〇一四年度に慶應義塾学術出版基金の助成をいただいた。

最後に、いつも私を励まし、背中をおしてくれている私の家族に心から感謝したい。無器用な私がここまで研究をつづけてこられたのは、家族の支えがあったからである。ようやく本書をとどけることができ、安堵と嬉しさを感じている。

二〇一五年 九月

山口　明日香

# 初出一覧

序　章　書き下し
第一章　書き下し
第二章「戦前期日本の鉄道業における木材利用」『社会経済史学』七六巻四号（二〇一一年二月）を改稿
第三章　書き下し
第四章「戦前期日本の炭鉱業における坑木調達」『社会経済史学』七三巻五号（二〇〇八年三月）を改稿
第五章「戦前期の北海道炭鉱業における坑木調達」『三田学会雑誌』一〇二巻二号（二〇〇九年七月）を改稿
第六章「戦前期日本の製紙業における原料調達」『三田学会雑誌』一〇五巻二号（二〇一二年七月）を改稿
第七章　書き下し。ただし、一部は「戦時統制期の石炭増産と資材問題」杉山伸也・牛島利明編『日本石炭産業の衰退』慶應義塾大学出版会、二〇一二年、第一章を改稿
終　章　書き下し

# 参考文献

## ◆一次資料


【鉄道業】
「鉄道寮事務簿」第五巻　阪神ノ部、一八七二年（鉄道博物館所蔵資料）
「鉄道寮事務簿」第七巻　会計本寮及京浜、一八七二年一～八月（鉄道博物館所蔵資料）
「鉄道寮事務簿」第一二巻　京坂、一八七三年（鉄道博物館所蔵資料）
「鉄道庁事務書類」第一二巻、一八九三年（鉄道博物館所蔵資料）
「通信省公文書　器械物品」巻一～九、一八九三～一九〇二年（鉄道博物館所蔵資料）
「長谷川東京支店各期精算書（表）」第三～一八、二二、二四回、一八九五～一九一〇、一四、一六年度（株式会社長谷木所蔵資料）

【電信事業】
逓信省「電信電話工事用地方購入物品及労力高低率算出根拠」一九三一年六月（NTT東日本情報通信史料センタ所蔵資料）
貞清玄龜・坂巻菊治「供給上ヨリ見タル杉電柱ノ諸問題」（電気通信技術委員会第一部会　電柱及腕木ニ関スル件）一九三八年一月（郵政博物館資料センター所蔵資料）

## 【炭鉱業】

### 三井文庫所蔵資料

石炭鑛業聯合会「石炭鑛業聯合会理事会決議録　自昭和十二年一月至昭和十三年十二月」（三池二〇三五）
北海道炭礦汽船株式会社「購買規約（例規類）」一八九〇〜一九二九年（北炭寄託資料）
北海道炭礦汽船株式会社「支店会議事録」一九一八年六月（北炭寄託資料）
北海道炭礦汽船株式会社「七十年史・第十八回座談会」一九五七年（北炭寄託資料）
北海道炭礦汽船株式会社「社史編纂資料（会計）支店貸借対照表他」一九三八年（北炭寄託資料）
北海道炭礦汽船株式会社「五十年史資料木材関係　業務部調査」一九三八年（北炭寄託資料）
三井鉱山株式会社「三井鉱山五十年史稿」巻五の一　総説、一九三九年
三井鉱山株式会社「三井鉱山五十年史稿」巻五の二　総説、一九三九年
三井鉱山株式会社「三井鉱山五十年史稿」巻七第二編　採鉱、一九三九年
三井鉱山株式会社「三井鉱山五十年史稿」巻一七第一一編　資材、一九三九年
三井鉱山株式会社「三井鉱山株式会社並関係会社職員録」一九三四〜四〇年
三井鉱山株式会社「三池鉱業所沿革史」第三巻　採鉱課九、一九三九年
三井鉱山株式会社「三池鉱業所沿革史」第一〇巻　会計課、一九三九年
三井鉱山株式会社「三池鉱業所沿革史」第一一巻　倉庫課、一九三九年
三井鉱山株式会社「田川鉱業所沿革史」第一一巻第八編　資材、一九三九年
三井鉱山株式会社「山野鉱業所沿革史」第一八巻第八編　資材、一九三九年
三井鉱山株式会社「本洞鉱業所沿革史」一九三九年
三井鉱山株式会社「砂川鉱業所沿革史」第一・二巻、諸表綴、一九三九年
三井鉱山株式会社「砂川鉱業所沿革史」第一三巻第八編　資材、一九三九年
三井鉱山株式会社「美唄鉱業所沿革史」資材編、一九三九年
三井鉱山株式会社「太平洋炭礦株式会社沿革史」第三巻第八編　資材、一九三九年
三井鉱山株式会社「三鉱商店事業年譜」一九三九年
三井鉱山株式会社「資材購買ニ関スル座談会速記録」一九四二年

慶應義塾図書館所蔵「日本石炭産業関連資料コレクション」

北海道炭礦汽船株式会社「七十年史」制度編下巻、第一次稿本、一九五八年（COAL/C/6030）
北海道炭礦汽船株式会社造林課「五十年史」第一〇編副業及付帯事業第四章山林、第一次稿本、一九三八年（COAL/C/5839）
北海道炭礦汽船株式会社造林課「社有林史（草稿）」一九五七年（COAL/C/5818）
三井鉱山株式会社・三井砂川鉱業所「各山」一九一七、一八年度（COAL/C/2757, 2758）
三井鉱山株式会社・三井砂川鉱業所「鉱山監督局」一九二一～二三、二六年（COAL/C/2811, 2812）
三井砂川鉱業所「D本店関係書簡綴」一九四五年度（COAL/C/6147）
三井砂川鉱業所「本店總務部　昭和一六年」（COAL/C/6324）
三井砂川鉱業所「石炭鉱業会評議委員会議事録・石炭聯合会理事会決議録　昭和一四年度」（COAL/C/8158）
三井砂川鑛業所産業報國會『すな川新聞』一九四四年五月二一日（COAL/F/69-7）
三菱鑛業株式会社「筑豊炭坑座談会記録」一九六四年（COAL/C/5573）
三菱鑛業株式会社「三菱鉱業社史編纂工作関係座談会」一九七三年（COAL/C/6400）
三菱鑛業株式会社「三菱鑛業株式会社規則」一九一六～二二、二三～二六、四四年（COAL/C/6407, 6408, 6415）
宮川敬三「登川炭砿報告」一九一八年（九州大学工学部採鉱学科学生実習報告、COAL/C/8521）

九州大学付属図書館付設記録資料館所蔵資料

麻生家文書「坑木出納帳　上三緒坑用度［掛］」一八九六年四月
三菱鉱業株式会社・三菱美唄鉱業所「山林規定」一九一五～二二年
三菱鉱業株式会社・三菱美唄鉱業所「庶務、用度、労務、会計主任会議」一九一六、一八、一九、二一年
三菱鉱業株式会社・三菱美唄鉱業所「北海道鉱山林業会社　其一」一九三八年
三菱鉱業株式会社・三菱美唄鉱業所「鉱山林業会社」一九三九年
三菱美唄鉱業所「美唄月報」一九一七年
三菱美唄鉱業所「山林買入調査書類」一九三九～四〇年度
山口家文書「坑木買入台帳　南尾炭鑛」一九〇一年五月

東京大学工学・情報理工学図書館所蔵資料（東京帝国大学採鉱学科実習報文）

相部幸左衛門「鯰田炭坑報告書」一九一七年
大河原泰二郎「新入炭坑第一坑報告書」一九一四年
岡田秀夫「新入炭坑第六坑報告」一九二九年
加藤五十造「貝島鉱業株式会社菅牟田炭坑報告」一九一四年
白木只義「三井砂川鉱業所報告書」一九三〇年
鈴木将策「二瀬炭礦中央本坑報告」一九三三年
高野正勝「大辻炭坑報告」一九一五年
武井英夫「杵島炭坑実習報告書」一九三〇年
田野孝三「三井田川炭礦報告」一九二九年
塚本梅雄「松島炭礦報告」一九二七年
坪内三郎「製鉄所二瀬出張所炭山報告書」一九〇七年
中尾信治「空知炭山報告書」一九〇七年
中野範一「忠隈炭坑報告」一九一一年
中安信丸「杵島炭鉱第三坑報告書」一九二九年
楢崎主計「貝島鉱業合名会社大ノ浦炭坑報告」一九〇九年
西牟田豊民「高島炭坑報告」一九〇四年
廣田亀彦「新入炭坑報告」一九一二年
藤井暢七郎「夕張第一礦報告」一九〇九年
堀内敏堯「空知炭礦報告」一九〇七年
山県退蔵「高島炭坑報告」一九一一年
吉田哲二「上山田炭鉱報告」一九二三年

### その他

貝島鉱業株式会社「貝島七拾年誌資料」資材倉庫編、一九五四年（宮若市石炭記念館所蔵資料）

高島商店「備忘録」一～四号、一九一二～一九年（高島産業株式会社所蔵資料）

高島炭坑長崎事務所「高島来翰」一八八二年（三菱史料館所蔵資料、MA-四四四一）

高島炭坑事務所「諸向照会文謄本」一八八二年（三菱史料館所蔵資料、MA-三九六九）

筑豊石炭鉱業会『常議員会決議録』一九三九年一〇月～四〇年三月（直方市石炭記念館所蔵資料）

平山文書「坑木輸送納入関係」一九一三年（福岡県地域史研究所所蔵資料、書綴三二一）

平山文書「坑木石炭輸送納入関係綴」一九一三年（福岡県地域史研究所所蔵資料、書綴三二四）

平山文書「坑木受入書第一号」一九一二年一一月（福岡県地域史研究所所蔵資料、帳簿八六）

平山文書「炭鉱納簿（見積控）」一九一四年一二月（福岡県地域史研究所所蔵資料、帳簿一〇〇）

北海道炭礦汽船株式会社「北海道炭礦汽船株式会社統計」会計八、一九〇七年（北海道大学北方資料室所蔵資料）

北海道炭礦汽船株式会社「五十年史」第四編採鉱上巻、第一次稿本、一九三八年（北海道開拓記念館所蔵資料）

北海道炭礦汽船株式会社木材部「大正十年度決済書類」一九二一年（北海道開拓記念館所蔵資料）

北海道炭礦汽船株式会社木材部「北炭七十年史木材部関係資料」一九五八年（北海道開拓記念館所蔵資料）

三菱合資会社地所用度課「地方注文品記入帳　新入炭坑」一九〇八年（三菱史料館所蔵資料、MA-五八〇〇）

三菱合資会社用度係「地方注文品記入帳七　鯰田炭坑」一九〇五～〇八年（三菱史料館所蔵資料、MA-五八〇四）

三菱合資会社用度係「日誌」第二八号、一九〇八年二～四月（三菱史料館所蔵資料、MA-一二三〇八）

「開灤鉱務局資料」一九四四年（防衛研究所図書館所蔵資料、陸軍・文庫・巽史料一九一）

「坑木関係資料」一九四四年（防衛研究所図書館所蔵資料、陸軍・文庫・巽史料一九八）

### 【製紙業】

紙の博物館所蔵資料

王子製紙株式会社「考課状」一九二九～四三年

王子製紙株式会社『取締役会議事録』一九三二～四〇年

王子製紙大泊工場「決算報告書」一九二八～四〇年
王子製紙樺太分社「決算報告書」一九三三～四〇年
王子製紙気田工場「決算報告書」一九〇三～〇四年
王子製紙山林第二課東京出張所「山林部勘定内訳表」一九四〇年三～五、一二月
王子製紙山林第二課富士出張所「山林部勘定内訳表」一九四〇年三～五、一二月
王子製紙山林第二課中津出張所「山林部勘定内訳表」一九四〇年三～五、一二月
王子製紙山林第二課伏木出張所「山林部勘定内訳表」一九四〇年三～五、一二月
王子製紙山林第二課八代出張所「山林部勘定内訳表」一九四〇年三～五、一二月
王子製紙朝鮮山林部「山林部勘定内訳表」一九四〇年三～五、一二月
王子製紙苫小牧工場「決算報告書」一九三三～四〇年
王子製紙苫小牧工場「苫小牧山林沿革史」一九五六年
王子製紙豊原工場「決算報告書」一九二八～四〇年
王子製紙中部工場「決算報告書」一九〇六～〇八年
王子製紙北海道山林部「期末報告」一九三五、三七、四〇年
王子製紙北海道山林部「決算報告書」一九三五～四〇年
樺太工業株式会社「報告書」一九二七～二八年
須田忠治「旧富士製紙会社内地工場の山林事業」一九六四年
中村茂樹「樺太パルプ原料材ニ就テ」一九三〇年五月

**林業文献センター**

王子製紙株式会社「前社長高島菊次郎殿の御話」一九六五年一〇月一三日
王子製紙北海道山林部から専務取締役宛書簡　一九三五年一月九日、一〇月一七日
「王子造林朝鮮社有林蓄積表」作成年不明（『王子製紙山林事業史』編纂資料）
「気田分社民有林立木買付一覧」作成年不明（『王子製紙山林事業史』編纂資料）

「社有林蓄積調表」作成年不明（『王子製紙山林事業史』編纂資料）
「昭和十四年度パルプ資材ニ対スル会社工場別供給区域樹種数量表」作成年不明（『王子製紙山林事業史』編纂資料）
「昭和十八年度原木出材者別入荷実績表」作成年不明（『王子製紙山林事業史』編纂資料）
「東北パルプ会社原料材に関する山林局および会社側の懇談会」一九三八年五月七日
「中部山林遠山川流域山方事務所別買入出材一覧」作成年不明（『王子製紙山林事業史』編纂資料）
「中部民有林立木買入状況」作成年不明（『王子製紙山林事業史』編纂資料）
「払下材価格表」作成年不明（『王子製紙山林事業史』編纂資料）
パルプ資材懇話会「昭和十六年度（自昭和十六年四月至十七年三月）府県別パルプ資材割当額・入荷量比較表」一九四二年五月
「北海道原木年度別工場着車上仕上価格」作成年不明（『王子製紙山林事業史』編纂資料）

その他
「遠藤米七褒章下賜ノ件」一九二八年一一月（国立公文書館所蔵資料）
会計検査院総務科『昭和一三年度決算検査特別調査事項』一九四〇年（国立公文書館つくば分館所蔵資料）

## ◆刊行資料

【政府および政府関係機関刊行物】
青森県史編さん近現代部会編『青森県史』資料編近現代二、二〇〇三年
運輸省港湾局編『日本港湾修築史』港湾協会、一九五一年
運輸省鉄道総局総務局編『石炭鑛業の展望』一九四七年
大蔵省関税局編『（大）日本外国貿易年表』一九〇二～四三年版

大蔵省主税局編『外国貿易概覧』一八九〇～一九二八年版
大阪逓信局編『管内電気事業要覧』電気協会関西支部、一九三五年
科学技術庁資源調査会『日本の森林資源』上、科学技術庁資源局、一九五八年
樺太庁『樺太森林統計』一九二三～三九年版
樺太庁『樺太森林法規』一九二〇年
樺太庁『樺太庁施政三十年史』上巻（復刻版）、原書房、一九七三年
樺太庁『樺太庁統計書』一九四一年
熊本営林局編『炭鑛と坑木』一九三二年
経済安定本部資源調査会事務局『日本における土地森林資源の諸問題』一九五〇年
資源庁長官官房統計課編『製鉄業参考資料』日本鉄鋼連盟、一九五〇年
商工省鑛山局編『本邦鉱業の趨勢』一九二九～四五年版
台湾総督府財務局『台湾貿易四十年表』一九三六年
太政官文書局『官報』第二二七七号（一八九一年）、三八八六号（一八九六年）、四七七四号（一八九九年）、六〇八四号（一九〇三年）、七一九八号（一九〇七年）、七一九九号（一九〇七年）
通商産業省公益事業局編『電気事業要覧』第三五回、一九五三年
通商産業省大臣官房調査統計部編『本邦鉱業の趨勢五〇年史』本編・続編、通商産業調査会、一九六三～六四年
帝国鉄道庁『帝国鉄道庁年報』一九〇六、〇七年度版
帝室林野局編『帝室林野局五十年史』一九三九年
逓信省編『逓信省年報』一八九一～一九〇五年
逓信省編『逓信事業史』全七巻、一九四〇年
逓信省工務局編『工務統計要覧』一九四七年度版
逓信省通信局編『通信統計要覧』一八九八～一九三九年度版
逓信省鉄道局編『鉄道局年報』一九〇三～〇七年
逓信省電気局編『電気事業要覧』一九四三年
鉄道院編『鉄道院年報　国有鉄道之部』一九〇八～一〇年度版

鉄道院編『鉄道院年報』一九一一～一五年度版
鉄道院編『鉄道院鉄道統計資料』一九一六～一九年度版
鉄道院編『本邦鉄道の社会及経済に及ぼせる影響』上・中・下巻、一九一六年
鉄道作業局『鉄道作業局年報』一八九八～一九〇五年度版
鉄道省『鉄道一瞥』一九二一年
鉄道省編『鉄道省鉄道統計資料』一九二〇～二五年度版
鉄道省編『鉄道統計（資料）』第一編、一九二六～四二年度版
鉄道省編『国有鉄道陸運統計』一九四二年度版
鉄道省編『国有十年』一九二〇年
鉄道省運輸局編『木材ニ関スル経済調査』一九二五年
鉄道省運輸局編『木炭ニ関スル経済調査』一九二五年
鉄道省運輸局編『木材、薪、木炭ニ関スル調査』（『重要貨物状況』第五編）一九二六年
鉄道省運輸局編『和紙、洋紙、パルプニ関スル調査』（『重要貨物状況』第一五編）一九二六年
鉄道省大分建設事務所編『日豊北線建設概要』一九二四年
鉄道省敦賀建設事務所編『小浜線建設工事概要』一九二三年
東京府『東京府統計書』一九一二～三八年版
内閣官報局『法令全書』一八八九、一九〇〇、一九〇八年
内閣統計局編『（大）日本帝国統計年鑑』一八九〇～一九三七年版
内務省大阪土木出張所『淀川改修増補工事概要』一九三〇年
内務省下関土木出張所『長崎港修築工事概要』一九二八年
内務省下関土木出張所『門司港修築工事』一九二七年
内務省新潟土木出張所『信濃川補修工事概要』一九三七年
日本勧業銀行調査課『六大都市ニ於ケル建築物並ニ建築費調』一九二七年
日本銀行調査局編『日本金融史資料』第二四巻、一九六〇年
日本国有鉄道『日本国有鉄道百年史』第一、五、七、九巻、一九六九～七一年

日本国有鉄道編『日本陸運十年史』第一、二巻、一九五一年
日本電信電話公社編『電信電話事業史』全七巻、一九五九年
日本電信電話公社関東電気通信局編『関東電信電話百年史』上、一九六八年
日本電信電話公社東海電気通信局編『東海の電信電話』一九六二年
日本電信電話公社東京電気通信局編『東京の電信電話』上巻、一九七二年
日本電信電話公社東北電気通信局編『東北の電信電話史』一九六七年
農商務省編『農商務統計表』一八八六～一九二三年版
農商務（商工）省編『工場統計表』一九一九～三八年
農商務省鑛山局『製鉄業ニ関スル参考資料』一九一八年
農商務省鑛山局編『本邦重要鉱山要覧』一九二六年
農商務省山林局『山林局年報』一八九八～九九年
農商務省山林局『製紙原料木材パルプ』（山林公報臨時増刊）一九一九年
農商務省山林局『鉄道枕木』（山林公報第二二号号外）一九一〇年
農商務省山林局『綿糸紡績用木管調査書』一九〇八年
農商務省山林局編『北米材及其輸入ノ状況』一九二二年
「農林水産省百年史」編纂委員会編『農林水産省百年史』上・中巻、一九七九～八〇年
農林省『農林省統計関係法規』出版年不明
農林省編『農林省統計表』一九二四～六三年版
農林省山林局『電柱ニ関スル調査』一九二三年
農林省山林局『本邦ニ於ケル木材「パルプ」生産状況』一九二六、二七、三〇年版
農林省山林局『ベニヤ板ニ関スル調査』一九三六年
農林省山林局『本邦に於ける木材パルプの生産状況』一九三六、三八年版
農林省山林局編『木材需給状況調査書』一九三七年版
農林省水産局編『漁船統計表』一九三八年
農林省農林経済局『農林省累年統計表』一九五五年

北海道編『新北海道史』第八巻（史料二）、一九七二年
北海道編『北海道山林史』一九五三年
北海道庁第三部『北海道工業概況』一九〇八年
北海道庁拓殖部『国有林事業成績』一九二二～二八年版
北海道庁拓殖部『北海道森林統計書』一九一四、一七年度版
北海道立労働科学研究所「北海道炭礦統計資料集成」一（業態編、研究調査報告第一一号）、一九五〇年
満州興業銀行『満州に於けるパルプ事業と斯業五ヶ年計画』一九三八年
南満州鉄道株式会社『本邦パルプ工業ノ現状ニ関スル一調査』満鉄産業部東京出張所、一九三七年
南満州鉄道株式会社『日本並満州ニ於ケル鉄道枕木需給概況』満鉄調査部、一九三九年
南満州鉄道株式会社東亜経済調査局編『北海道木材調査』一九二一年
木材資源利用合理化推本部編『わが国における木材需要構造調査』一九六一年
郵政省編『続逓信事業史』全一〇巻、一九六〇～六三年
郵政省『郵政百年史』逓信協会、一九七一年
林業発達史調査会編『三井物産株式会社木材事業沿革史』（林業発達史資料第七一号）一九五八年
林業発達史調査会編『九州地方における坑木生産発達史』（林業発達史資料第七七号）一九五八年
林業発達史調査会編『日本林業発達史』上巻、林野庁、一九六〇年
林業発達史調査会編『日本林業発達史』下巻（稿）五編、出版年不明
林野庁『林野面積累年統計』一九七一年
林野庁『林業実態調査報告書――九州地方の坑木需給構造』第一巻、一九五七年
林野庁『造林面積累年統計』林業経済研究所、一九六七年
林野庁調査課「北海道及び樺太における林業開発事情について」（林業発達史資料第一〇号）一九五三年
林野庁調査課「明治・大正時代における北海道の林業事情」（林業発達史資料第三二号）一九五二年
China, Maritime Customs, Statistical Department of the Inspectorate General of Customs, *Returns of Trade and Trade Reports*, Part 3, Vol.1, 1908–13

## 新聞

『朝日新聞』一八九六年五月二四日、九七年一一月一六日、九七年一二月一一日、一九〇三年一二月四日、一一年六月三〇日、一四年一二月一七・一八・二〇日、二五年四月二五日、三八年七月一四日、四四年六月二五日
『大阪朝日新聞』一八八七年八月二七・三〇日、八八年一月五～七日、八八年三月二一・二五・三一日、八八年四月五日、一九一五年八月二四日、二八年八月二二日、三八年四月二一日、四〇年一〇月三日、四一年二月二二日
『大阪新報』一九一八年七月一五日
『小樽新聞』一九一七年一二月一三日
『河北新報』一九一八年九月一九日
『岐阜新聞』一九九五年一二月三日
『神戸又新日報』一九一八年一〇月一六日、三二年五月七日
『国民新聞』一九二七年二月二七日
『時事新報』一九二四年一二月三一日
『台湾日日新報』一九三三年一月二二日
『中外商業新報』一九一六年一月三一日、一八年二月一九日、二七年八月二五日、三〇年一一月五日、三八年三月二三日、三八年四月二九日
『東京朝日新聞』一八九〇年九月二一・二五日、一九一〇年三月三〇日、一三年三月二四日、二一年八月二四日、二九年二月二一日
『東京日日新聞』一九二四年八月一三日、三八年七月二九日
『日本工業新聞』一九四〇年七月一一日
『横浜貿易新報』一九〇九年一〇月九日
『読売新聞』一八八二年六月一日、八三年五月二二日、九七年七月一日、一九二一年一〇月二一日、二四年四月二三日、三〇年一〇月三〇日、三八年四月一四日、三九年八月四日
『万朝報』一九一九年一月八日

## 雑誌

『外材』（東京外国木材輸入協会）一九二七年八月号、二九年四月号
『北九州石炭時報』（北九州石炭統制株式会社）坑木特別号、一九四四年四月
『岐阜県山林会報』（岐阜県山林会）六号、一九一一年二月
『紙業雑誌』（日本製紙聯合会）一巻一号～四〇巻六号、一九〇六年～四五年
『重産協月報』（重要産業統制團體協議会）三巻一号、一九四四年一月、三巻九号、四四年一一月
『石炭時報』（石炭鑛業聯合会）一五一号、一九三八年一〇月
『石炭統制会報』（石炭統制会）一巻四・五号、一九四三年一二月、二巻一号、四四年一月、二巻三号、四四年三月
『大日本山林会報』（大日本山林会）一七号、一八八三年五月、三八五号、一九一四年一二月、四一九号、一七年六月、四四八号、二〇年三月、五〇五号、二四年一二月
『ダイヤモンド』（ダイヤモンド社）一九二五年五月一日
『太陽』（博文館）五巻二六号、一八九九年一二月
『筑豊石炭鑛業組合月報』（筑豊石炭鑛業組合）五巻六六号、一九〇九年一二月、一六巻一九八号～二二巻二七二号、二〇年一〇月～二六年一一月、二五巻二九六号、二九年二月
『中外財界』（中外商業新報社）一二巻九号、一九三七年九月、一三巻八号、三八年八月
『逓信協会雑誌』（逓信協会）六号、一九〇九年一月
『鉄道時報』（鉄道時報局）一一五七号、一九二一年一一月一九日、一五八〇号、三〇年一月一八日、一六二三号、三〇年一一月一五日、一九二二号、三六年八月一日、一九二二号、三六年八月八日、一九二五号、三六年八月二九日、一九三〇号、三六年一〇月三日
『電信電話学会雑誌』（電信電話学会）六号、一九一八年三月
『東洋経済新報』（東洋経済新報社）八九〇号、一九二〇年四月、一六一〇号、三四年七月
『土木建築雑誌』（シビル社）二〇巻九号、一九三三年九月
『日満支石炭時報』（日満支石炭聯盟）三号、一九四〇年七月、五号、四〇年五月、二二号、四二年二月、二五号、四二年五月

## ◆研究書・論文・その他

青木栄一「下津井鉄道の成立とその性格」『地方史研究』一九巻一号（一九六九年二月）
青木栄一「第一次産業地域における局地鉄道の建設」『歴史地理学紀要』一一巻（一九六九年七月）
赤井英夫「北海道におけるパルプ材市場の展開過程」『林業経営研究所研究報告』九巻二号（一九六七年一〇月）
赤坂義浩「木材の生産と流通」松本貴典編『生産と流通の近代像』日本経済評論社、二〇〇四年
安藝皎一『水害の日本』岩波書店、一九五二年
秋林幸男「戦前期における北海道国有林経営の展開過程に関する研究」『北海道大学演習林研究報告』三五巻二号（一九七八年一二月）
アーノルド、デイヴィッド（飯島昇藏・川島耕司訳）『人間と環境の歴史』新評論、一九九九年
有沢広巳監修『日本産業史』第一巻、日本経済新聞社、一九九四年
有永明人『巨大所有の形成とその山林経営の展開』鶴岡書店、二〇〇六年
安藤精一『近世公害史の研究』吉川弘文館、一九九二年
安藤良雄「海軍監理長会議資料を通じてみた一九四三（昭和一八）年段階における日本戦争経済の実態」『経済学論集』三六巻一号（一九七〇年四月）
飯島伸子『環境問題の社会史』有斐閣、二〇〇〇年
飯田賢一・大橋周治・黒岩俊郎編『鉄鋼』（現代日本産業発達史四）交詢社、一九六九年
飯沼賢司『環境歴史学とはなにか』（日本史リブレット二三）山川出版社、二〇〇四年
石井寛治『情報・通信の社会史』有斐閣、一九九四年
石井寛治『日本流通史』有斐閣、二〇〇三年
石井寛治・原朗・武田晴人編『戦時・戦後期』（日本経済史四）東京大学出版会、二〇〇〇年
石井常雄「両毛鉄道会社の経営史的研究」『商学研究年報』第四集（一九五九年七月）
石　弘之「いまなぜ環境史なのか」石弘之他編『環境と歴史』（ライブラリ相関社会科学六）新世社、一九九九年
市原　博「第一次大戦に至る北炭経営」『一橋論叢』九〇巻三号（一九八二年九月）
市原　博『炭鉱の労働社会史』多賀出版、一九九七年

伊藤　繁「人口増加・都市化・就業構造」西川俊作・山本有造編『産業化の時代』下（日本経済史五）岩波書店、一九九〇年
稲村光郎『ごみと日本人』ミネルヴァ書房、二〇一五年
今津健治「明治期における蒸気力と水力の利用について」社会経済史学会編『エネルギーと経済発展』西日本文化協会、一九七九年
林　采成『戦時経済と鉄道運営』東京大学出版会、二〇〇五年
ウィストビー、ジャック（熊崎実訳）『森と人間の歴史』築地書館、一九九〇年
上田　信「山林および宗族と郷約」木村靖人・上田信編『人と人の地域史』（地域の世界史一〇）山川出版社、一九九七年
上田　信『トラが語る中国史』山川出版社、二〇〇二年
上村義夫『枕木改善の急務』鉄道省工務局枕木改善委員会、一九三五年
上山和雄『北米における総合商社の活動』日本経済評論社、二〇〇五年
ウォースター、ドナルド（小倉武一訳）『自然の富』食料・農業研究センター、一九九七年
内田星美「技術移転」西川俊作・阿部武司編『産業化の時代』上（日本経済史四）岩波書店、一九九〇年
内海　孝「日露戦後の港湾問題」『社会経済史学』四七巻六号（一九八二年三月）
宇沢弘文『社会的共通資本』岩波書店、二〇〇〇年
梅村又次・中村隆英編『松方財政と殖産興業政策』国際連合大学、一九八三年
梅村又次ほか編『農林業』（長期経済統計九）東洋経済新報社、一九六六年
江見康一編『資本形成』（長期経済統計四）東洋経済新報社、一九七一年
老川慶喜『明治期地方鉄道史研究』日本経済評論社、一九八三年
老川慶喜『産業革命期の地域交通と輸送』日本経済評論社、一九九二年
老川慶喜『近代日本の鉄道構想』（近代日本の社会と交通三）日本経済評論社、二〇〇八年
老川慶喜・大豆生田稔編『商品流通と東京市場』日本経済評論社、二〇〇〇年
老川慶喜・中村尚史編『日本鉄道会社』（明治期私鉄営業報告書集成一）第一巻、日本経済評論社、二〇〇四年
王子製紙株式会社編『樺太山林事業誌』一九四九年
王子製紙株式会社編『紙業提要』（増訂版）丸善、一九四二年
王子製紙株式会社販売部調査課編『日本紙業綜覧』成田潔英、一九三七年
王子製紙株式会社文献管理委員会編『重要紙業統計』一九五〇年

王子製紙山林事業史編纂委員会編『王子製紙山林事業史』一九七六年
大石嘉一郎・金澤史男編『近代日本都市史研究』日本経済評論社、二〇〇三年
大阪屋商店調査部『時局下の発展事業株』大同書院、一九三八年
大嶋顕幸『大規模林業経営の展開と論理』日本林業調査会、一九九一年
大嶋顕幸「我が国紙・パルプ産業の樺太への展開」(一)〜(一三)『経済学季報』四七巻二号〜五三巻三・四号(一九九八年二月〜二〇〇四年三月)
大島藤太郎『国家独占資本としての国有鉄道の史的発展』伊藤書店、一九四九年
太田猛彦『森林飽和』(NHKブックス一一九三)NHK出版、二〇一二年
大森一宏「明治後期における陶磁器業の発展と同業組合活動」『経営史学』三〇巻二号(一九九五年七月)
岡崎哲二「第二次世界大戦期の日本における戦時計画経済の構造と運行」『社会科学研究』四〇号四号(一九八八年一一月)
岡崎哲二「日本――戦時経済と経済システムの転換」『社会経済史学』六〇巻一号(一九九四年五月)
岡崎哲二・奥野正寛編『現代日本経済システムの源流』日本経済新聞社、一九九三年
荻野喜弘『筑豊炭鉱労資関係史』九州大学出版会、一九九三年
荻野喜弘編『近代日本のエネルギーと企業活動』日本経済評論社、二〇一〇年
奥野道夫『米材産地事情』東京材木報知社、一九二九年
小塩和人「学界展望　アメリカ環境史の回顧と展望」『西洋史学』二二四号(二〇〇六年)
小田康徳『近代日本の公害問題』世界思想社、一九八三年
小野　浩『住空間の経済史』日本経済評論社、二〇一四年
小原秀雄監修『環境思想の系譜』全三巻、東海大学出版会、一九九五年
加古敏之「農業における適正技術の開発と普及」『経済研究』三七巻三号(一九八六年七月)
春日　豊「官営三池炭礦と三井物産」『三井文庫論叢』第一〇巻(一九七六年一一月)
春日　豊「一九一〇年代における三井鉱山の展開」『三井文庫論叢』一二巻(一九七八年一一月)
春日　豊「三池炭礦における『合理化』の過程」『三井文庫論叢』一四巻(一九八〇年一〇月)
神岡浪子編『資料近代日本の公害』新人物往来社、一九七一年
神岡浪子『日本の公害史』世界書院、一九八七年

神山恒雄「機械制大工業の移植」高村直助編『明治前期の日本経済』日本経済評論社、二〇〇四年
樺太林業史編纂会編『樺太林業史』農林出版、一九六〇年
河合好人「鉄道会計」鉄道研究社『経理・会計・用品・調査』（鉄道常識叢書第三編）一九三四年
川島武宜・潮見俊隆・渡辺洋三編『入会権の解体』Ⅰ・Ⅱ・Ⅲ、岩波書店、一九五九～六八年
河津　暹『本邦燐寸論・本邦砂糖論』隆文館、一九一〇年
北澤　満「第一次大戦後の北海道石炭業と三井財閥」『経営史学』三五巻四号（二〇〇一年三月）
北澤　満「北海道炭礦汽船株式会社の三井財閥傘下への編入」『経済科学』五〇巻四号（二〇〇三年三月）
北原　聡「明治前期における交通インフラストラクチュアの形成」『三田学会雑誌』九〇巻一号（一九九七年四月）
北原　聡「近代日本における交通インフラストラクチュアの形成」『社会経済史学』六三巻一号（一九九七年五月）
北原　聡「近代日本における電信電話施設の道路占用」『郵政資料館研究紀要』創刊号（二〇一〇年三月）
橘川武郎『日本電力業の発展と松永安左ヱ門』名古屋大学出版会、一九九五年
橘川武郎『日本電力業発展のダイナミズム』名古屋大学出版会、二〇〇四年
鬼頭　宏「環境経済史への挑戦」『社会経済史学』六八巻六号（二〇〇三年三月）
近代日本研究会編『戦時経済』（年報近代日本研究九）山川出版社、一九八六年
鯨井恒太郎『電力輸送配電法』電友社、一九一四年
久保山雄三『日本石炭鑛業大観』公論社、一九三九年
栗原東洋編『電力』（現代日本産業発達史三）交詢社、一九六四年
黒崎千晴「明治前期水運の諸問題」運輸経済研究センター近代日本輸送史研究会『近代日本輸送史』成山堂書店、一九七九年
クロスビー、アルフレッド・W（佐々木昭夫訳）『ヨーロッパ帝国主義の謎』岩波書店、一九九八年
桑田　治『日本木材統制史』林野共済会、一九六三年
慶應義塾大学経商連携二一世紀COEプログラム歴史分班編『エネルギーと環境』（二〇〇六年度成果報告書）二〇〇七年
鉱山懇話会編『日本鉱業発達史』中巻、一九三二年
交詢社編『日本紳士録』第一三版（一九〇九年）、一五版（一九一一年）、一八版（一九一四年）
小風秀雅「明治前期における鉄道建設構想の展開」山本弘文編『近代交通成立史の研究』法政大学出版局、一九九四年
小風秀雅「明治中期における鉄道政策の再編」野田正穂・老川慶喜編『日本鉄道史の研究』八朔社、二〇〇三年

小島精一編『日本鐵鋼史』(昭和第二期篇)文生書院、一九八五年
小舘狐芳述『ヒバ材昔ばなし』私家版、一九五九年
小舘木材株式会社『営業報告書』一九二七〜四〇年
小舘木材株式会社「営業案内」出版年不明
木庭俊彦「瀬戸内海における帆船海運業と筑豊炭鉱企業」『社会経済史学』七三巻四号(二〇〇九年七月)
小林正彬『日本の工業化と官業払下げ』東洋経済新報社、一九七七年
小堀　聡『日本のエネルギー革命』名古屋大学出版会、二〇一〇年
材摠木材株式会社材摠三百年史編纂委員会編『材摠三〇〇年史』材摠木材株式会社、一九九一年
斎藤　修『環境の経済史』岩波書店、二〇一四年
斎藤　修「人口と開発と生態環境」川田順造他編『地球の環境と開発』(岩波講座　開発と文化五)岩波書店、一九九八年
酒井徹朗「わが国森林地域の地形的特徴」『森林利用学会誌』一五巻三号(二〇〇〇年一二月)
坂口　誠「創業期京阪電鉄の資材輸入」『鉄道史学』二九号(二〇一一年一二月)
桜井英治・中西　聡編『流通経済史』(新体系日本史一二)山川出版社、二〇〇二年
佐々木　聡・藤井信幸編『情報と経営革新』同文舘出版、一九九七年
沢井　実『日本鉄道車輌工業史』日本経済評論社、一九九八年
山陽木材防腐株式会社編『創業四十年史』一九六一年
椎名悦三郎『戦時経済と物資調整』(戦時経済国策体系　第一巻)産業経済学会、一九四一年
史学会「公開シンポジウム『環境と歴史学』(第一〇七回史学会大会報告)」『史学雑誌』一一九編一号(二〇一〇年一月)
史学研究会「特集　環境」『史林』九二巻一号(二〇〇九年一月)
四宮俊之「紙・パルプ工業における技術革新」由井常彦・橋本寿朗編『革新の経営史』有斐閣、一九九五年
四宮俊之『近代日本製紙業の競争と協調』日本経済評論社、一九九七年
柴　孝夫・岡崎哲二編『制度転換期の企業と市場』ミネルヴァ書房、二〇一一年
島　恭彦『日本資本主義と国有鉄道』日本評論社、一九五〇年
社会経済史学会編『エネルギーと経済発展』西日本文化協会、一九七九年
社会経済史学会編『社会経済史学会の課題と展望』有斐閣、二〇〇二、二〇一二年

商工社編『日本全国商工人名録』第五版、一九一四年
庄司　光・宮本憲一『日本の公害』岩波書店、一九七五年
東海林吉郎・菅井益郎『通史足尾銅山鉱毒事件』新曜社、一九八四年
ジョーンズ、エリック（安元稔・脇村孝平訳）『ヨーロッパの奇跡』名古屋大学出版会、二〇〇〇年
杉原　薫「グローバル・ヒストリーと複数発展経路」杉原薫・河井秀一・河野泰之・田辺明生編『地球圏・生命圏・人間圏』京都大学学術出版会、二〇一〇年
杉原　薫・西村雄志「英領インドにおける鉄道・第一次産品輸出・森林の商業化、一八九〇－一九一三年」慶應・京都グローバルCOE歴史分析班ワークショップ「近現代アジアにおける資源利用と資源管理」報告（二〇〇九年一一月七日）
杉山伸也「幕末、明治初期における石炭輸出の動向と上海石炭市場」『社会経済史学』四三巻六号（一九七八年三月）
杉山伸也「日本石炭業の発展とアジア石炭市場」『季刊現代経済』四七号（一九八二年四月）
杉山伸也「明治前期における郵便ネットワーク」『三田学会雑誌』七九巻三号（一九八六年八月）
杉山伸也「情報革命」西川俊作・山本有造編『産業化の時代』下（日本経済史五）岩波書店、一九九〇年
杉山伸也「情報ネットワークの形成と地方経済」近代日本研究会編『明治維新の革新と連続』（年報　近代日本研究一四）山川出版社、一九九二年
杉山伸也「情報の経済史」社会経済史学会編『社会経済史学の課題と展望』有斐閣、一九九二年
杉山伸也『日本経済史』岩波書店、二〇一二年
杉山伸也『グローバル経済史入門』岩波書店、二〇一四年
杉山伸也・山田泉「製糸業の発展と燃料問題」『社会経済史学』六五巻二号（一九九九年七月）
鈴木市五郎『鉄道枕木需給状況』農林省、一九三八年
鈴木茂次『鉱山備林論』一九二四年
鈴木　淳『明治の機械工業』ミネルヴァ書房、一九九六年
鈴木　淳「重工業・鉱山業の資本蓄積」石井寛治・原朗・武田晴人編『産業革命期』（日本経済史二）東京大学出版会、二〇〇〇年
鈴木恒夫・小早川洋一・和田一夫『企業家ネットワークの形成と展開』名古屋大学出版会、二〇〇九年
鈴木尚夫編『紙・パルプ』（現代日本産業発達史一二）交詢社、一九六七年
隅谷三喜男『日本石炭産業分析』岩波書店、一九六八年

全国山林会聯合会『我国に於ける木材関税及其沿革』一九三六年
全米研究評議会ほか編（茂木愛一郎・三俣学・泉留維監訳）『コモンズのドラマ』知泉書館、二〇一二年
薗部一郎編『欧米各国木材需給調査書』帝国森林会、一九二四年
大東英祐「戦間期のマーケティングと流通機構」由井常彦・大東英祐編『大企業時代の到来』（日本経営史三）岩波書店、一九九五年
ダイヤモンド社編『全国株主要覧』一九一七、二〇年版
高橋亀吉『日本近代経済発達史』第二巻、東洋経済新報社、一九七三年
高橋泰隆『日本植民地鉄道史論』日本経済評論社、一九九五年
高橋美貴『近世・近代の水産資源と生業』吉川弘文館、二〇一三年
高村直助『日本紡績業史序説』上・下、塙書房、一九七一年
高村直助編『企業勃興』ミネルヴァ書房、一九九二年
高村直助編『明治の産業発展と社会資本』ミネルヴァ書房、一九九七年
高柳友彦「地域社会における資源管理」『社会経済史学』七三巻一号（二〇〇七年五月）
田北廣道「一八～一九世紀ドイツにおけるエネルギー転換」『社会経済史学』六八巻六号（二〇〇三年三月）
田北廣道「社会経済史学と環境史」社会経済史学会編『社会経済史学の課題と展望』有斐閣、二〇一二年
竹越与三郎『大川平三郎君伝』大川三郎君伝編纂会、一九五二年
武田晴人『日本産銅業史』東京大学出版会、一九八七年
タットマン、コンラッド（熊崎実訳）『日本人はどのように森をつくってきたか』築地書店、一九九八年
田中直樹『近代日本炭礦労働史研究』草風館、一九八四年
谷口忠義「在来産業と在来燃料」『社会経済史学』六四巻四号（一九九八年一一月）
谷本雅之『日本における在来的経済発展と織物業』名古屋大学出版会、一九九八年
谷本雅之「もう一つの『工業化』」樺山紘一ほか編『産業と革新』（岩波講座　世界歴史二二）岩波書店、一九九八年
谷山整三『木材読本』（近代商品読本五）春秋社、一九五八年
田原啓祐「明治前期における郵便事業の展開とコスト削減」『社会経済史学』六七巻一号（二〇〇一年五月）
多辺田政弘『コモンズの経済学』学陽書房、一九九〇年
千葉徳爾『はげ山の研究』（改訂増補版）そしえて、一九九〇年

塚本　学『生類をめぐる政治』平凡社、一九八三年
筒井廸夫『日本林政史研究序説』東京大学出版会、一九七八年
筒井迪夫『日本林政の系譜』地球社、一九八七年
鶴見祐輔『後藤新平』第三巻、勁草書房、一九六六年
帝国森林会編『本邦林産物需給調査書』一九二三年
帝国森林会編『樺太の森林及林業』一九三〇年
帝国森林会編『満蒙の森林及林業（森林資源及林場編）』一九三二年
帝国鉄道大観編纂局編『帝国鉄道大観』運輸日報社、一九二七年
電気工学会編『スチル氏架空電力輸送』一九二五年
東京十日会『大正・昭和（統制前）の木材相場』一九七七年
東邦電力株式会社電気講習所編『電気技工員講習録』中巻、電気之友社、一九二五年
東邦電力史編纂委員会編『東邦電力史』一九六二年
東洋経済新報社編『日本貿易精覧』一九三五年
東洋経済新報社編『昭和産業史』第二・三巻、一九五〇年
東洋木材防腐株式会社『営業報告書』一九〇七年上半期～二〇年下半期
徳川林政史研究所編『森林の江戸学』東京堂出版、二〇一二年
所　三男「採取林業から育成林業へ」『徳川林政史研究紀要』昭和四四年度（一九七〇年三月）
冨山清憲「鉄道用品」鉄道研究社『経理・会計・用品・調査』一九三四年
ドロール、ロベール、フランソワ、ワルテール（桃木暁子・門脇仁訳）『環境の歴史』みすず書房、二〇〇六年
永井秀夫『明治国家形成期の外政と内政』北海道大学図書刊行会、一九九〇年
中岡哲郎・石井　正・内田星美『近代日本の技術と技術政策』国際連合大学・東京大学出版会、一九八六年
中島俊克「フランスにおける環境史研究の動向」『社会経済史学』七三巻四号（二〇〇七年一一月）
中西健一『日本私有鉄道史研究』日本経済評論社、一九六三年
中西　聡・中村尚史編『商品流通の近代史』日本経済評論社、二〇〇三年
中野直信『架空電信電話線路建設学』上巻、東光書院、一九二一年

中林真幸「大規模製糸工場の成立とアメリカ市場」『社会経済史学』六六巻六号（二〇〇一年三月）
長廣利崇『戦間期日本石炭鉱業の再編と産業組織』日本経済評論社、二〇〇九年
中牟田五郎『樺太森林開発事情』帝国森林会、一九三一年
中村吉治『村落構造の史的分析』日本評論新社、一九五六年
中村隆英『日本経済』（第三版）東京大学出版会、二〇〇一年
中村隆英編『「計画化」と「民主化」』（日本経済史七）岩波書店、一九八九年
中村隆英・原　朗「資料解説」中村隆英・原朗編『国家総動員（一）』（現代史資料四三）みすず書房、一九七〇年
中村尚史『日本鉄道業の形成』日本経済評論社、一九九八年
中村尚史『地方からの産業革命』名古屋大学出版会、二〇一〇年
中山　督編『五十年史』北海道炭礦汽船株式会社、一九三九年
永山止米郎『全世界ニ於ケル木材貿易』台湾総督府殖産局、一九二二年
名古屋商業會議所『名古屋商業會議所月報』八三号（一九一三年一二月）
名古屋木材組合創立百周年記念誌編纂委員会編『二十一世紀への年輪』名古屋木材組合、一九八四年
成田潔英『王子製紙社史』第一・二巻・付録編、王子製紙社史編纂所、一九五六～五九年
南洋経済研究所編『内地に於ける米材用途目録』（南洋資料二〇九号）一九四三年
西尾幸三『北海道の経済と財政』東洋経済新報社、一九五三年
西川俊作・阿部武司編『産業化の時代』上（日本経済史四）岩波書店、一九九〇年
西川俊作・山本有造編『産業化の時代』下（日本経済史五）岩波書店、一九九〇年
西川善介『林野所有の形成と村の構造』御茶の水書房、一九五七年
西成田　豊『近代日本労資関係史の研究』東京大学出版会、一九八八年
日本エネルギー経済研究所計量分析ユニット編『エネルギー・経済統計要覧』省エネルギーセンター、二〇一四年
日本学士院日本科学史刊行会編『明治前日本土木史』日本学術振興会、一九五六年
日本紙パルプ商事株式会社編『日本紙パルプ商事百三十年史』一九七五年
日本経済研究所『石炭国家統制史』一九五八年
日本交通協会編『国鉄の回顧』日本国有鉄道総裁室文書課、一九五二年

日本統計協会編『日本長期統計総覧』第二巻、二〇〇六年
日本発送電株式会社解散記念事業委員会編『日本発送電社史』技術編・業務編、一九五四年
日本南洋材協議会『南洋材史』一九七五年
日本米材輸入組合ほか編『日本米材史』一九四三年
日本枕木協会『まくらぎ』一九五九年
日本枕木協会『二十年の歩み』一九六五年
日本無線史編纂委員会編『日本無線史』第二巻、電波管理委員会、一九五一年
日本木煉瓦株式会社『営業報告書』一九三〇年上半期
野田正穂『近代日本証券市場成立史』有斐閣、一九八〇年
野田正穂・原田勝正・青木栄一編『明治期鉄道史資料　第二集』第一巻、日本経済評論社、一九八〇年
野田正穂・原田勝正・青木栄一・老川慶喜編『日本の鉄道』日本経済評論社、一九八六年
萩野敏雄『北洋材経済史論』林野共済会、一九五七年
萩野敏雄『南洋材経済史論』林野共済会、一九六一年
萩野敏雄『朝鮮・満州・台湾林業発達史論』林野弘済会、一九六五年
萩野敏雄『戦前期内地におけるパルプ材経済史』日本林業調査会、一九七七年
萩原古壽編『大阪電燈株式会社沿革史』大阪電燈株式会社、一九二五年
橋本徳寿『日本木造船史話』長谷川書房、一九五二年
長谷川　信「通信省購買と企業行動の変化に関する実証分析」（科学研究費補助金研究成果報告書）二〇〇七年五月
長谷川　信「通信機ビジネスの勃興と沖牙太郎の企業家活動」『青山経営論集』四二巻二号（二〇〇七年九月）、四二巻四号（二〇〇八年三月）
長谷川木材工業株式会社・丸長木材株式会社『長谷川鏡次商店八拾年史』一九六七年
長谷木『長谷川家木材百年史』木材研究資料室、一九八八年
畠山秀樹『近代日本の巨大鉱業経営』多賀出版、二〇〇二年
旗手　勲『日本の財閥と三菱』楽游書房、一九七八年
林　常夫『北海林話』北海道興林株式会社、一九五四年

林　常夫訳述『世界の森林資源』北海道林業会、一九二六年
原　朗『日本戦時経済研究』東京大学出版会、二〇一三年
原　朗編『日本の戦時経済』東京大学出版会、一九九五年
原　朗・山崎志郎編『昭和十九・二十年度生産拡充計画・実績』（生産力拡充計画資料第九巻）現代史料出版、一九九六年
原　朗・山崎志郎編『戦時日本の経済再編成』日本経済評論社、二〇〇六年
原沢芳太郎「王子製紙の満州（中国東北部）進出」土屋守章・森川英正編『企業者活動の史的研究』日本経済新聞社、一九八一年
原田正純『水俣病』岩波書店、一九七二年
原　宗子「昨今の中国における環境史研究の情況」『中国研究月報』五四巻六号（二〇〇〇年六月）
パーリン、ジョン（安田喜憲・鶴見精二訳）『森と文明』晶文社、一九九四年
平井廣一『日本植民地財政史研究』ミネルヴァ書房、一九九七年
平山　孝・富川福衛『鉄道会計』春秋社、一九三六年
ヒューズ、ドナルド（桃木暁子・あべのぞみ訳）『世界の環境の歴史』明石書店、二〇〇四年
フォスター、ジョン・ベラミー（渡辺景子訳）『破壊されゆく地球』こぶし書房、二〇〇一年
藤井信幸『テレコムの経済史』勁草書房、一九九八年
藤田経定『藤田電燈学』下巻、電友社、一九一二年
藤田貞一郎「近代日本製紙業の発達」（一）（二）『同志社商学』二四巻五・六号（一九七三年三月）、二五巻一号（一九七三年八月）
古島敏雄『日本林野制度の研究』東京大学出版会、一九五五年
古島敏雄『台所用具の近代史』有斐閣、一九九六年
古田和子「経済史における情報と制度」『社会経済史学』六九巻四号（二〇〇三年一一月）
北海道炭礦汽船株式会社『営業報告書』一九一三年下期～四〇年下期
北海道炭礦汽船株式会社『北炭山林史』一九五九年
北海道炭礦汽船株式会社七十年史編纂委員会編『北海道炭礦汽船株式会社七十年史』一九五八年
ポンティング、クライブ（石弘之他訳）『緑の世界史』上・下、朝日新聞社、一九九四年
牧野文夫『招かれたプロメテウス』風行社、一九九六年
マクニール、J・R（海津正倫・溝口常俊監訳）『二〇世紀環境史』名古屋大学出版会、二〇一一年

マクニール、W・H（佐々木昭夫訳）『疫病と世界史』新潮社、一九八五年
松尾純広「日本における石炭独占組織の成立」『社会経済史学』五〇巻四号（一九五八年一月）
松下孝昭『近代日本の鉄道政策』日本経済評論社、二〇〇四年
松波秀実『明治林業史要』前輯・後輯、大日本山林会、一九一九、一九二四年
松本貴典編『生産と流通の近代像』日本経済評論社、二〇〇四年
松好貞夫・安藤良雄編『日本輸送史』日本評論社、一九七一年
間宮陽介「コモンズと資源・環境問題」佐和隆光・植田和弘編『環境の経済理論』（岩波講座　環境経済学・政策学一）岩波書店、二〇〇二年
三木理史『近代日本の地域交通体系』大明堂、一九九九年
三木理史『地域交通体系と局地鉄道』日本経済評論社、二〇〇〇年
三木理史『国境の植民地・樺太』塙書房、二〇〇六年
三木理史「樺太の産業化と不凍港選定」『日本植民地研究』第一三号（二〇〇一年六月）
三木理史「農業移民に見る樺太と北海道」『歴史地理学』四五巻一号（二〇〇三年一月）
三島康雄編『三菱財閥』日本経済評論社、一九八一年
水島　司『グローバル・ヒストリー入門』（世界史リブレット一二七）山川出版社、二〇一〇年
水野五郎「北海道石炭鉱業における独立資本の制覇」『経済学研究』第一三号（一九五七年三月）
水野五郎「産業資本確立期における北海道石炭鉱業」『経済学研究』第一五号（一九五九年一月）
水野祥子『イギリス帝国からみる環境史』岩波書店、二〇〇六年
水本邦彦『草山の語る近世』（日本史リブレット五二）山川出版社、二〇〇三年
水本邦彦編『人々の営みと近世の自然』（環境の日本史四）吉川弘文館、二〇一三年
三田武治「日本国有鉄道の資材調達を続つて（座談会）」『公会計時報』一巻一八号（一九五四年一二月）
三井物産（三井文庫監修）『三井物産支店長会議議事録』一〇・一一（復刻版）、二〇〇四年
三井文庫編『三井事業史』本篇第三巻上・中、一九八〇、九四年
三菱鉱業セメント株式会社高島炭砿史編纂委員会編『高島炭砿史』一九八九年
三菱社誌刊行会編『三菱社誌』第一五・二八・二九・三一巻、東京大学出版会、一九八〇〜八一年

三俣　学・森元早苗・室田　武編『コモンズ研究のフロンティア』東京大学出版会、二〇〇八年
南　亮進『動力革命と技術進歩』東洋経済新報社、一九七六年
南　亮進・清川雪彦編『日本の工業化と技術発展』東洋経済新報社、一九八七年
南　亮進・牧野文夫「製材業の動力革命」『経済研究』三七巻三号（一九八六年七月）
宮下弘美「創業期の北海道炭鑛鉄道株式会社」『経済学研究』三九巻二号（一九八九年九月）
宮下弘美「日露戦後北海道炭礦汽船株式会社の経営危機」『経済学研究』四三巻四号（一九九四年三月）
宮島英昭「戦時経済統制の展開と産業組織の変容」（二）『社会科学研究』四〇巻二号（一九八八年八月）
村松一郎・天澤不二郎編『陸運・通信』（現代日本産業発達史二二）交詢社、一九六五年
室山義正『松方財政研究』ミネルヴァ書房、二〇〇四年
木材市場通信社『木材取引要覧』一九三〇年
木材保存史編纂委員会編『木材保存の歩みと展望』日本木材保存協会、一九八五年
持田信樹『都市財政の研究』東京大学出版会、一九九三年
持田信樹「都市の整備と開発」西川俊作・山本有造編『産業化の時代』下（日本経済史五）岩波書店、一九九〇年
森川英正『財閥の経営史的研究』東洋経済新報社、一九八〇年
森　三郎『南方の木材林業』河出書房、一九四四年
諸戸北郎編『大日本有用樹木効用編』（増訂版）嵩山房、一九〇五年
安岡重明編『三井財閥』日本経済評論社、一九八二年
安国良一「別子銅山の開発と山林利用」『社会経済史学』六八巻六号（二〇〇三年三月）
安場保吉「資源」西川俊作・尾高煌之助・斎藤修編『日本経済の二〇〇年』日本評論社、一九九六年
山口明日香「戦時統制期の石炭増産と資材問題」杉山伸也・牛島利明編『日本石炭産業の衰退』慶應義塾大学出版会、二〇一二年
山口明日香「グローバル・ヒストリーのなかのアジア木材貿易」井上泰夫編『日本とアジアの経済成長』晃洋書房、二〇一五年
山口和雄・石井寛治編『近代日本の商品流通』東京大学出版会、一九八六年
山口白陽『高島片平翁』一九四六年
山口由等『近代日本の都市化と経済の歴史』東京経済情報出版、二〇一四年
山崎志郎「生産力拡充計画の展開過程」近代日本研究会編『戦時経済』（年報近代日本研究九）山川出版社、一九八六年

山本武利『近代日本の新聞読者層』法政大学出版局、一九八一年
山本弘文編『交通・運輸の発達と技術革新』国際連合大学、一九八六年
柳澤　悠「インド環境問題の研究状況」長崎暢子編『地域研究への招待』（現代南アジア 一）東京大学出版会、二〇〇二年
柳澤　悠「インドの共同利用地の歴史的変容と森林」井上貴子編『森林破壊の歴史』明石書店、二〇一一年
由井常彦編『与志本五十年のあゆみ』与志本林業株式会社・与志本合資会社、一九六一年
湯本貴和編『山と森の環境史』（シリーズ日本列島の三万五千年五）文一総合出版、二〇一一年
吉次利次『国鉄の資材』一橋書房、一九五一年
ラートカウ、ヨアヒム（海老根剛・森田直子訳）『自然と権力』みすず書房、二〇一二年
ラートカウ、ヨアヒム（山縣光昌訳）『木材と文明』築地書館、二〇一三年
林業経済学会編『林業経済研究の論点』日本林業調査会、二〇〇六年
林野弘済会『木材生産累年統計』一九六五年
歴史科学協議会「特集　環境史の可能性」『歴史評論』六五〇号（二〇〇四年六月）
歴史学研究会「特集『資源』利用・管理の歴史」『歴史学研究』八九三号（二〇一二年六月）
和田國次郎『明治大正御料事業誌』林野会、一九三五年
渡邊　全『木材と木炭』日本評論社、一九三三年
渡邊　全『日本の林業と農山村経済の更生』養賢堂、一九三八年
渡邊　全・早尾丑麿『日本の林業』帝国森林会、一九三〇年
渡邉恵一『浅野セメントの物流史』立教大学出版会、二〇〇五年

Elchibegoff, Ivan M., *United States International Timber Trade in the Pacific Area*, Stanford and London : Stanford University Press, Oxford University Press, 1949
League of Nations, *European Timber Statistics 1913–1950*, 1953
Pomeranz, Kenneth, *The Great Divergence: China, Europe, and the Making of the Modern World Economy*, Princeton: Princeton University Press, 2000
Richards, John F., *The Unending Frontier: An Environmental History of the Early Modern World*, Berkeley: University of California Press, 2003（川北稔監訳『大分岐』名古屋大学出版会、二〇一五年）

Rosenberg, Nathan, "American's Rise to Woodworking Leadership", Brooke Hindle (ed.), *American's Wooden Age: Aspect of its Early Technology*, Sleepy Hollow Restorations, New York, 1975

Williams, Michael, *Deforesting the Earth: From Prehistory to Global Crisis*, University of Chicago Press, 2006

## み



## め



## も

## に



## ね



## の



## は



## ひ

## と



## な

## す



## せ



## そ

## さ



## し

## か



## き

# 索　引

山口 明日香（やまぐち　あすか）
名古屋市立大学大学院経済学研究科准教授
2003年慶應義塾大学商学部卒業、2011年慶應義塾大学大学院経済学研究科博士課程修了、博士（経済学）。慶應義塾大学COE研究員、名古屋市立大学大学院経済学研究科講師を経て2017年より現職。
専攻は日本経済史
主な業績に『日本とアジアの経済成長』（分担執筆、井上泰夫編、晃陽書房、2015年）、『日本石炭産業の衰退』（分担執筆、杉山伸也・牛島利明編、慶應義塾大学出版会、2012年）、「戦前期日本の製紙業における原料調達」（『三田学会雑誌』105巻２号、2012年）、「戦前期日本の鉄道業における木材利用」（『社会経済史学』76巻４号、2011年）、「戦前期日本の炭鉱業における坑木調達」（『社会経済史学』73巻５号、2008年）などがある。

森林資源の環境経済史
――近代日本の産業化と木材

2015年12月25日　初版第１刷発行
2017年５月25日　初版第２刷発行

著　者――――山口明日香
発行者――――古屋　正博
発行所――――慶應義塾大学出版会株式会社
〒108-8346　東京都港区三田2-19-30
TEL〔編集部〕03-3451-0931
〔営業部〕03-3451-3584〈ご注文〉
〔　〃　〕03-3451-6926
FAX〔営業部〕03-3451-3122
振替　00190-8-155497
http://www.keio-up.co.jp/
装　丁――――後藤トシノブ
印刷・製本――株式会社加藤文明社
カバー印刷――株式会社太平印刷社


Printed in Japan　ISBN978-4-7664-2242-9

慶應義塾大学出版会

# 醤油醸造業と地域の工業化

## 高梨兵左衛門家の研究

公益財団法人高梨本家（上花輪歴史館）監修
井奥成彦・中西聡 編著

日本最大の醤油産地 野田の最有力醸造家に関する初の総合研究。一業専心的な醤油醸造家・資産家として高梨家が果たした地域社会への貢献、地域の工業化や関東市場との関わりを、3万点に及ぶ史料から明らかにする。

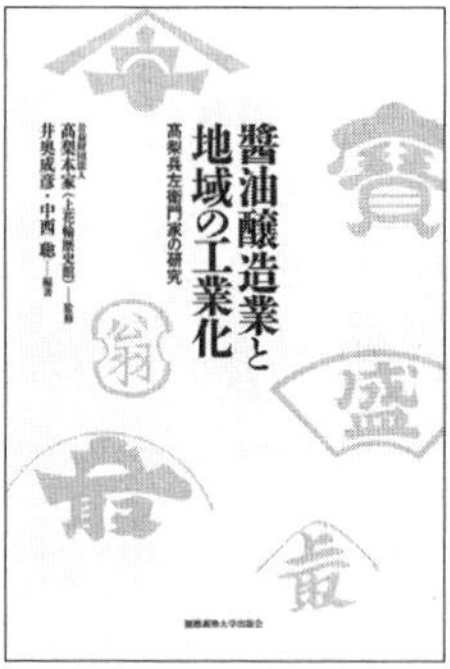


A5判／上製／616頁
ISBN 978-4-7664-2349-5
◎6,800円　2016年6月刊行

**◆主要目次◆**



表示価格は刊行時の本体価格（税別）です。